换流站主设备保护关键技术研究

翁汉琍　林湘宁　著

科 学 出 版 社
北 京

内 容 简 介

本书针对我国交直流混联系统的枢纽——换流站内主设备保护在工程应用中遇到的技术难题展开研究，结合现场保护异常动作案例及潜在异常动作风险，采取理论分析、仿真试验与动模验证相结合的方法，对换流站内主设备各类保护的动作行为及对策进行分析研究。内容主要包括励磁涌流、恢复性涌流、直流偏磁和换相失败等场景引发的换流站主设备保护，如换流变引线及差动保护、零序过电流保护、零序差动保护和换流器桥差保护等异常动作机理分析，结合包括豪斯多夫距离算法、互近似熵算法、相空间重构技术和 ZOOM-FFT 在内的先进信号处理技术，针对性地提出适应换流站电磁环境和故障特性的新型主设备保护策略和方案。请扫描封底二维码查看书中彩图。

本书适合从事电力系统运行和继电保护方向的研究生、工程师及相关行业的技术人员阅读。

图书在版编目（CIP）数据

换流站主设备保护关键技术研究 / 翁汉琍，林湘宁著. —北京：科学出版社，2021.9

ISBN 978-7-03-069807-0

Ⅰ. ①换… Ⅱ. ①翁… ②林… Ⅲ. ①换流站－电气设备－继电保护 Ⅳ. ①TM63

中国版本图书馆 CIP 数据核字（2021）第 189321 号

责任编辑：吉正霞 / 责任校对：高 嵘
责任印制：彭 超 / 封面设计：苏 波

科 学 出 版 社 出版
北京东黄城根北街 16 号
邮政编码：100717
http://www.sciencep.com

武汉市首壹印务有限公司印刷
科学出版社发行 各地新华书店经销

*

2021 年 9 月第 一 版 开本：787×1092 1/16
2021 年 9 月第一次印刷 印张：12
字数：302 000

定价：88.00 元

（如有印装质量问题，我社负责调换）

前 言

在直流输电工程建设多重化、复杂化的发展背景下，换流站复杂的架构及运行工况使得换流站内主设备保护易受到各种复杂故障、非特征谐波及多变外部运行环境等因素的影响，复杂涌流传递、直流偏磁和换相失败等问题在未来直流输电工程发展下的换流站内将更加突出，换流站内主设备保护面临的问题也将更为严峻，亟须针对换流站主设备保护在复杂电磁环境及特殊运行工况下存在的缺陷和隐患开展保护动作行为的分析及解决方案的研究，从继电保护角度对未来特高压直流输电工程大规模建设提供更加有力的技术保障。

本书在介绍高压直流换流站运行方式及关键设备所配置保护的基本原理的基础上，主要针对近年来我国换流站内关键设备的相关保护遇到的异常动作场景及机理，以及交直流深度耦合背景下系统复杂运行及故障工况对保护的潜在影响而展开研究，如励磁涌流、恢复性涌流、直流偏磁和换相失败等场景对换流站内主设备所配置关键保护动作行为的影响，分析不同操作工况和故障新形态引发各保护异常动作行为的原因，并提出针对性的保护优化算法、判据和策略。

本书共 6 章，分别为绪论、换流变引线及差动保护异常动作行为分析及对策研究、换流变零序差动保护异常动作行为分析及对策研究、换流变零序过电流保护异常动作行为分析及对策研究、换流器桥差保护异常动作行为分析及对策研究，以及换相失败对换流变保护动作行为影响分析及对策研究。

本书由三峡大学翁汉琍副教授和华中科技大学林湘宁教授共同撰写，全书由翁汉琍统稿，林湘宁审校。

感谢国家自然科学基金项目（51607106）对本书的资助。

此外，华中科技大学的李正天副教授、鲁俊生博士研究生、金能博士研究生、张培生硕士研究生，南网调度中心的田庆高级工程师，以及三峡大学的李振兴副教授、黄景光教授，李雪华、刘华、刘雷、王胜、李昊威、陈皓、贾永波、饶丹青等硕士研究生对本书部分研究工作也做出了重要贡献，在此表示衷心的感谢。

作者希望通过本书分享换流站主设备保护关键技术的研究成果，为提升我国换流站主设备保护性能及充实换流站主设备保护研究体系贡献绵薄之力。由于作者水平和实践经验有限，书中难免存在不足之处，敬请读者批评指正。

作 者

2021 年 2 月于湖北宜昌

目　录

第1章

绪　论

换流站连接交流系统和直流系统，所处位置电磁环境复杂，换流变压器和换流器作为耦合交直流系统的关键设备，其接线及运行方式存在特殊性，相较于常规交流系统变电站，换流站内关键性主设备所配置的各类保护动作性能可能面临特殊的问题。

本章将对换流变压器接线及运行方式，以及换流站内关键设备所配置各类保护的原理和整定原则进行介绍，并分析了各保护存在的异常动作行为和风险。

1.1 高压直流换流站接线方式及主设备保护配置

根据我国资源分布和能源需求的特点，国家正快速推进高压直流输电（high voltage direct current，HVDC）工程的建设，将逐渐形成复杂的大规模交直流混联电网。HVDC 的核心技术集中在换流站设备上，换流站内各核心设备的安全可靠运行对于整个直流输电工程至关重要。作为耦合交直流互联系统的枢纽，换流站所处位置的电磁环境复杂，且站内换流变压器（简称换流变）和换流器接线及运行方式特殊。因此，相比于常规变电站，换流站内主设备保护的动作性能面临更大的挑战。换流站内关键性主设备所配置的各类保护是否完善，以及在各类故障和各种非故障扰动下保护是否具有足够的可靠性，都直接关系整个交直流互联电网的安全稳定运行。下面对换流站接线方式及主设备保护配置的相关保护进行介绍。

1.1.1 换流变接线及运行方式

换流变通常是指由单相双绕组变压器连接组成两台完全独立的三相变压器组，一台 Y/Y 接线，一台 Y/△接线，并联运行形成一组 12 脉动换流变。例如，图 1.1 所示±500 kV 天广超高压直流输电系统中，T_{11} 和 T_{12} 为极 I 一组 12 脉动换流变。在特高压换流站中，电气主接线采用双极、每极±(400 + 400) kV 的双 12 脉动换流器串联接线方案，即在整流侧（站 1）或逆变侧（站 2）特高压换流站内，单极为两组 12 脉动换流变构成，近中性线的一组 12 脉动换流变为低端换流变，近极母线的一组 12 脉动换流变为高端换流变，如图 1.2 所示。每个换流器单元配置一组并联旁路断路器，每站每极中任何一组 12 脉动换流器退出运行，都不会影响剩余换流器构成不完整极运行。因此，整流侧和逆变侧两极各四组 12 脉动换流变可构成 100 余种单极或双极、完整或不完整、平衡或不平衡的组合运行方式。

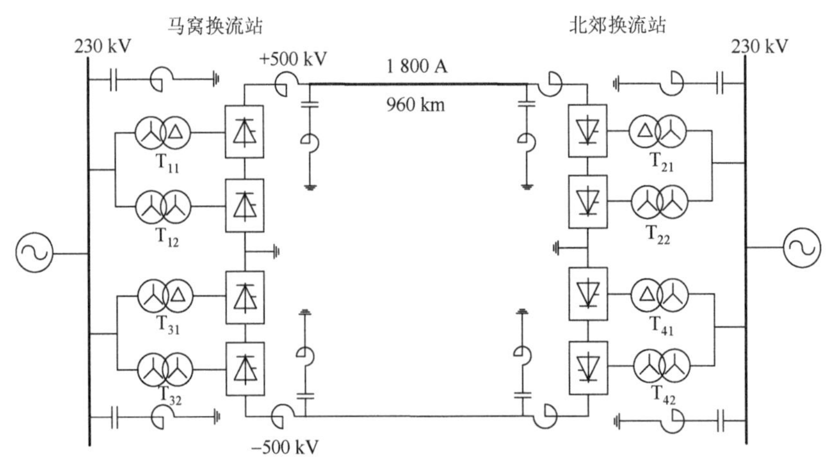

图 1.1 ±500 kV 天广超高压直流输电系统模型

对于超/特高压换流变，在任何组合运行方式下，每组 12 脉动两台换流变均是同时投退的。

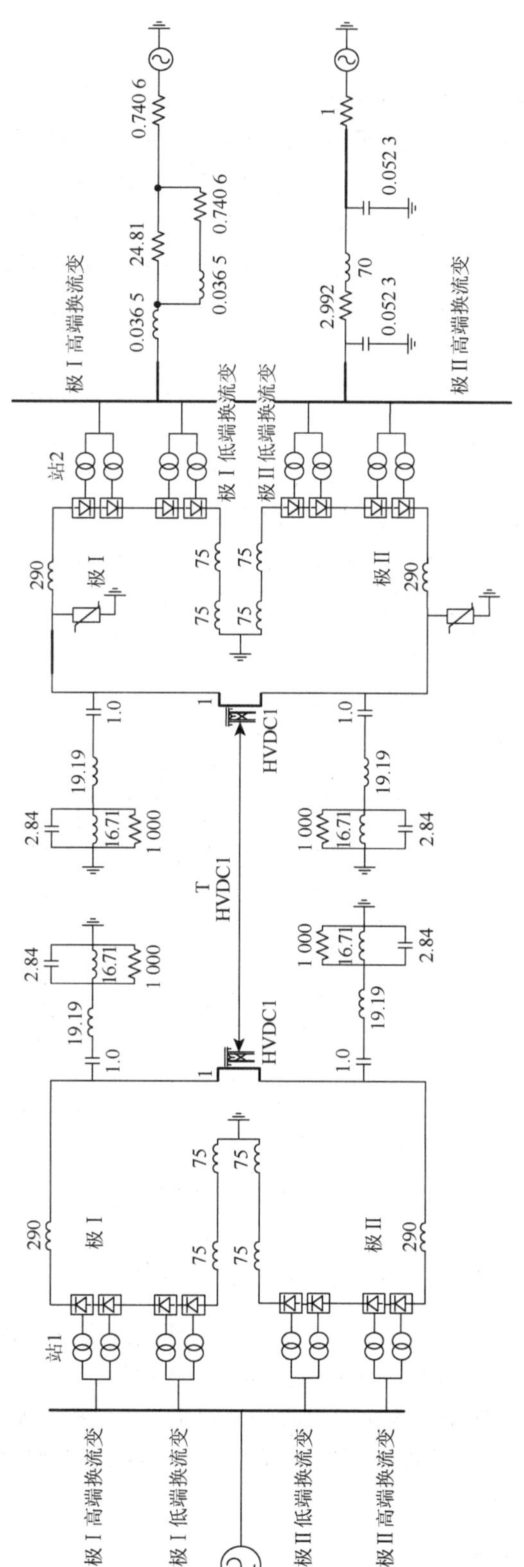

图 1.2 ±800 kV 特高压直流输电工程模型

电阻单位：Ω 电容单位：μF 电感单位：mH

1.1.2 换流变差动保护

换流变作为直流输电系统中进行交直流变换的关键设备，其安全稳定运行对提高直流输电系统的可靠性和可用率具有重要意义。换流变所配置保护的性能如何，直接影响到换流变乃至整个直流输电系统的安全稳定运行。与应用于交流输电系统中的变压器类似，差动保护由于动作原理简单、灵敏度高，也普遍应用于保护换流变，作为其主保护。

由于换流变配置了较多的电流互感器（current transformer，CT），可以配置更加复杂和完善的差动保护，通常包括换流变引线及差动保护（大差保护）、换流变小差保护、引线差动保护和换流变绕组差动保护等。

图 1.3 为某换流站内极 I 换流变主要差动保护配置图。CT_1、CT_2、CT_4 和 CT_6 构成该组换流变大差保护，保护范围包括从换流变网侧的交流开关到换流变阀侧的所有线路和元件。对于每台换流变而言，CT_3 和 CT_4 构成 Y/Y 换流变的小差保护，CT_5 和 CT_6 构成 Y/△换流变的小差保护，两套小差保护用于保护对应的换流变。目前主流的换流变大差保护和小差保护在应对励磁涌流问题时均采用二次谐波制动判据。从换流变大差保护和小差保护的配置及相应判据可以看出，当换流变引线部分无故障时，若不考虑 CT 的传变特性差异，则大差保护计算得到的差流值恒等于两套小差保护计算的差流值之和。

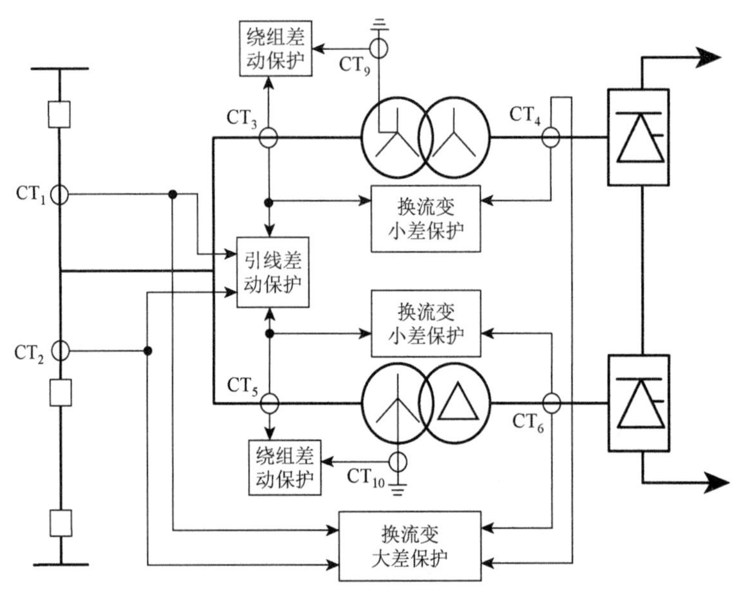

图 1.3 换流变主要差动保护配置图

CT_1、CT_2、CT_3 和 CT_5 构成引线差动保护，保护交流开关到换流变高压侧套管部分；CT_3 和 CT_9、CT_5 和 CT_{10} 构成绕组差动保护，分别保护换流变的绕组。

值得注意的是，因为换流变低压侧连接换流阀的交流侧，且三相换流变由三个单相变压器组接而成，空间有限，所以 Y/△接线换流变低压侧 CT_6 一般接在三角环内，差动保护计算不需要进行星角变换。

1.1.3 换流变零序差动保护

换流变作为 HVDC 工程的核心设备之一，除配置纵联差动保护作为主保护外，还装设了零序差动保护，用来保护其中性点接地的Y侧绕组。其特点为：保护整定值较小，灵敏度高，动作性能高度依赖于保护用相CT和中性线CT的传变特性。

换流变零序差动保护原理如图1.4所示，规定电流正方向为图中箭头所指方向。

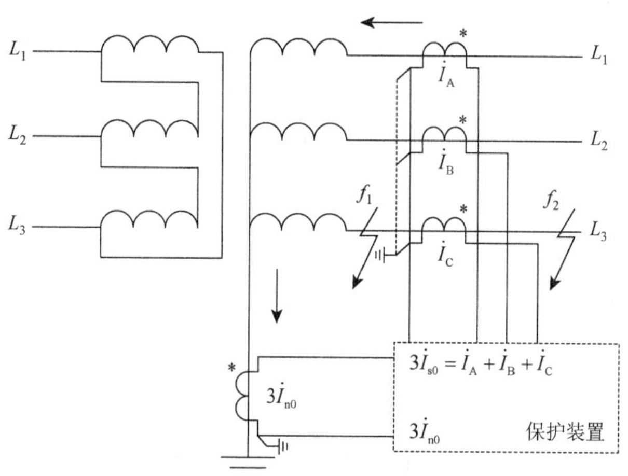

图1.4 换流变零序差动保护原理示意图

当系统正常运行时，自产零序电流$3\dot{I}_{s0}=\dot{I}_A+\dot{I}_B+\dot{I}_C=0$，中性点零序电流$3\dot{I}_{n0}=0$。当系统发生区内不平衡接地故障时（图1.4中$f_1$），$3\dot{I}_{s0}$与$3\dot{I}_{n0}$电流方向相反，幅值差增大，此时零序差动保护具有很高的灵敏度，保护动作；当系统发生区外接地故障时（图1.4中f_2），故障零序电流对于保护而言是穿越性电流，$3\dot{I}_{s0}$与$3\dot{I}_{n0}$电流大小相等，方向相同，保护可靠闭锁。

比例制动式零序差动保护常用的判据动作方程有如下几种。

（1）零序差动保护动作方程之一：

$$\begin{cases}I_{op}\geqslant I_{op.0}\\I_{op}\geqslant K_0 I_{res}\\I_{op}=|3\dot{I}_{s0}-3\dot{I}_{n0}|\\I_{res}=\max\{|3\dot{I}_{s0}|,|3\dot{I}_{n0}|\}\end{cases}\tag{1.1}$$

（2）零序差动保护动作方程之二：

$$\begin{cases}I_{op}\geqslant I_{op.0}\\I_{op}\geqslant I_{op.0}+K_0(I_{res}-I_{res.0})\\I_{op}=|3\dot{I}_{s0}-3\dot{I}_{n0}|\\I_{res}=\max\{|\dot{I}_A-\dot{I}_B|,|\dot{I}_B-\dot{I}_C|,|\dot{I}_C-\dot{I}_A|\}\end{cases}\tag{1.2}$$

（3）零序差动保护动作方程之三：

$$\begin{cases}I_{op}\geqslant I_{op.0}\\I_{op}\geqslant I_{op.0}+K_0(I_{res}-I_{res.0})\\I_{op}=|3\dot{I}_{s0}-3\dot{I}_{n0}|\\I_{res}=\max\{|\dot{I}_A|,|\dot{I}_B|,|\dot{I}_C|\}\end{cases}\tag{1.3}$$

（4）零序差动保护动作方程之四：

$$\begin{cases} I_{op} \geqslant I_{op.0} \\ I_{op} \geqslant I_{op.0} + K_0(I_{res} - I_{res.0}) \\ I_{op} = |3\dot{I}_{s0} - 3\dot{I}_{n0}| \\ I_{res} = \max\{|3\dot{I}_{s0}|, |3\dot{I}_{n0}|\} \end{cases} \tag{1.4}$$

（5）零序差动保护动作方程之五：

$$\begin{cases} I_{op} \geqslant I_{res} \\ I_{op} = |3\dot{I}_{n0}| \\ I_{res} = K_0(|3\dot{I}_{n0} - 3\dot{I}_{s0}| - |3\dot{I}_{n0} + 3\dot{I}_{s0}|) \end{cases} \tag{1.5}$$

式中：I_{op}为动作电流（零序差动保护的零差电流）；I_{res}为制动电流；$I_{op.0}$为保护启动电流；$I_{res.0}$为制动电流起始值；K_0为制动系数，表征不同工况下保护的制动需求，一般取 0.5～0.8。

零序差动保护启动电流$I_{op.0}$的整定公式为

$$I_{op.0} = K_{rel}(K_{er} + \Delta m)I_N \tag{1.6}$$

式中：K_{rel}为可靠系数，通常取 1.3～1.5；K_{er}为 CT 的传变误差系数，取 0.02；Δm为 CT 的变比未完全匹配引起的误差，一般取 0.05；I_N为变压器接地绕组的额定电流（经 CT 传变后的二次值）。制动电流起始值$I_{res.0}$可按$0.8I_N$～$1.0I_N$选取。

1.1.4 换流变零序过电流保护

除配置上述差动类主保护外，Y/Y 换流变和 Y/△换流变还都配备了零序过电流保护，用作其自身及相邻元件接地故障的后备保护。按照接入元件零序电流的来源不同，零序电流可分为自产零序电流和外接零序电流，而零序过电流保护采用的零序电流来自换流变中性线专用零序 CT，如图 1.5 所示。

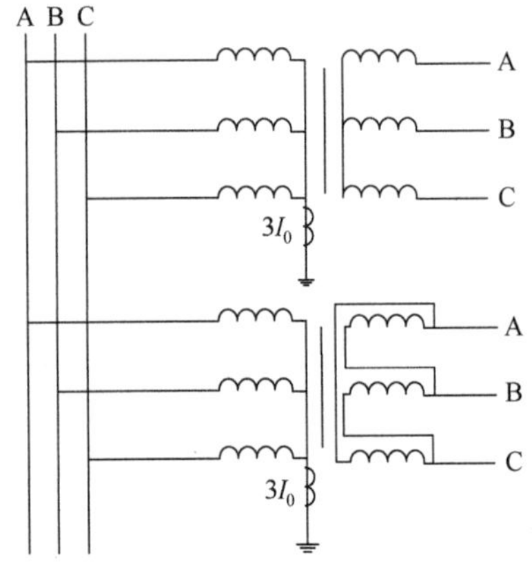

图 1.5 换流变零序过电流保护配置图

零序过电流保护装置配置有两段定时限零序过电流保护，采用相同的定值；同时，保护配置有零序反时限保护。但是，按照国家电力调度通信中心继电保护定值单，零序反时限保护不投入。为防止换流变空投等原因引起保护误动，零序电流保护设置了二次谐波闭锁功能，当零序电流中二次谐波含量大于整定值时闭锁保护；设置控制字，决定是否投入零序过电流保护各段以及是否利用二次谐波闭锁保护。

零序过电流保护通常配置为两段式：一段告警，二段跳闸。其动作方程为

$$\begin{cases} \text{一段}: 3I_0 = I_{0op} > I_{set} \\ \text{二段}: I_{0op} > K_{rel} \times 3 \times I_{0max} \end{cases} \tag{1.7}$$

式中：$I_{0\max}$为换流变末端故障时的最大零序电流；I_{0op}为零序电流保护动作电流；K_{rel}为可靠系数，一般不小于 1.3。

换流变高压侧零序过电流保护延时定值需要与区外故障零序过电流保护延时相配合。灵敏度按下式校验：

$$K_{\text{sen}} = \frac{3I_{\text{k.0.min}}}{I_{\text{0op}}} \tag{1.8}$$

式中：$3I_{\text{k.0.min}}$ 为保护区末端接地短路时流过保护安装处的最小零序电流（二次侧值）。要求 $K_{\text{sen}} \geqslant 1.5$。

考虑换流变与相邻输电线路的零序反时限电流保护的配合，当换流变发生接地故障时，换流变保护可采用反时限零序电流保护作为后备保护。

目前，直流输电工程现场投运时，换流变零序过流保护动作整定值和保护延时都不相同，但整定原则都是与交流系统零序保护最后一段相配合，延时定值均躲过交流系统发生接地故障的最长切除时间，同时二次谐波闭锁功能均退出。换流站换流变零序过电流保护典型定值如表 1.1 所示。

表 1.1　零序过电流保护设置

定值名称	数值	说明
保护一段	0.15 A	零序 CT 变比为 2 000∶1
保护一段延时	6 s	
保护二段	0.15 A	
保护二段延时	6 s	
二次谐波控制	0	无谐波闭锁
二次谐波含量	0.4	不用

由表 1.1 可以看到，零序过电流保护配置两段定时限零序过电流保护，采用相同的定值和延时。零序过电流保护的判据为

$$\begin{cases} \text{启动判据}: 3I_0 > I_{\text{set}} \\ \text{保护延时}: t > t_{\text{set}} = 6\ \text{s} \end{cases} \tag{1.9}$$

式中：$3I_0$ 为零序电流；I_{set} 为动作整定值；t_{set} 为保护延时时间。

1.1.5　换流器桥差保护

换流器是直流输电工程中交变直、直变交的枢纽点，换流器可实现交流电向直流电或直流电向交流电的转换，是直流输电系统中重要的元件，也是换流站的主要设备之一。

为了减少换流器对交、直系统的谐波注入量，以简化交流滤波器和直流滤波器的设计，降低整个直流输电工程的投资，直流输电工程通常采用两个 6 脉动换流器单元在直流端串联接线形式，构成 12 脉动换流器，而其交流侧通过换流变网侧绕组实现并联。换流变的阀侧组，一个为 Y/Y 接线，另一个为 Y/△接线，从而可以使两个 6 脉动换流器在交流侧形成相位相差 30°的换相电压。两个 6 脉桥的交流侧通过换流变连接到交流母线，为换流器提供换相电压。12 脉桥换流器的构成及接线方式如图 1.6 所示。

Y/Y 换流变和 Y/△换流变的换流器桥差保护作为直流系统的后备保护，其完整判据为

$$\begin{cases} \text{Y桥}: \Delta I_{\text{Y}} = I_{\text{ac}} - I_{\text{acY}} > I_{\text{set}} \\ \text{D桥}: \Delta I_{\text{D}} = I_{\text{ac}} - I_{\text{acD}} > I_{\text{set}} \end{cases} \tag{1.10}$$

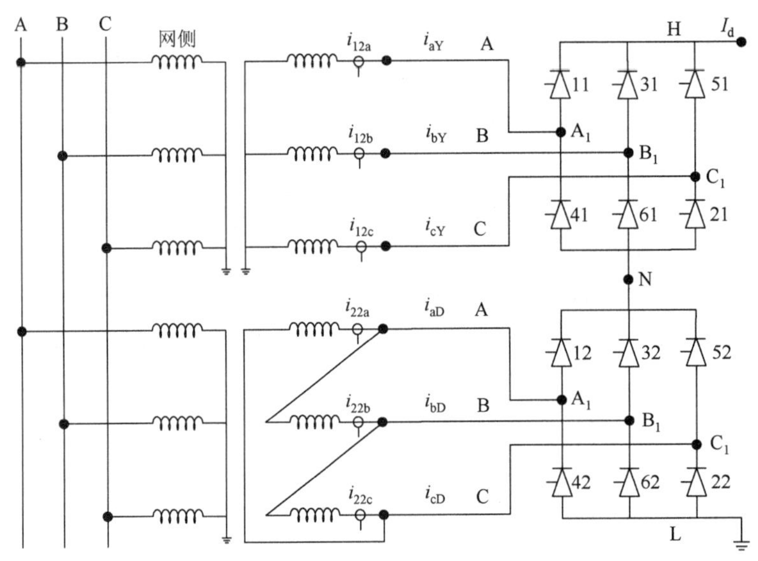

图 1.6 换流器桥差保护接线图

式中：I_{set}为设置的保护动作量整定值，一般取额定直流电流的 0.07 倍[1]；I_{acD}为 Y/△换流变阀侧三相电流幅值的最大值；I_{acY}为 Y/Y 换流变阀侧三相电流幅值的最大值。而I_{acY}和I_{acD}中的最大值为I_{ac}，具体为

$$\begin{cases} I_{acY} = \max\{I_{aY}, I_{bY}, I_{cY}\} \\ I_{acD} = \max\{I_{aD}, I_{bD}, I_{cD}\} \\ I_{ac} = \max\{I_{acY}, I_{acD}\} \end{cases} \tag{1.11}$$

图 1.6 给出了 Y/△换流变和 Y/Y 换流变的绕组 CT 安装位置。桥差保护采用的电流量是换流变阀侧绕组电流。Y/Y 换流变阀侧绕组电流为末端绕组 CT 所提取的电流量，具体为

$$i_{aY} = i_{12a}, \quad i_{bY} = i_{12b}, \quad i_{cY} = i_{12c} \tag{1.12}$$

Y/△换流变 CT 安装位置特殊，它安装在三角侧环内，因此其阀侧绕组电流应为环内电流进行相-线电流变换，具体表达式为

$$\begin{cases} i_{aD} = i_{22a} - i_{22b} \\ i_{bD} = i_{22b} - i_{22c} \\ i_{cD} = i_{22c} - i_{22a} \end{cases} \tag{1.13}$$

式中：I_{aY}、I_{bY}、I_{cY}、I_{aD}、I_{bD}、I_{cD}分别为i_{aY}、i_{bY}、i_{cY}、i_{aD}、i_{bD}、i_{cD}的幅值。

在正常情况下，流过 Y 桥和 D 桥交流连线上的电流幅值I_{acY}和I_{acD}应该是相等的，不存在差值。当发生故障时，取 Y/△换流变和 Y/Y 换流变阀侧电流按式（1.10）判据条件进行判别：当式（1.10）中ΔI_Y或ΔI_D任意一项大于整定值I_{set}，且持续时间Δt＞200 ms 时，换流器桥差保护动作条件满足，跳开网侧交流断路器。

1.2 换流站关键设备相关保护异常动作行为及其风险

目前，我国超/特高压直流输电工程的保护系统总体运行状况良好，这体现了我国在直流系统保护技术上已经取得了重大突破，相关研究成果处于世界领先水平。然而，近 10 年来，HVDC 系统中保护异常动作情况仍时有报道。由于换流站地处交直流交汇的中枢且其主换

流变的运行方式特殊，换流变在空载合闸及故障复电过程中更容易出现严重且具有非常规特征的励磁涌流与和应涌流现象；严重涌流的频发与新特征可能导致换流站各类保护的误动，严重时将引起直流单极甚至双极闭锁。未来随着交直流混联电网建设的进一步推进，换流站内部运行环境复杂性有增无减。从外部看，对于直流密集馈入区域，近区交流故障有可能导致很短时间内多个直流系统出现多重连续换相失败。加上直流不平衡运行所产生的严重直流偏磁，对站内主设备保护的正确动作提出了更大的挑战，并可能引发不可预知的其他保护误动行为。

1.2.1 换流变引线及差动保护异常动作行为及其风险

换流变在保护配置方面及接线方式上与普通变压器有显著区别，每一组 12 脉动的换流变，在合闸时均为两台变压器在 Y 接线侧同时投入。一组两台换流变同时配置了各自的小差保护和该组换流变的大差保护。换流变配置的差动保护也要考虑变压器空载合闸时产生的励磁涌流问题，目前的换流变大差保护和小差保护工程实践上均采用基于二次谐波制动原理的差动保护。

换流变复杂的运行环境及特殊的投退方式，可能导致在其进行空载合闸时产生与典型涌流特征不同的励磁涌流与和应涌流，影响二次谐波制动判据的判别效果；并且交直流场滤波器可能会对换流变空载合闸时涌流波形中二次谐波特征产生削弱作用，二次谐波制动判据因此失效，从而容易出现换流变差动保护误动的情况[2]。而换流变特殊的投入方式实际上更易引发对称性涌流，增加换流变大差保护误动的风险。例如，2009 年 12 月 3 日，云广直流工程的楚雄站极 II 高端换流变空载合闸，断路器投入后约 900 ms，大差保护动作[3]。现场录波显示两台换流变各自 C 相差流为典型励磁涌流特征，C 相大差保护差流特征与和应涌流的很多特征相似，呈对称波形。

到目前为止，针对该类换流变对称性涌流的生成机理及对大差保护的影响的对策研究较少。有文献借鉴和应涌流的分析方法，基于 1 周波两台换流变磁链积分量之差对涌流的变化特点进行推测，但缺少磁链在时域内变化特点的明确解析，且未基于精确模型进行验证[3]。在针对对称性涌流造成换流变大差保护误动的对策研究方面，有技术人员提出了引入换流变小差保护二次谐波判据优化大差保护涌流识别逻辑，从而防止大差保护误动[4]；但该类对策，始终没有避开二次谐波制动判据，实际上该判据在应对对称性涌流时误动与故障电流含涌流时拒动之间很难找准平衡点。

因此，为解决上述问题，需要深入研究换流变空投或故障时电流的特性，揭示对称性涌流的产生机理及导致大差保护误动的原因，并据此找到基于全新原理的判据来保证大差保护应对涌流和故障时的可靠性和速动性。

1.2.2 换流变零序差动保护异常动作行为及其风险

相比于反应相对相间电气量变化的差动保护，零序差动保护对变压器星形绕组最常见的单相接地短路故障，具有更高的灵敏度；同时，零序差动保护不必躲过变压器的励磁涌流，因而常作为变压器内部主保护被普遍配置。但在实际运行中，区外故障时变压器零序差动保护误动的情况仍然时有发生。例如，2006～2011 年，就发生过多起 500 kV 和 220 kV 变压器零序差动保护在外部单相接地瞬时性故障或外部单相接地故障被切除后误动的案例，此类零序差动保护的动作均属于其保护区外故障越级误动。根据初步分析，在故障消除后电压恢复过程中产生的恢复性涌流可能引起了 CT 偏置饱和，使其传变特性劣化而导致保护误动。

除与上述传统交流系统变压器零序差动保护面临同样的误动问题外，换流变作为交直流系统间相互耦合的中心，其连接的系统强度更高，换流变在空载合闸和外部故障切除时所产生的励磁涌流和恢复性涌流的衰减阻尼更小，涌流的幅值更大，持续时间也更长，这将对 CT 的正常传变造成更加不利的影响，进而使得换流变零序差动保护面临更大的误动风险。工程实际中已经出现过换流变零序差动保护误动案例。例如，2004 年 4 月，贵广直流工程调试过程中，肇庆换流站对换流变充电时零序差动保护误动导致充电试验失败[5]。

此外，受能源分布不均影响，我国大量采用远距离直流输电的方式将电能输送至负荷中心，这就导致了多馈入直流密集区域的形成。该区域中直流系统之间相互作用，在单极大地运行方式下大的入地直流入侵换流变会引发更为严重的直流偏磁，在伴随交流系统弱故障下，可能引起换流变中性线 CT 传变特性劣化，换流变零序差动保护动作性能又将面临更大挑战。

目前，针对提升零序差动保护动作性能的对策研究主要集中在交流系统传统变压器上，且主要用以解决保护定值整定不当和 CT 极性接错带来的误动问题；而针对提升换流变零序差动保护动作性能对策的研究更少。

综上所述，复杂电磁暂态下换流变零序差动保护误动机理尚不十分明确，更缺乏针对性的策略，这对换流站的安全运行是一个巨大的隐患。因此，需要深入研究复杂涌流工况下换流变零序差动保护误动机理及对策，并对复杂直流偏磁工况下换流变零序差动保护误动风险及应对策略进行研究，以提高换流变零序差动保护应对复杂电磁暂态扰动时的可靠性。

1.2.3 换流变零序过电流保护异常动作行为及其风险

除前述作为设备主保护的换流变差动保护和零序差动保护在复杂性涌流期间存在异常动作行为和风险外，在换流变空载合闸和外部故障切除情况下，换流站内设备主保护不动而后备保护误动的情况也时有发生。例如：2011 年 6 月，在对宝鸡换流站极 I 换流变进行空充时，换流变零序过电流保护误动作，造成直流系统闭锁[6-7]；2012 年 4 月，银川直流换流站年度检修后进行空充时，Y/Y 换流变零序过电流保护动作，跳开换流变进线断路器[8]；2006 年 6 月，天生换流站附近罗平变电站发生故障影响了天广直流系统，导致换流站双极换流变零序过电流保护误动，造成直流系统紧急停运[2]；2012 年 11 月，某变电站线路侧发生间歇性单相接地故障时，线路保护正确识别间歇性故障而无动作，但变压器零序过电流保护误动[9]。可以看到，常规变压器零序过电流保护已经出现过在外部故障切除后恢复性涌流期间发生误动的情况；而换流变工作环境特殊，较之常规变压器，其在交流系统外部故障切除后可能经历更为严重的恢复性涌流，零序过电流保护同样存在误动风险，甚至出现误动的可能性更大。

目前防止换流变零序过电流保护误动的对策主要包括不投入零序过电流保护、采取抑制励磁涌流的措施、加入空充标志进行闭锁保护等。上述方法虽具有一定效果，但仍具有局限性。不投入零序过电流保护会降低保护的可靠性，加入空充标志和采用抑制励磁涌流措施并没有考虑到故障切除后零序过电流保护误动的情况。因此，涌流工况下换流变零序过电流保护发生误动和存在误动风险的问题没有得到根本解决，有必要深入研究换流变励磁涌流和恢复性涌流对换流变零序过电流保护动作性能的影响机理，并寻求有效应对措施，以提高零序过电流保护的可靠性。

1.2.4 换流器桥差保护异常动作行为及其风险

如前所述，换流站特殊的运行环境和换流变特殊的投入方式，可能使得换流变涌流更加严重并具备新特征，这不仅导致了上述换流变本身所配置的相关保护发生异常动作行为或具有潜在误动风险，还可能造成站内其他保护异常动作，甚至引发直流极闭锁[10-13]。例如：2012 年和 2014 年，南方电网的高肇直流高坡换流站先后两次因换流变备用转闭锁操作而触发换流器桥差二段保护误动；而在 2014 年高肇直流事件的前一日，国家电网的葛南直流也发生同类事件，并导致了直流单极闭锁；2017 年 7 月，高肇直流又一次出现换流器桥差保护动作导致直流单极闭锁的事件。同类事件重复多次发生，不仅影响某个站内设备，还可能波及整个直流输电系统。另外，还曾出现过站内交流系统故障引起的换流器桥差保护异常动作的情况，根据相关案例报道，贵广Ⅱ回工程逆变站网侧发生单相金属接地故障（故障时间 100 ms）切除后，出现逆变侧桥差保护误动[1]。实际直流工程中连续出现上述误动事件，表明现行的换流器桥差保护存在缺陷。

实际上，一组两台换流变中，有一台采用的是 Y/△接线方式。涌流工况下，在该换流变角型接线绕组内易形成零序环流。零序环流过大可能会引起绕组 CT 饱和，从而使二次信号传变发生劣化，根据桥差保护现有判据进行计算和判别，则可能导致换流器桥差保护误动。但在现有文献中，少见对涌流工况下换流变角型接线绕组内环流特性的深入分析。

在防止换流器桥差保护发生误动研究方面，现有的措施主要集中在诸如使用更好暂态特性的 CT 及提高定值等被动的应对策略上，这类策略往往会带来成本增加，以及保护在区内故障的灵敏性和速动性降低等问题。因此，需要对涌流工况下换流变零序环流形成机理及特征进行深入研究，揭示其引发换流器桥差保护误动的原因，并据此研究提出不受复杂环流影响的新型换流器桥差保护判据及方案，以提升其动作可靠性，进而提高换流站主设备保护整体可靠性和正确动作率。

1.2.5 直流输电系统换相失败引发换流变差动类保护异常动作行为及其风险

传统的 HVDC 工程换流站内采用晶闸管作为换流器的换流阀，其半控特性的晶闸管元件无法避免地会造成直流输电系统在交流系统故障后发生换相失败的问题，这会对电网造成一定冲击。近年来不乏对换相失败导致各类保护误动情况的研究，但主要集中于对线路保护影响的研究上，对换流变保护影响的研究较少。事实上，换流器与换流变紧密连接，发生换相失败或连续换相失败会直接影响到换流变所配置保护用电流，可能造成换流变某些保护的动作异常。尤其是作为换流变主保护的差动保护和零序差动保护，若发生动作异常，则会影响到整个交直流系统的安全性。

一般而言，直流输电系统在发生换相失败后能自行恢复，发生连续换相失败也能采取直流闭锁措施进行控制，但在至少发生三次连续换相失败后才会对直流进行闭锁，若在此之前换流变保护用电流受其影响，则可能造成换流变差动类保护动作特性异常。发生换相失败期间，系统中往往会产生直流分量、高次谐波分量等多种非工频分量侵入换流变，当非工频分量含量较高时，容易导致换流变铁芯发生饱和，影响换流变差动保护的性能。

未来随着交直流混联电网建设的进一步推进，换流站内部运行环境复杂性有增无减。直流落点密集区域相邻换流站之间电气距离较近，单个交流或直流系统故障有可能同时影响多回直流线路，在短时间内引起多重连续换相失败[14]。在此期间，所引发的直流输送功率阵发性波动可能在换流变中性点引入低频交变电流，加上直流不平衡运行所产生的严重直流偏磁，可能引起中性线 CT 的传变特性异变及保护采用的短窗滤波算法准确性下降，从而导致高灵敏度的零序差动保护误动，严重时甚至可能引发直流双极闭锁。

目前，还鲜见针对上述因换相失败引发的换流变差动类保护异常动作风险的相关研究，有必要深入分析在换相失败的影响下，换流变差动保护和零序差动保护用电流的变化特征及其对保护用 CT 饱和特性的影响，进而研究换相失败造成换流变差动保护和零序差动保护异常动作的风险，并探讨相应保护应对策略，以提高换流变主保护的可靠性和正确动作率，确保整个直流输电工程的安全稳定运行。

本章参考文献

[1] 张侃君，戚宣威，胡伟，等. YD 型换流变三角形绕组 CT 饱和对直流保护的影响及对策[J]. 电力系统保护与控制，2016，44（20）：99-105.

[2] 朱韬析，王超. 天广直流输电换流变压器保护系统存在的问题[J]. 广东电力，2008，21（1）：7-10，26.

[3] 田庆. 12 脉动换流变压器对称性涌流现象分析[J]. 电力系统保护与控制，2011，39（23）：133-137.

[4] 张红跃. 换流变大差保护励磁涌流识别的思考[J]. 电力系统保护与控制，2011，39（20）：151-154.

[5] 李兴，郭卫民. 西门子 7UT612 装置零序差动保护原理及 CT 极性整定分析[J]. 继电器，2006，34（18）：62-65，78.

[6] 谷永刚，齐卫东，韩彦华，等. 换流变压器充电时开关跳闸的原因分析[J]. 陕西电力，2011，39（9）：52-54.

[7] 江志波，何润华. 几起零序过流保护动作事故分析及改进措施探讨[J]. 山东工业技术，2014（15）：100-102.

[8] 刘家军，罗明亮，徐玉洁. 直流输电中换流变压器零序过流保护的探讨[J]. 中国电力，2014，47（6）：22-25.

[9] 刘涛，高晓辉，柳震. 一起变压器后备零序保护越级跳闸事故的分析[J]. 电力学报，2013，28（4）：309-312.

[10] 成敬周，徐政. 换流站内的交流系统故障分析及保护动作特性研究[J]. 中国电机工程学报，2011，31（22）：88-95.

[11] 瞿少君. 励磁涌流导致的换流器桥差保护动作分析[J]. 云南电力技术，2010，38（4）：86，87.

[12] 邱志远，周培，李道豫，等. 高坡换流站桥差保护动作分析及对策研究[J]. 贵州电力技术，2017，20（7）：30-33.

[13] 郑伟，张楠，周全. 和应涌流导致直流闭锁极保护误动作分析[J]. 电力系统自动化，2013，37（11）：119-124.

[14] 张文亮，周孝信，郭剑波，等. ±1 000 kV 特高压直流在我国电网应用的可行性研究[J]. 中国电机工程学报，2007，27（28）：1-5.

第 2 章

换流变引线及差动保护异常动作行为分析及对策研究

无论是常规变压器还是换流变压器,励磁涌流的识别对于其所配备的差动保护而言是共性问题。为防止涌流引起差动保护误动，目前换流变差动保护主要仍采用二次谐波制动判据。但是，与仅考虑单台常规变压器涌流所不同的是，换流变在任何组合运行方式下都是每组 12 脉动两台换流变同时投退的。因此，就可能产生与典型涌流特征不同的励磁涌流与和应涌流，例如易产生对称性涌流，从而导致二次谐波制动判据失效差动保护误动作。

本章从解析分析和仿真分析两个角度研究换流变空载合闸时对称性涌流的产生机理及变化特点，揭示其引起大差保护二次谐波制动判据失去闭锁能力的原因；在此基础上，提出基于豪斯多夫（Hausdorff）距离算法的换流变大差保护新判据；并利用基于工程实际参数建立详尽的特高压直流输电仿真模型,考察验证换流变经历各类工况时新判据的有效性。

2.1 换流变空载合闸对称性涌流产生机理

2009年12月3日，在云广工程楚雄站极II的高端换流变空载合闸的操作试验中，断路器合闸后经过约900 ms，换流变引线差动保护（大差保护）动作，使得12脉动换流变误跳闸[1]。现场录波（图2.1）显示，两台换流变各自C相差流（i_{1C}和i_{2C}）为典型励磁涌流特征，衰减缓慢；但是，两台换流变的C相差流的和电流，即大差差流（i_{sC}）却呈对称波形，二次谐波含量小，最终导致大差保护误动。可以看到，C相大差保护差流特征与已有很多研究的常规变压器组和应涌流的某些特征相似。

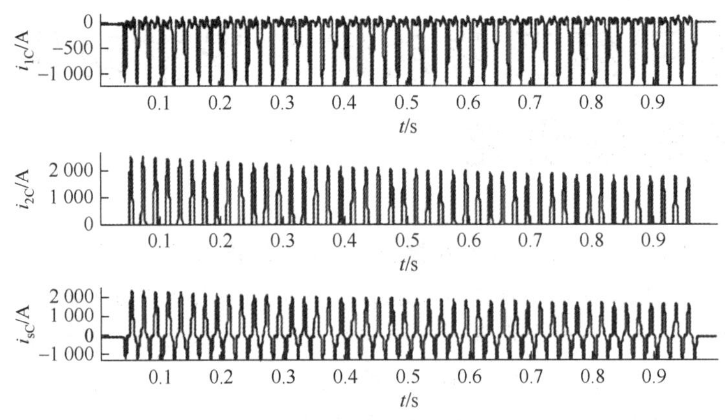

图2.1 现场空充试验波形图

值得指出的是，较之普通换流变，特高压换流变空投时更有可能引发该类对称性涌流现象。这是因为：一方面，特高压换流站采用的是四组8台换流变（每台三相换流变又均由三个单相变压器连接组成）共母线并联运行方式，变压器台数众多，接地点存在较强的电气耦合，电磁暂态过程和涌流传递规律更加复杂；另一方面，特高压直流输电工程不仅存在类似于普通超高压直流输电的单极不平衡运行方式，还存在多种1/2单极、3/4双极（一极完整，一极1/2）以及一极降压一极全压运行等多种不平衡运行方式，直流不平衡运行方式的增多，加大了特高压换流变严重直流偏磁发生的概论率，使得因铁芯饱和而产生对称性涌流的可能性增大，差动保护误动概率增加。

针对传统交流系统内一台变压器正常运行、另一台并联或级联变压器空载合闸时所产生的和应涌流现象的研究较多[2-5]，由于12脉动换流变投入所产生的涌流与和应涌流形成相似，可借助和应涌流分析方法对其形成机理进行研究。

以单相变压器为例进行分析，两台双绕组变压器并联空载合闸的电气连接及其时域简化电路如图2.2所示。图2.2（a）中：T_1和T_2为一组并联空载投入的变压器；CB为系统侧空载合闸变压器的合闸开关；$u_s(t)$为系统电源电压；$i_s(t)$为系统电流；$i_1(t)$和$i_2(t)$分别为流过变压器T_1和T_2的电流；R_s和L_s分别为系统与变压器之间的等效电阻和电感；图2.2（b）中：R_1和L_1分别为T_1折算到一次侧的等效电阻和电感；R_2和L_2分别为T_2折算到一次侧的等效电阻和电感。

系统电源电压为$u_s(t)=U_m\sin(\omega t+\alpha)$，由基尔霍夫（Kirchhoff）定律可得

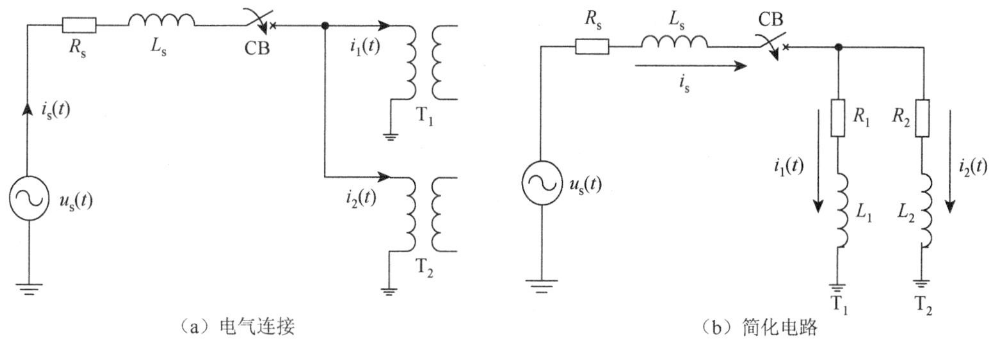

（a）电气连接　　（b）简化电路

图 2.2　一组并联单相变压器空载合闸电气连接及其简化等效电路图

$$\begin{cases} R_s i_s + L_s \dfrac{\mathrm{d}i_s}{\mathrm{d}t} + R_1 i_1 + \dfrac{\mathrm{d}\psi_1}{\mathrm{d}t} = U_m \sin(\omega t + \alpha) \\ R_1 i_1 + \dfrac{\mathrm{d}\psi_1}{\mathrm{d}t} = R_2 i_2 + \dfrac{\mathrm{d}\psi_2}{\mathrm{d}t} \\ i_s = i_1 + i_2 \end{cases} \tag{2.1}$$

式中：U_m 为系统电源电压的幅值；ω 为电源电压变化角频率；α 为合闸时刻系统电源初相角；ψ_1 和 ψ_2 分别为 T_1 和 T_2 的磁链。

假设两台变压器参数完全相同，即 $R_1 = R_2 = R$，$L_1 = L_2 = L$，对式（2.1）进行线性化处理，经拉普拉斯（Laplace）变换和反变换求得两台变压器磁链时域表达式并进行简化，有

$$\begin{aligned} \psi_1(t) = & \frac{L}{Z} U_m \sin(\omega t + \alpha - \theta) + \frac{1}{2}\left[-\frac{2L}{Z} U_m \sin(\alpha - \theta) + \psi_1(0) + \psi_2(0) \right] \mathrm{e}^{-t/\tau_1} \\ & + \frac{1}{2}[\psi_1(0) - \psi_2(0)] \mathrm{e}^{-t/\tau_2} \end{aligned} \tag{2.2}$$

$$\begin{aligned} \psi_2(t) = & \frac{L}{Z} U_m \sin(\omega t + \alpha - \theta) + \frac{1}{2}\left[-\frac{2L}{Z} U_m \sin(\alpha - \theta) + \psi_1(0) + \psi_2(0) \right] \mathrm{e}^{-t/\tau_1} \\ & - \frac{1}{2}[\psi_1(0) - \psi_2(0)] \mathrm{e}^{-t/\tau_2} \end{aligned} \tag{2.3}$$

式（2.2）和式（2.3）中：$\psi_1(0)$和 $\psi_2(0)$分别为两台变压器空载合闸时的初始剩磁；$Z = \sqrt{(R + 2R_s)^2 + (\omega L + 2\omega L_s)^2}$；$\theta = \arctan \dfrac{\omega(L + 2L_s)}{R + 2R_s}$；$\tau_1 = \dfrac{L + 2L_s}{R + 2R_s}$；$\tau_2 = \dfrac{L}{R}$。

对比式（2.2）和式（2.3）可以看到，ψ_1 和 ψ_2 中，都含有两个时间常数不同的直流衰减分量和一个正弦稳态分量。直流衰减分量只作用于最初的暂态过程，当暂态过程结束后，磁链 ψ_1 和 ψ_2 趋于稳态，此时的直流分量衰减到 0，两个磁链都将呈现正弦变化规律。

ψ_1 和 ψ_2 中时间常数为 τ_1 的直流衰减分量符号相同，而时间常数为 τ_2 的直流衰减分量符号相反。若规定式（2.2）中时间常数为 τ_2 的直流衰减分量变化方向为正，则式（2.3）中时间常数为 τ_2 的直流衰减分量的变化方向为负；反之亦然。并且，按照通常变压器和系统参数的大小，有 $\dfrac{L + 2L_s}{R + 2R_s} < \dfrac{L}{R}$，即 $\tau_1 < \tau_2$。可以看到，ψ_1 和 ψ_2 变化规律的差异主要来自时间常数为

τ_2 的直流衰减分量，而时间常数为 τ_2 的直流衰减分量的大小完全由初始磁链 $\psi_1(0)$和 $\psi_2(0)$所决定。

当 $\psi_1(0) \approx \psi_2(0)$时，即两台变压器初始磁链相接近（包含同为 0 的情况）时，$\psi_1(0) - \psi_2(0) \approx 0$，时间常数为 τ_2 的直流衰减分量可忽略不计，ψ_1 和 ψ_2 将按照几乎完全相同的规律变化，几乎同时进入饱和状态，并同时产生偏向时间轴同一侧的涌流。

当 $\psi_1(0) \neq \psi_2(0)$时，ψ_1 和 ψ_2 中存在符号相反的 $\frac{1}{2}[\psi_1(0)-\psi_2(0)]\mathrm{e}^{-t/\tau_2}$ 直流衰减分量，其作用是，如果 ψ_1 和 ψ_2 不再同时进入饱和状态，而是依次进入各自的饱和状态，那么此时两者相对于时间轴将会偏向于相反的方向，而且会依次达到它们所对应的相反方向的最大值。对应地，两台变压器的涌流将交替出现，时间差为 1/2 周波，并且是位于时间轴不同侧。$\psi_1(0)$和 $\psi_2(0)$的差异越大，该现象越显著。尤其是合闸初相角 $\alpha = \theta$，而 CB 合闸前 $\psi_1(0)$和 $\psi_2(0)$数值较大且方向相反，在符号相反的 $\frac{1}{2}[\psi_1(0)-\psi_2(0)]\mathrm{e}^{-t/\tau_2}$ 直流衰减分量主导下，T_1 和 T_2 将在合闸后很快交替进入饱和状态，进而分别产生方向相反、间隔 1/2 周波的 i_1 和 i_2，i_1 和 i_2 将各自呈现为典型的变压器空载合闸励磁涌流特征。由于 $i_s = i_1 + i_2$，和电流 i_s 将呈现出较好的对称性。图 2.2 系统在 $\psi_1(0) = 0.8$ p.u.和 $\psi_2(0) = -0.8$ p.u.的初始条件下，$t = 0.215$ s 将 T_1 和 T_2 同时空载投入时，对应的 i_1、i_2 和 i_s 的波形如图 2.3 所示。

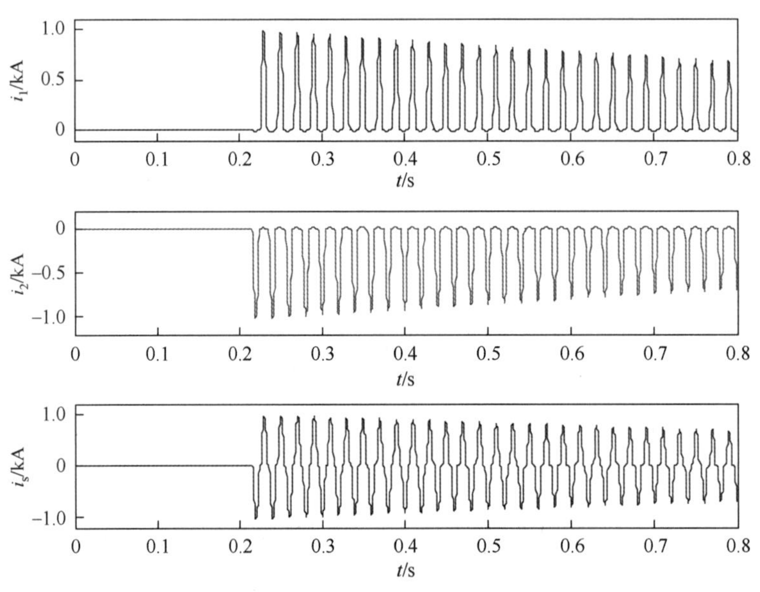

图 2.3 对称性涌流仿真实例电流波形

由于空载合闸时变压器二次侧开路，不考虑 CT 传变影响，i_1、i_2 和 i_s 分别可视为 T_1 小差保护、T_2 小差保护和该组变压器大差保护的差动电流。对三个差流的二次谐波百分比进行分析（图 2.4），可以看到，虽然 i_1 和 i_2 呈现典型励磁涌流特性，二次谐波百分比较高，达到 60%以上，两套小差保护可以可靠制动，但 i_s 呈现很好的对称性，二次谐波百分比很小，仅为 3%左右，远低于一般设定的 15%的制动门槛，大差保护将不可避免地误动。

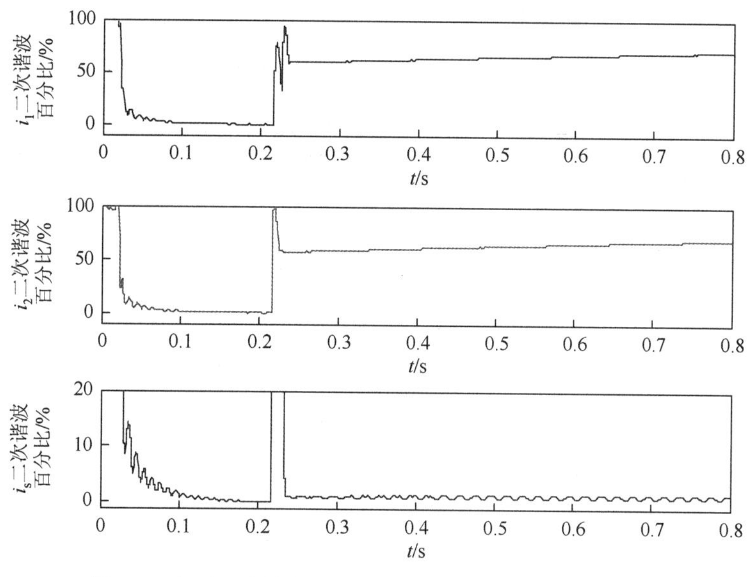

图 2.4　变压器小差保护和大差保护差流二次谐波百分比

2.2　含换流站的特高压直流输电工程仿真模型

在 PSCAD/EMTDC 软件平台上，根据实际参数建立±800 kV 特高压直流输电工程的仿真模型，如图 2.5 所示。模型中包括交流侧等效电源、特高压换流站（整流侧和逆变侧）、±800 kV 两极直流输电线路、等效负荷及无功补偿、各滤波器和控制环节。该工程输送功率为 2 500 MW×2，直流输电线路电流为 3.125 kA。

换流站内每极对应两组换流变运行，即高端一组 Y/△换流变和 Y/Y 换流变，低端一组 Y/△换流变和 Y/Y 换流变，每台换流变均由三台单相双绕组换流变连接而成。Y/△换流变和 Y/Y 换流变额定容量均为 732.3 MVA，额定电压分别为$(525/\sqrt{3})/(165.59)$ kV 和$(525/\sqrt{3})/(165.59\sqrt{3})$ kV。模型中直流滤波器和交流滤波器结构分别如图 2.6（a）和（b）所示。图 2.6（a）中：$C_1 = 1.0\ \mu F$，$L_1 = 19.19\ mH$，$C_2 = 2.84\ \mu F$，$L_2 = 16.7\ mH$，$R_1 = 1\,000\ \Omega$。图 2.6（b）中交流滤波器参数如表 2.1 所示。

表 2.1　交流滤波器参数

滤波器	R_1/Ω	L_1/mH	L_2/mH	$C_1/\mu F$	$C_2/\mu F$
A	100	9.03	3.55	4.79	7.45
B	2 000	2.59	83.48	4.61	8.83
C	—	1.6	—	4.81	—

以整流侧换流站（站 1）极 I 高端一组换流变为空载合闸研究对象，其局部仿真模型如图 2.7 所示。该组换流变空载合闸时，系统运行方式为 3/4 双极不平衡运行，即整流侧和逆变侧均极 I 高端阀组未投入运行，极 I 低端一组换流变和极 II 两组换流变及其相应阀组正常运行。

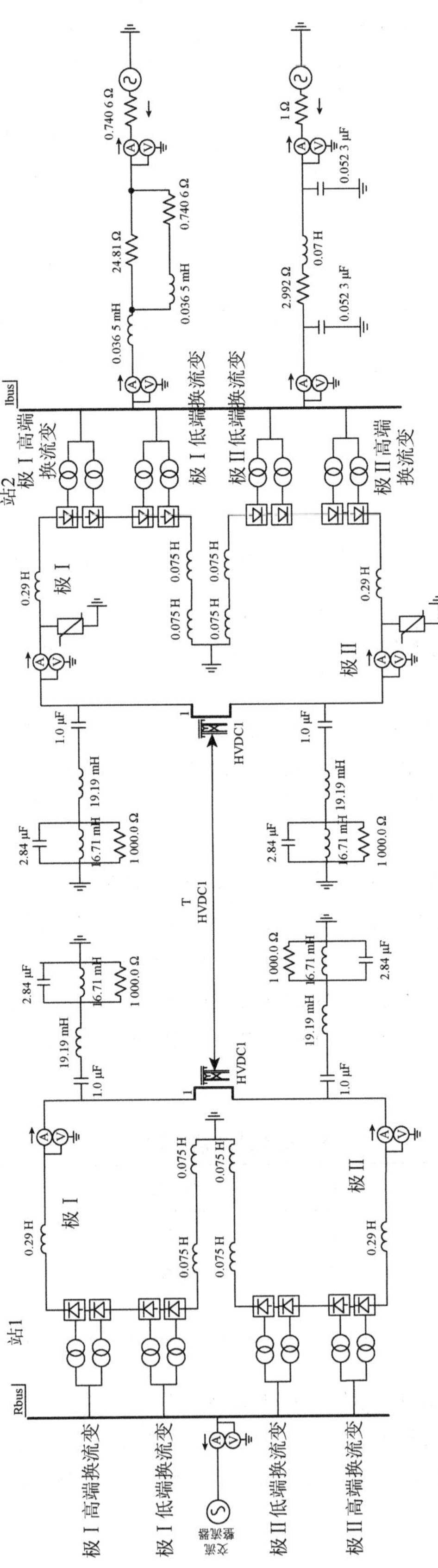

图 2.5 ±800 kV 特高压直流输电工程仿真模型

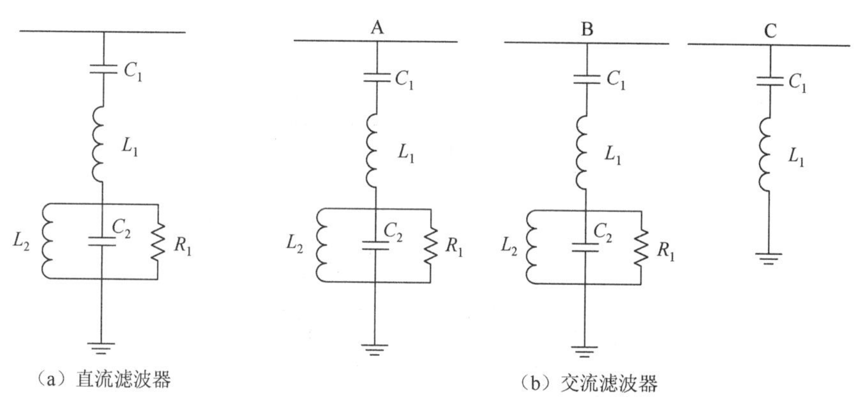

（a）直流滤波器　　（b）交流滤波器

图 2.6　特高压直流输电工程中滤波器结构图

合闸初始角通过设置断路器不同投入时间来控制，在两台换流变一次侧各相引入可控直流电流源来模拟空载合闸前换流变各相剩磁情况[6]。仿真时长为 1 s，仿真得到的一次电流作为 CT 的输入，CT 变比为 2 000∶1，将换流变一、二次电流全部折算到二次侧，形成小差保护与大差保护的差流，并将该差流基波幅值与二次谐波百分比进行分析。本章仿真实例采用的差流动作门槛为 0.25 p.u.，二次谐波制动门槛为 15%，均为现场常用整定值。

2.3　对称性涌流引起换流变引线及差动保护误动分析

算例 2.1　合闸时间为 0.413 3 s，即 A 相合闸初相角为–120°，合闸前 Y/△换流变和 Y/Y 换流变 A 相剩磁分别为 0.85 p.u.和–0.85 p.u.，其他相剩磁均为 0。

Y/△换流变和 Y/Y 换流变小差保护和该组换流变大差保护差动电流波形，以及各差流基波幅值和二次谐波百分比分析如图 2.8～图 2.11 所示。图 2.8 中：i_{d1X}、i_{d2X}和 i_{dsX}分别为 Y/△换流变小差保护、Y/Y 换流变小差保护和该组换流变大差保护 X 相的差动电流。图 2.9～图 2.11 中含义相同。

可以看到：Y/△换流变和 Y/Y 换流变各相小差差流均为典型的励磁涌流特性，Y/△换流变和 Y/Y 换流变 B、C 两相因合闸前均无剩磁，根据前面的分析，其磁链变化规律相同，并产生方向一致波形典型的励磁涌流，因此合成的 B、C 两相大差差流也呈现典型的励磁涌流特性，偏向时间轴一侧；而 Y/△换流变和 Y/Y 换流变 A 相在符号相反的大初始剩磁作用下，产生方向相反、间隔 1/2 周波的励磁涌流，因此合成的 A 相大差差流呈现对称波形，基波幅值较高，从合闸初期的 0.67 p.u.到仿真结束时的 0.35 p.u.，一直持续大于 0.25 p.u.差流动作门槛，而二次谐波百分比则在合闸后到仿真结束，一直低于 15%制动门槛（图 2.11）。如果采用分相闭锁的跳闸方式，大差保护在该组换流变空载合闸 1 周波左右后即会发生误动。

实际上，在空载合闸整流侧极 I 高端换流变时，对系统大电源侧以及同极低端换流变的电流是有一定程度影响的。根据算例 2.1 的初始条件，极 I 低端换流变一直处于正常运行状态，该组两台换流变一、二次侧三相电流波形如图 2.12 和图 2.13 所示。

可以看到，同极高端换流变投入后，由于交流侧涌流传递作用，低端换流变一次侧电流会相应发生变化，但变化幅度并不十分显著，结合系统大电源侧三相电流波形变化来看（图 2.14），系统交流侧对高端换流变投入产生的涌流具有分流作用，降低了其对低端正常运行换流变电流的影响。

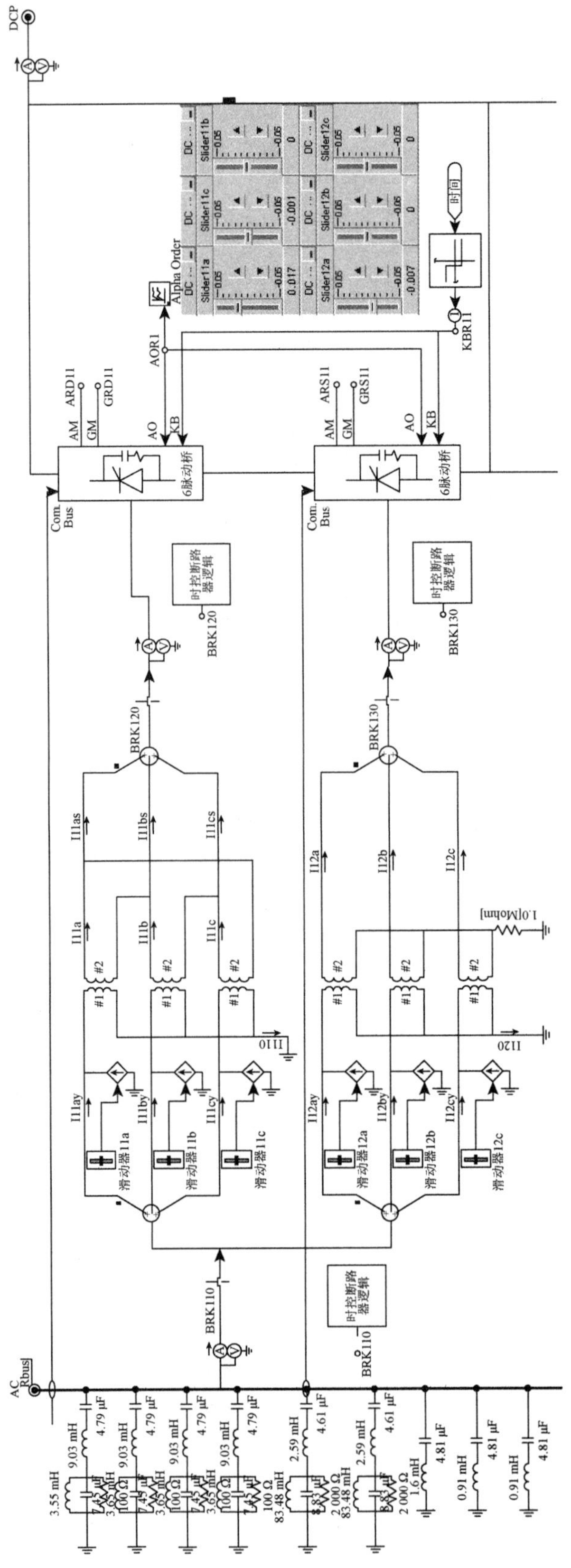

图 2.7 整流侧换流站高端一组换流变空载合闸局部仿真模型

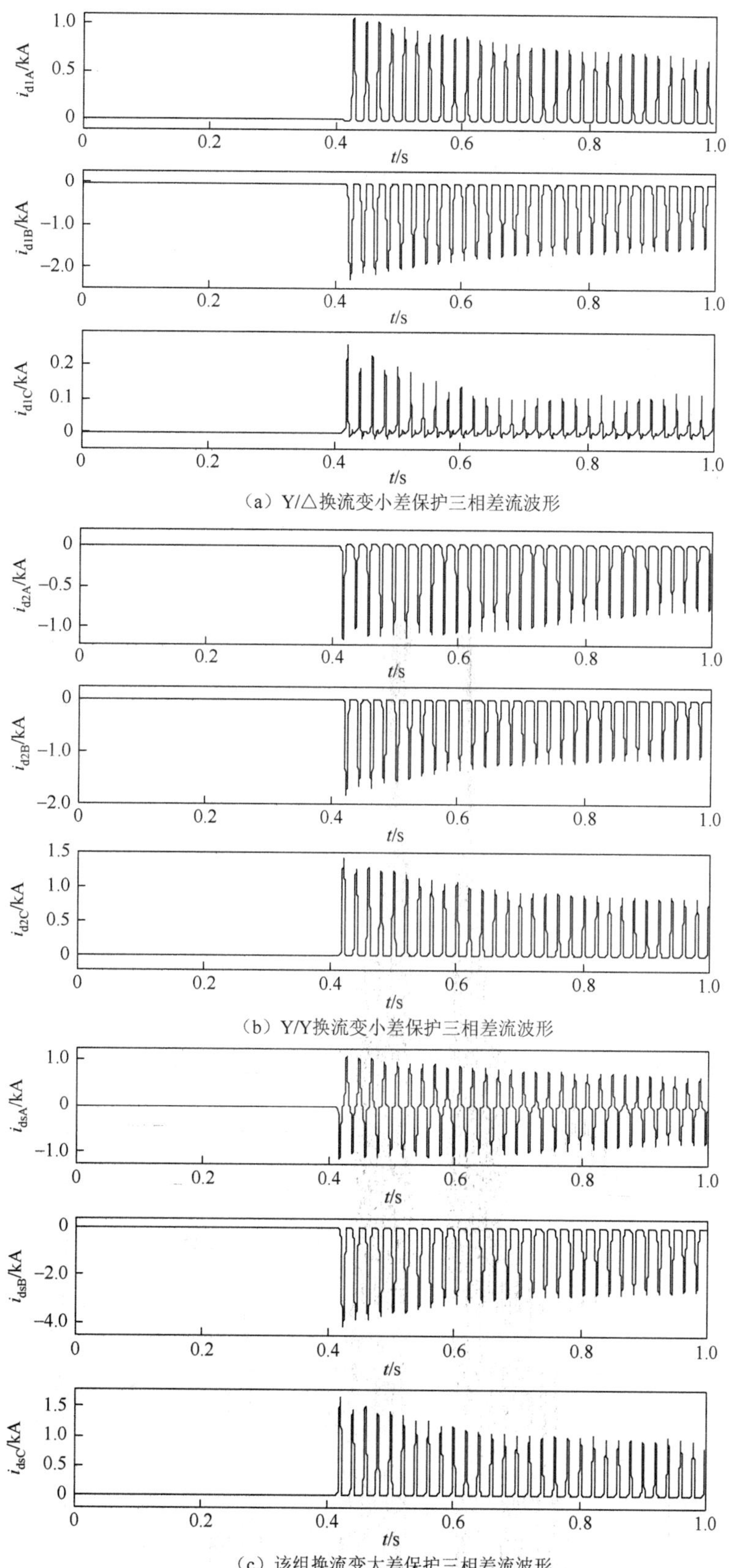

（a）Y/△换流变小差保护三相差流波形

（b）Y/Y换流变小差保护三相差流波形

（c）该组换流变大差保护三相差流波形

图 2.8　Y/△换流变、Y/Y 换流变小差保护和该组换流变大差保护三相差流波形（算例 2.1）

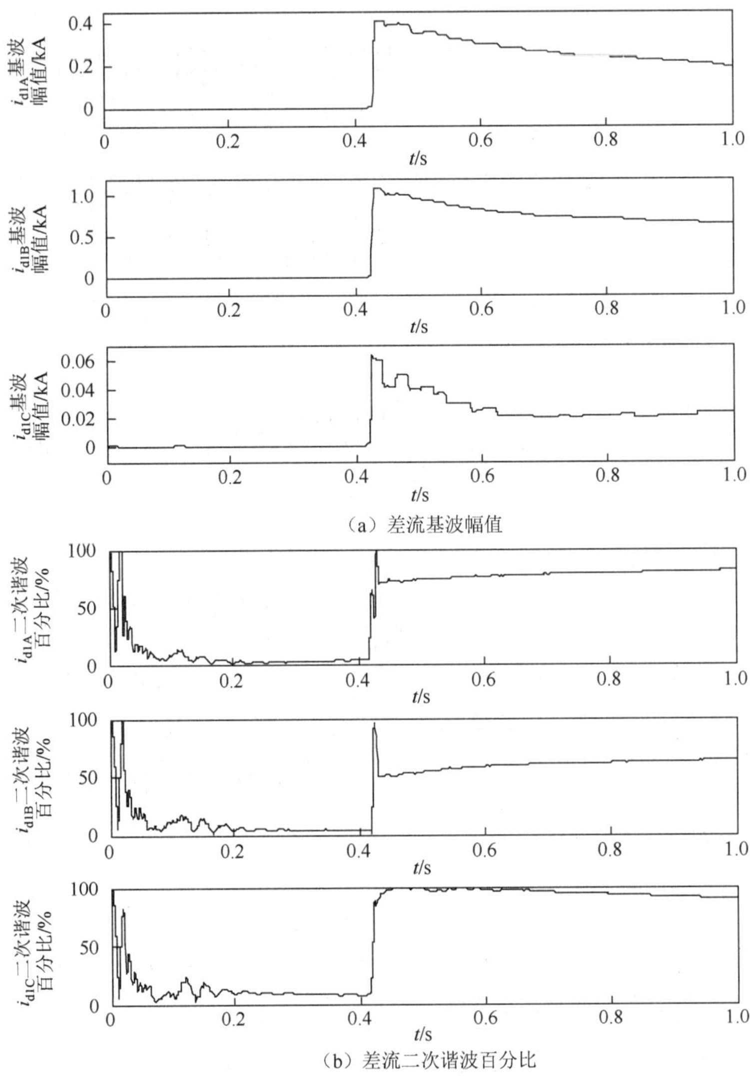

（a）差流基波幅值

（b）差流二次谐波百分比

图 2.9　Y/△换流变小差保护三相差流基波幅值和二次谐波百分比（算例 2.1）

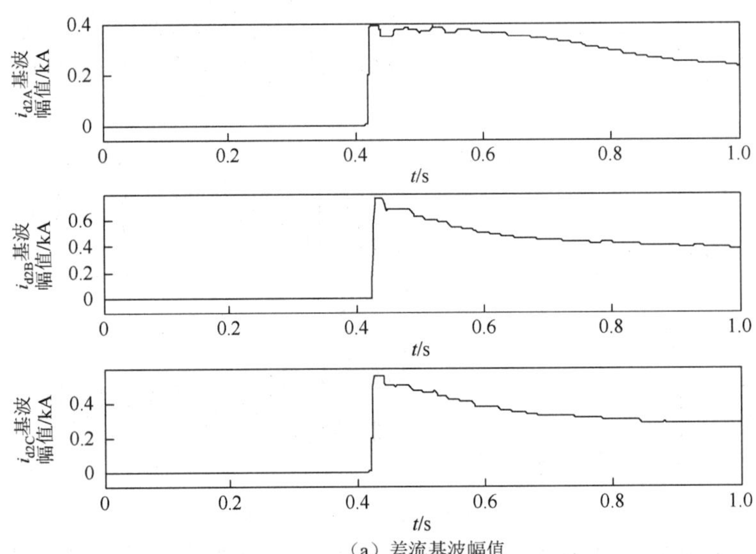

（a）差流基波幅值

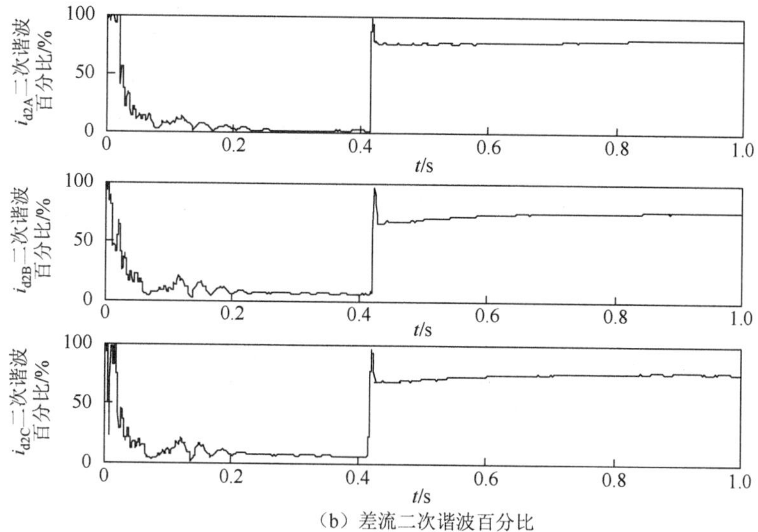

（b）差流二次谐波百分比

图 2.10　Y/Y 换流变小差保护三相差流基波幅值和二次谐波百分比（算例 2.1）

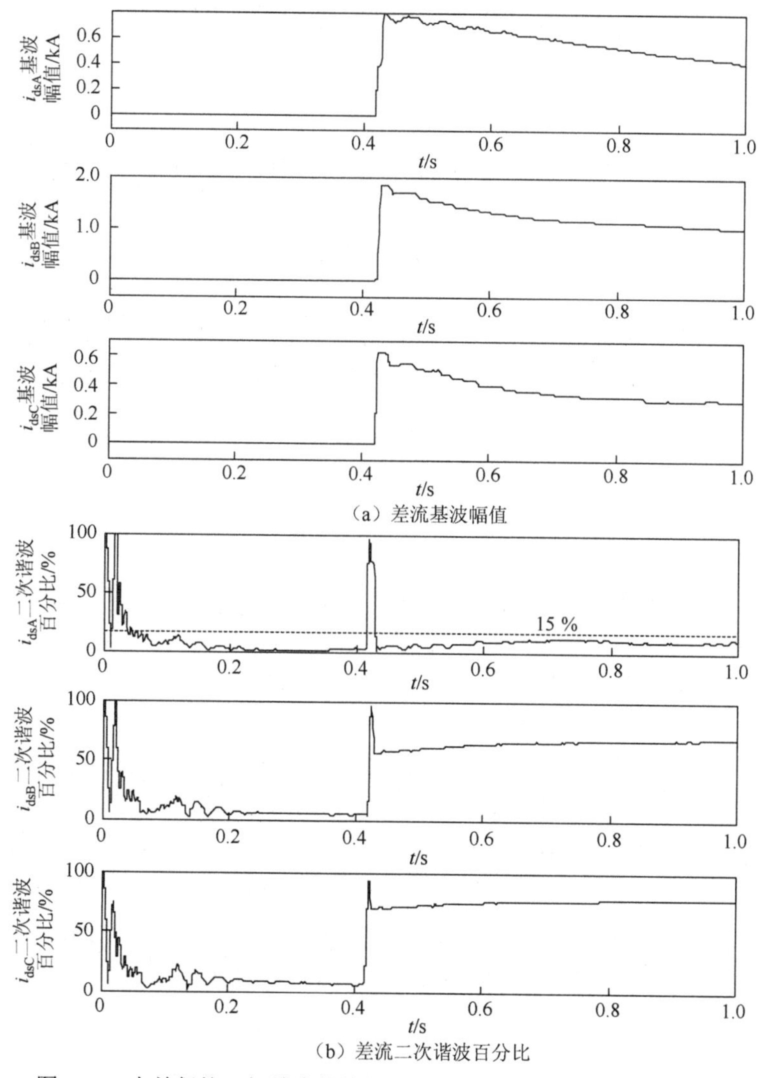

（a）差流基波幅值

（b）差流二次谐波百分比

图 2.11　大差保护三相差流基波幅值和二次谐波百分比（算例 2.1）

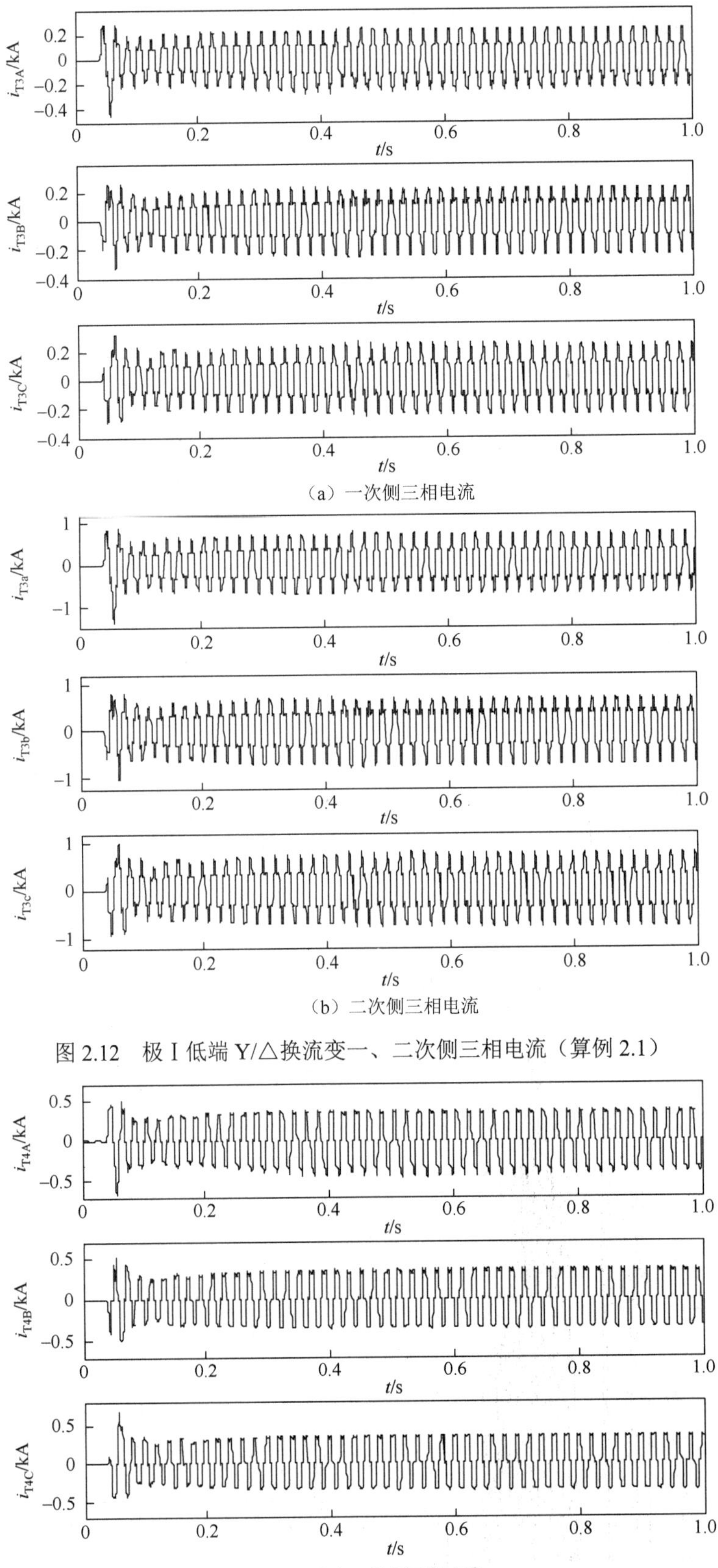

（a）一次侧三相电流

（b）二次侧三相电流

图 2.12 极 I 低端 Y/△换流变一、二次侧三相电流（算例 2.1）

（a）一次侧三相电流

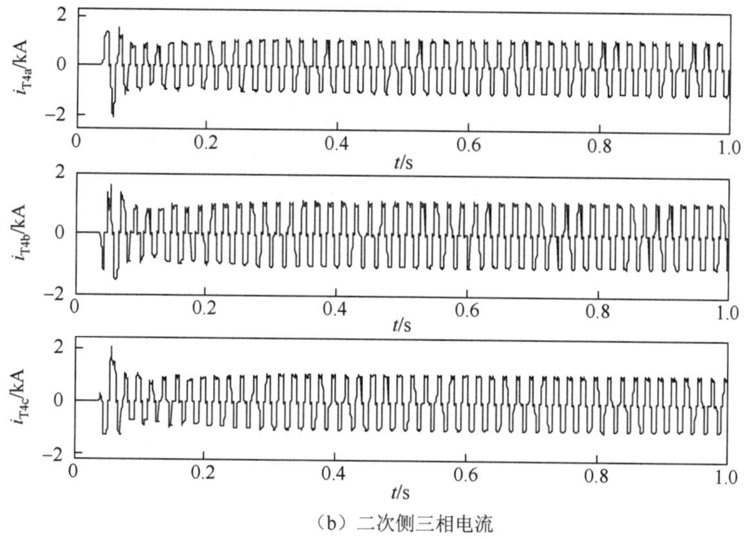

（b）二次侧三相电流

图 2.13　极 I 低端 Y/Y 换流变一、二次侧三相电流（算例 2.1）

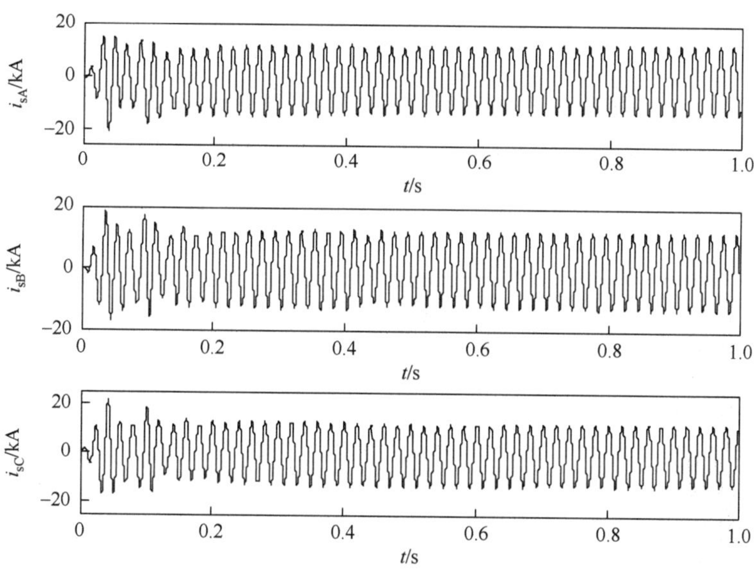

图 2.14　大电源侧三相电流（算例 2.1）

利用低端两台换流变一、二次侧电流以及低端换流变大差保护一次侧电流（图 2.15）生成该组换流变的小差保护和大差保护三相差流波形，如图 2.16 和图 2.17 所示。

可以看到，算例 2.1 初始条件下，同极高端换流变的投入对低端两台换流变小差保护和大差保护差流的影响均不大，除 A 相小差保护和大差保护差流略有增大外，B、C 两相差流基本不受影响，保持低值。对幅值最大的大差保护 A 相差流基波进行分析，可以看到，其值最大不超过 0.12 p.u.，持续低于 0.25 p.u.的动作门槛，因而低端换流变保护不会动作。

在算例 2.1 中，虽然高端换流变的投入对同极运行中的低端换流变差动保护没有影响，但不排除特殊情况下，如多直流落点时大入地电流引发的换流变严重直流偏磁或 CT 因涌流饱和而引发的虚假差流，造成低端换流变差动保护误动的可能性。鉴于尚未有此类误动案例的报道，本章关注点主要还是放在对空载合闸换流变本身大差保护的动作性能分析上。

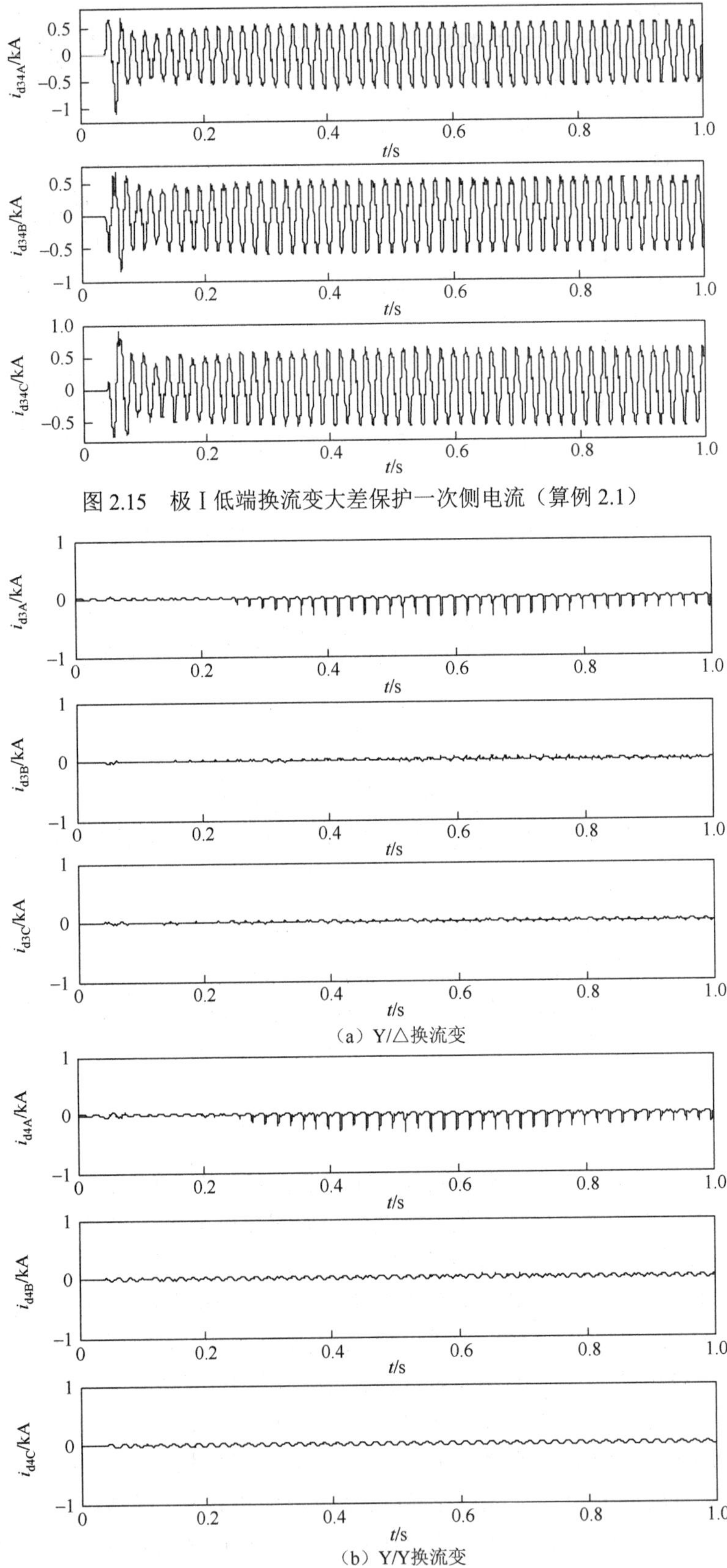

图 2.15 极 I 低端换流变大差保护一次侧电流（算例 2.1）

图 2.16 极 I 低端 Y/△换流变和 Y/Y 换流变三相小差保护差流（算例 2.1）

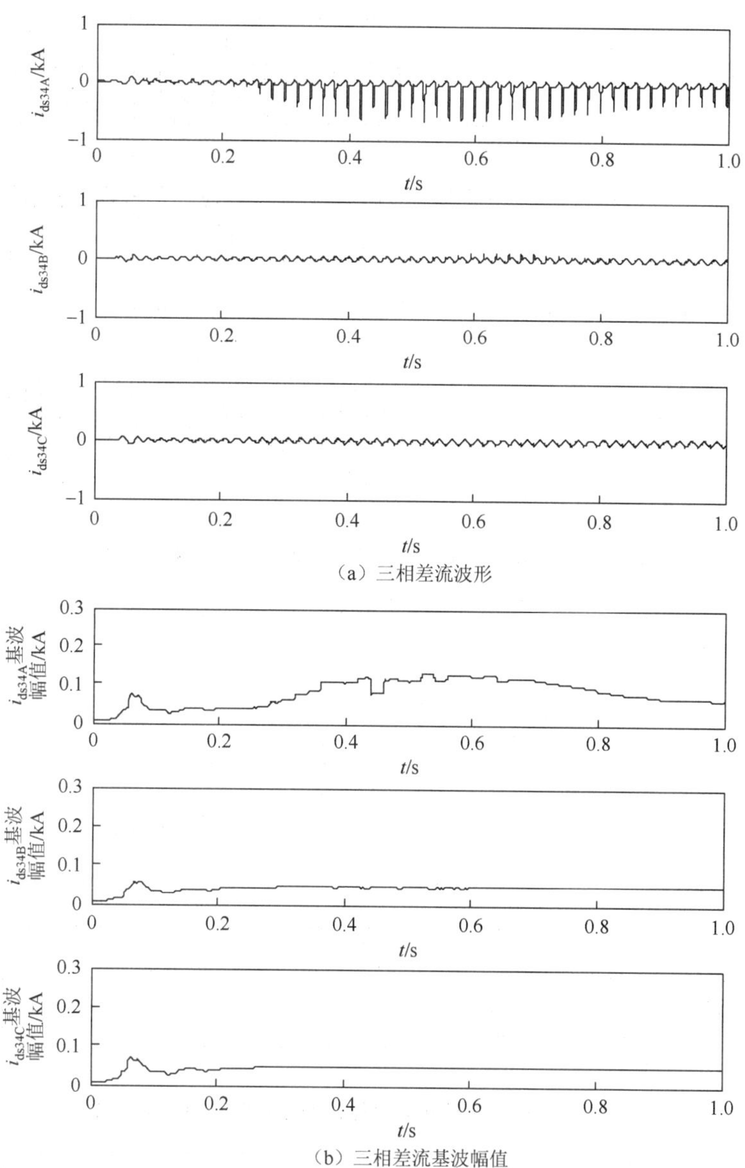

图 2.17　极 I 低端换流变大差保护差流和基波幅值（算例 2.1）

算例 2.2　合闸时间为 0.4 s，即 A 相合闸初相角为 0°，合闸前 Y/△换流变和 Y/Y 换流变 B 相剩磁分别为 0.62 p.u.和–0.70 p.u.，其他相剩磁均为 0。

由于 Y/△换流变和 Y/Y 换流变 A、C 两相合闸前均无剩磁，根据前面的分析，两相小差和大差差流波形都呈现典型励磁涌流特性，本算例只给出 B 相小差和大差差流波形及分析结果，如图 2.18～图 2.20 所示。

根据前面的分析，$\psi_1(0)+\psi_2(0)=-0.08$ p.u.，$\psi_1(0)-\psi_2(0)=1.32$ p.u.，对比式（2.2）和式（2.3），两台换流变 B 相初始剩磁的差异，使得 Y/△换流变 B 相磁链中的两个衰减直流分量有相互抵消的作用，而 Y/Y 换流变 B 相磁链中的两个衰减直流分量有相互助增的作用，因此合闸初始阶段，Y/Y 换流变 B 相磁链会比 Y/△换流变 B 相磁链更快饱和，且饱和程度更深，相应励磁涌流幅值较大（图 2.18 和图 2.19）；而随着时间常数为 τ_1 的直流分量的较快衰减，两台换流变磁链的饱和主要由时间常数为 τ_2 的直流分量所主导，呈现对称变化趋势，合成的励磁涌流波

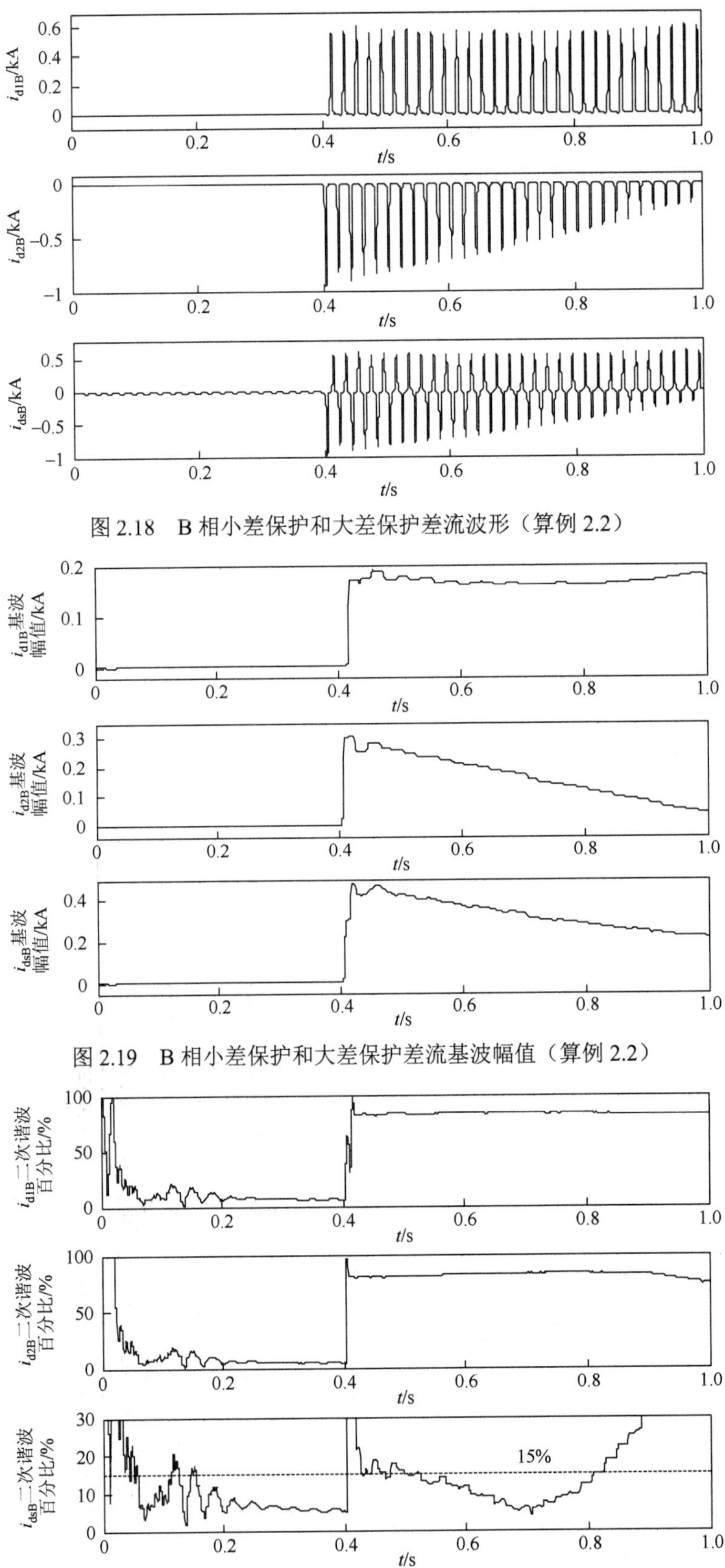

图 2.18 B 相小差保护和大差保护差流波形（算例 2.2）

图 2.19 B 相小差保护和大差保护差流基波幅值（算例 2.2）

图 2.20 B 相小差保护和大差保护差流二次谐波百分比（算例 2.2）

形逐渐对称。由 B 相大差差流二次谐波百分比分析（图 2.20）可以看到，当 $t = 0.525$ s 时，即合闸后延时约 6 周波，差流二次谐波百分比低于 15%，大差保护误动。

算例 2.3　合闸时间为 0.406 67 s，即 A 相合闸初相角为 120°，合闸前 Y/△换流变和 Y/Y 换流变 C 相剩磁分别为 0.8 p.u.和–0.5 p.u.，其他相剩磁均为 0。

由于 Y/△换流变和 Y/Y 换流变 A、B 两相合闸前均无剩磁，根据前面的分析，两相小差保护和大差保护差流波形都呈现典型励磁涌流特性，本算例只给出 C 相小差保护和大差保护差流波形及分析结果，如图 2.21～图 2.23 所示。

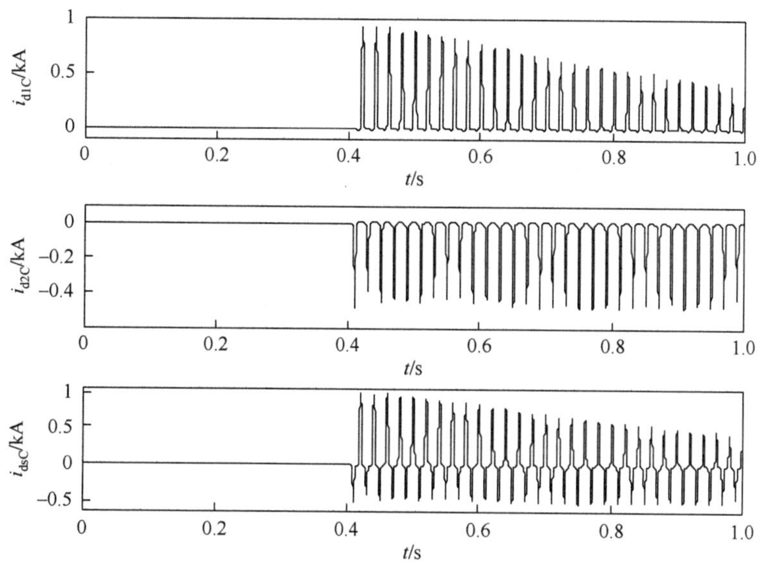

图 2.21　C 相小差保护和大差保护差流波形（算例 2.3）

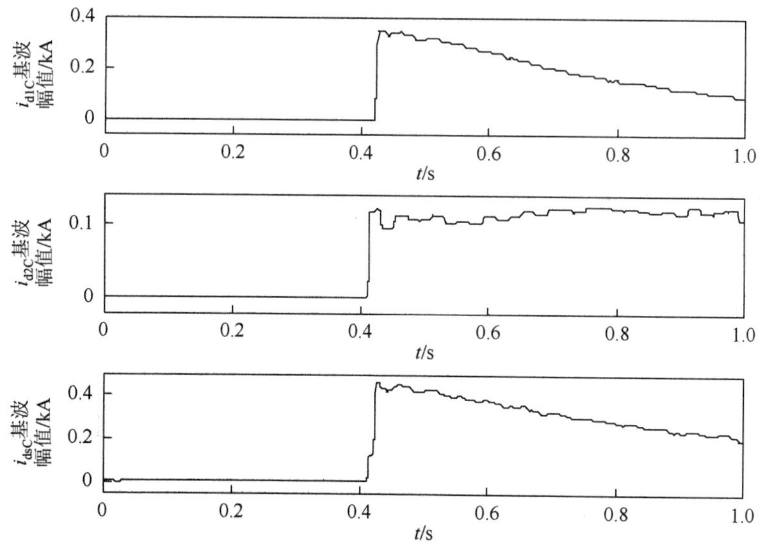

图 2.22　C 相小差保护和大差保护差流基波幅值（算例 2.3）

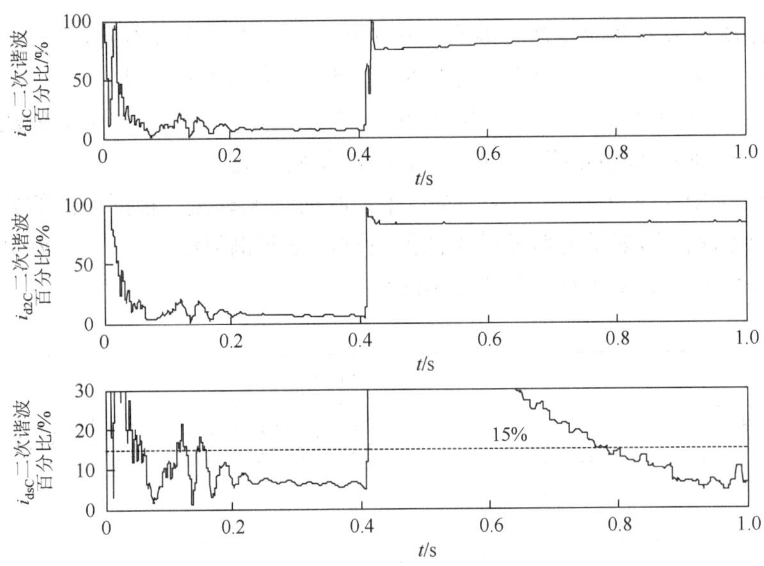

图 2.23 C 相小差保护和大差保护差流二次谐波百分比（算例 2.3）

根据前面的分析，$\psi_1(0)+\psi_2(0)=0.3$ p.u.，$\psi_1(0)-\psi_2(0)=1.3$ p.u.，对比式（2.2）和式（2.3），两台换流变 C 相初始剩磁的差异，使得 Y/△换流变 C 相磁链中的两个衰减直流分量有相互助增的作用，而 Y/Y 换流变 C 相磁链中的两个衰减直流分量有相互抵消的作用，因此合闸初始阶段，Y/△换流变 C 相磁链会比 Y/Y 换流变 C 相磁链更快饱和，且饱和程度更深，相应励磁涌流幅值较大（图 2.21 和图 2.22）；而随着时间常数为 τ_1 的直流分量的较快衰减，两台换流变磁链的饱和主要由时间常数为 τ_2 的直流分量所主导，呈现对称变化趋势，合成的励磁涌流波形逐渐对称。

由 C 相大差差流二次谐波百分比分析（图 2.23）可以看到，当 $t=0.785$ s 时，即合闸后约延时 19 周波，差流二次谐波百分比低于 15%，大差保护误动。

由于两台换流变相应相初始剩磁的不同，其对应磁链中各自的衰减直流分量的比重也不尽相同，这会导致产生涌流衰减时间的变化。可以看到，两台换流变剩磁绝对值的减小和相对差异的增大，使得对称性较好的大差保护差流出现所需的时间增加，导致大差保护动作时刻滞后于合闸时刻的时间也延长，因此，会出现前述合闸 900 ms 后 C 相大差保护才动作出口的案例。

针对该类工况下大差保护判据的不足，有技术人员提出将 Y/△换流变和 Y/Y 换流变小差保护的二次谐波的判别结果引入换流变大差保护二次谐波的判别中[7]，如图 2.24 所示。

该类判据应对一组换流变空载合闸产生对称性涌流可能导致的大差保护误动问题是有效的，但是，利用 2.2 节所述仿真模型进行方案验证时发现，在换流变带故障合闸情况下，该类判据可能导致保护延时动作或误闭锁。

算例 2.4 换流变在 $t=0.4$ s 空载合闸，其中 Y/Y 换流变带较轻微故障（A、C 两相高阻接地故障，故障接地电阻为 70 Ω），两台换流变各相初始剩磁均为 0，仿真时长为 1 s。

由于此时 B 相小差保护和大差保护差流幅值均很小，不足以启动 B 相差动保护，只给出 A、C 两相小差保护和大差保护差流波形、幅值及谐波分析，如图 2.25～图 2.27 所示。

可以看到，因为 Y/Y 换流变为带 A、C 两相故障空载合闸，合闸后小差保护差流波形为励磁涌流和故障电流的叠加，而 Y/△换流变正常空载合闸，所以 A、C 两相小差保护差流呈现典型的励磁涌流波形，而合成的大差保护差流中同时包含 Y/Y 换流变的故障电流和两台变压器正常的励磁涌流。

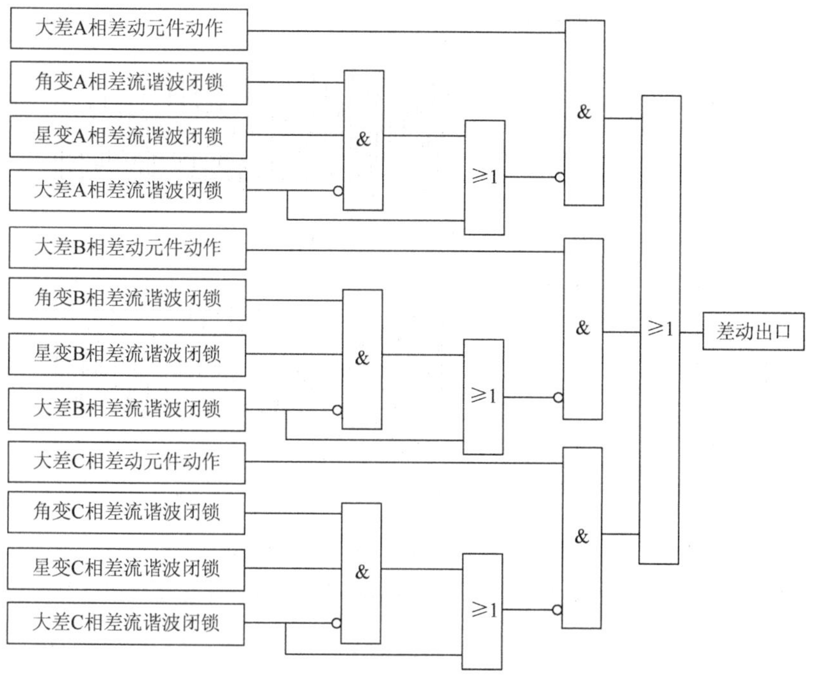

图 2.24　引入小差谐波判别的换流变大差保护涌流闭锁逻辑框图

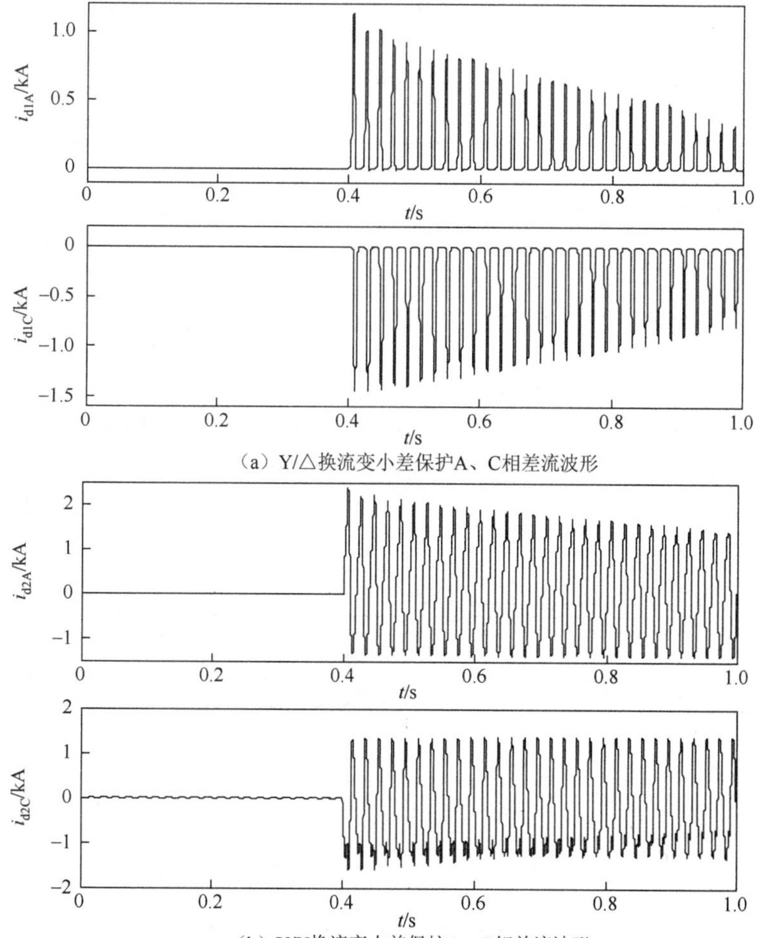

（a）Y/△换流变小差保护A、C相差流波形

（b）Y/Y换流变小差保护A、C相差流波形

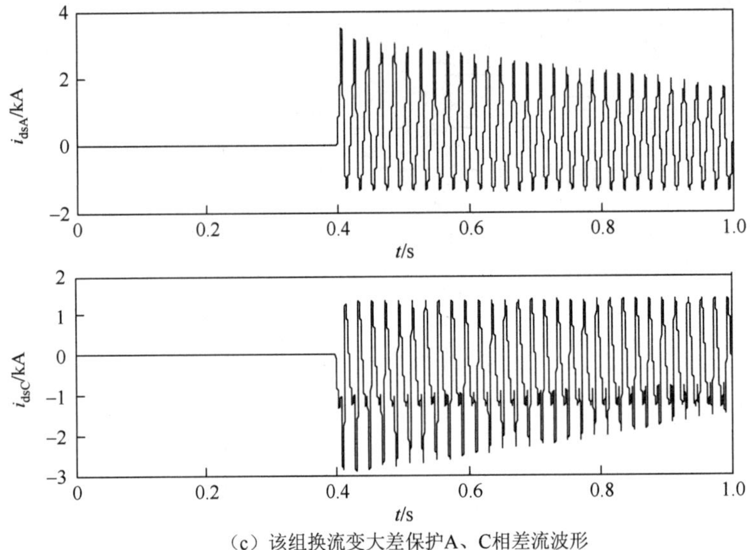

（c）该组换流变大差保护A、C相差流波形

图 2.25 Y/Y 换流变带故障合闸时 A、C 相小差保护和大差保护差流波形（算例 2.4）

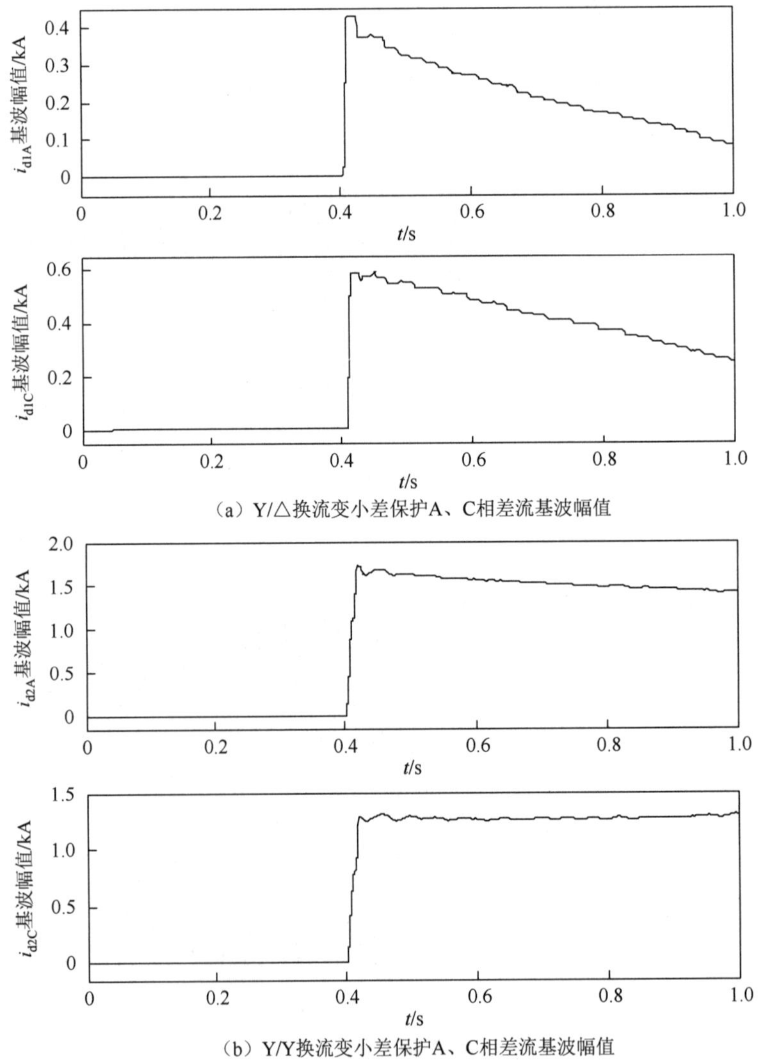

（a）Y/△换流变小差保护A、C相差流基波幅值

（b）Y/Y换流变小差保护A、C相差流基波幅值

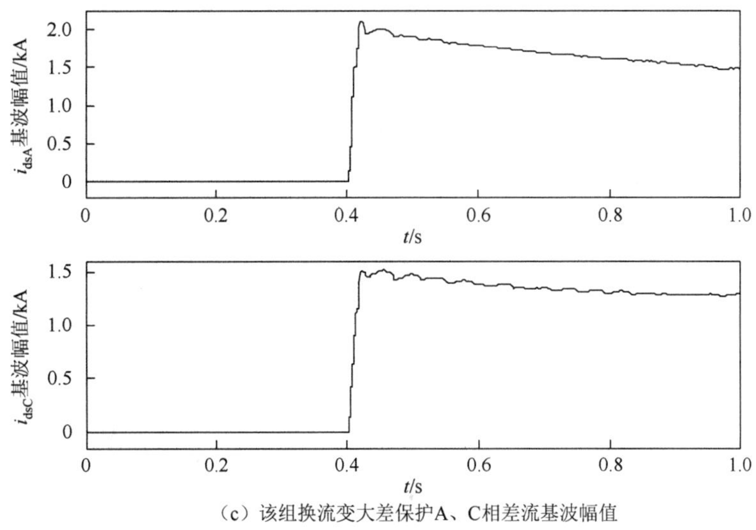

（c）该组换流变大差保护A、C相差流基波幅值

图 2.26　Y/Y 换流变带故障合闸时小差保护和大差保护差流基波幅值（算例 2.4）

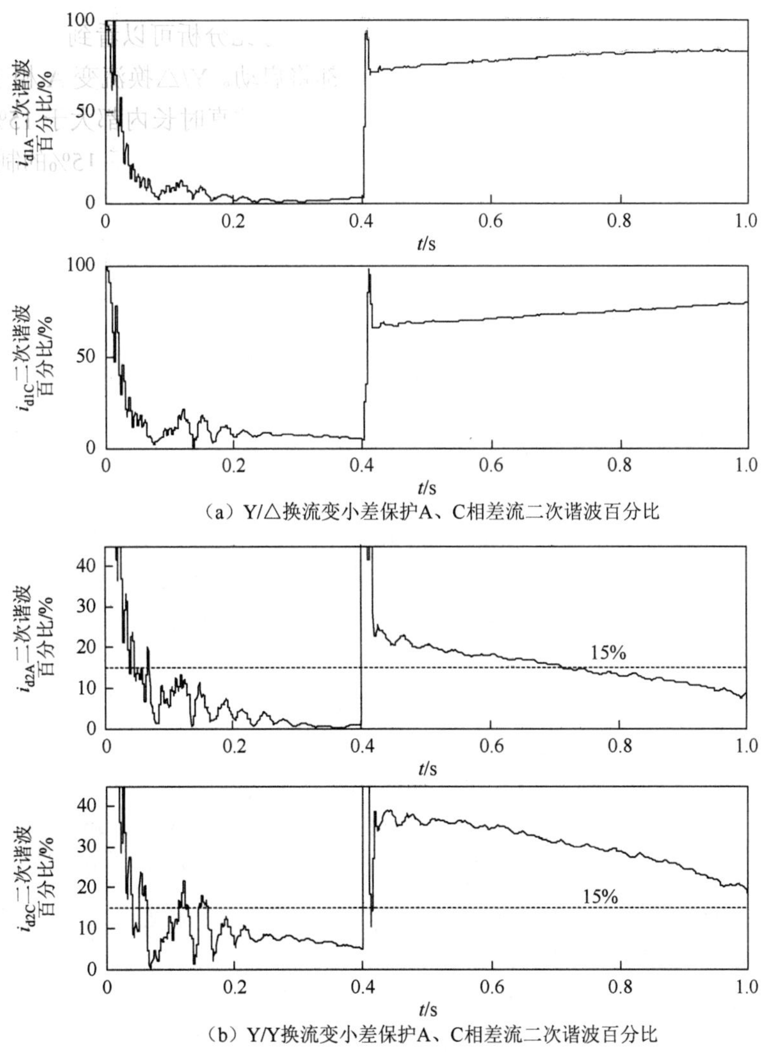

（a）Y/△换流变小差保护A、C相差流二次谐波百分比

（b）Y/Y换流变小差保护A、C相差流二次谐波百分比

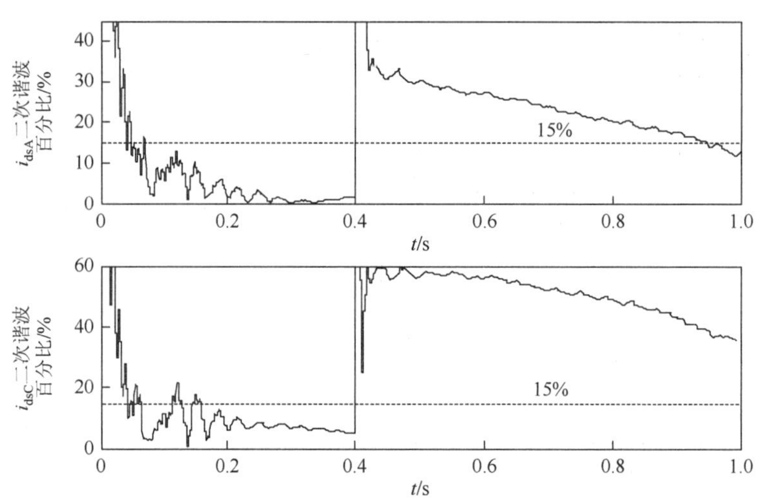

（c）该组换流变大差保护A、C相差流二次谐波百分比

图 2.27　Y/Y 换流变带故障合闸时小差保护和大差保护差流二次谐波百分比（算例 2.4）

对小差保护和大差保护差流基波幅值和二次谐波百分比分析可以看到，A、C 两相小差保护和大差保护差流幅值都超过动作门槛，相应保护都将启动。Y/△换流变 A 相小差保护差流、C 相两个小差保护和大差保护差流二次谐波百分比在整个仿真时长内都大于 15%的制动门槛；而 Y/Y 换流变 A 相小差保护差流二次谐波百分比在 $t = 0.715$ s 前都大于 15%的制动门槛，A 相大差保护差流二次谐波百分比在 $t = 0.953$ s 前都大于 15%的制动门槛。根据图 2.24 所示判据，C 相大差保护自换流变带故障空载合闸后到整个仿真时长结束，均被制动；而 A 相大差保护在 $t = 0.953$ s 后，即 A 相大差保护差流二次谐波百分比降到制动门槛 15%以下后，才被解除闭锁，大差保护的动作延时长达 0.553 s。

可以看到，仅采用基于二次谐波制动判据的大差保护，无论是单独使用，还是与小差保护相结合，都无法完全应对对称性涌流引起的误动或带高阻故障空载合闸的误制动的问题。究其原因在于，二次谐波制动判据只提取了差流波形中的二次谐波特征，滤掉了大量细节。根据上述算例分析，导致基于二次谐波制动判据失效的对称性涌流，虽然其正负半波波形较为对称，但由于是两个幅值相反的典型涌流叠加而成，其正半波或负半波仍具备典型涌流特征；换流变带故障合闸时，故障电流中可能含有幅值较大的典型涌流，导致二次谐波含量较高，从而误制动差动保护。但是，从其波形特征来看，在涌流幅值较大的半波部分，波形合成的故障电流特征不典型，对于涌流幅值较小的半波，主要还是呈现典型的故障电流特征。因此，考虑利用涌流（包括对称性涌流）与故障电流（包括故障电流叠加典型涌流）波形形态特征的差别，设计一种能快速完成故障性质甄别的保护判据。

理论上，对于典型故障电流而言，不考虑非周期分量及其幅值变化，其波形基本呈现正弦波特征；而对于涌流来讲（单向或对称性），因其产生受变压器铁芯饱和的影响，幅值的上升存在一个明显加速，呈现尖波的形态，与正弦波存在很大差异。因此，可以将正弦波作为基准波形，将采样得到的差流波形与基准波形进行相似度的判断，若接近基准正弦波则判别为故障差流，若偏离基准正弦波超过一定程度则认为是涌流，以此来决定闭锁还是开放差动保护。

基于上述讨论，可以设计这样的比较过程：将目标波形（差流）与一个按照某种方式构造出来的标准正弦波基准波形（模板）进行相似度或匹配度的评估，来决定其所对应的扰动到底是内部故障还是涌流。

2.4　基于豪斯多夫距离算法的换流变引线及差动保护判据

图像匹配度的计算方法（图像相似度算法）不考虑图像之间微小细节特性，主要考察两幅图像的整体特性差异。它一般分为两类：一类是基于图形灰度信息的算法；另一类是基于图形特征点的算法。豪斯多夫距离算法属于第二类算法，已有学者将豪斯多夫距离算法成功应用于生物医学领域。例如，利用豪斯多夫距离算法来实现对随时间变化的心电波形与正常心电波形相似度的判别[8-10]，换流变差动保护所用电流量来自互感器的二次电流采集数据，它可视为一个以时间为横坐标、幅值大小为纵坐标的离散时间序列，每一个电流数据点都相当于图形的某个特征点。这与心电波形类似，因此也能通过求其与目标波形点集的豪斯多夫距离，来判断两者的相似程度，实现新的差动保护判据。

2.4.1　豪斯多夫距离算法的基本原理

设两个非空点集 $A=\{a_1,a_2,\cdots,a_m\}$ 和 $B=\{b_1,b_2,\cdots,b_n\}$，定义其豪斯多夫距离为

$$h(A,B)=\max_{a\in A}\min_{b\in B}d(a,b) \tag{2.4}$$

$$h(B,A)=\max_{b\in B}\min_{a\in A}d(a,b) \tag{2.5}$$

式中：$d(a,b)$为 a 与 b 两点之间的欧几里得距离（Euclidean distance）。式（2.4）和式（2.5）分别为集合 A 到集合 B 和集合 B 到集合 A 的单向豪斯多夫距离。取两单向距离的最大值为集合 A 与集合 B 的双向豪斯多夫距离，表达式为

$$H(A,B)=\max\{h(A,B),h(B,A)\} \tag{2.6}$$

在数学上，豪斯多夫距离常用来量度两个非空点集合的相似程度。相似度越大，$H(A,B)$ 的距离值越小；反之则越大[11]。

相比于传统差动保护算法中应用的逐点比较差值寻获的算法，在适用于换流变差动保护需求方面，豪斯多夫距离算法具有以下特点。

（1）对采样频率适应性强。传统保护判据通常采用全周或半周傅里叶算法（Fourier algorithm），需要保护装置具有较高的采样频率，因为若未达到所需采样频率，则无法实现信号在频域内的准确投射；而豪斯多夫距离算法是考察采集信号序列的整体特性，并不要求两组信号序列的特征点具备严格的同时性和采样频率的一致性，例如，1.2 kHz 的采样率相比于 4 kHz 的采样率，只是波形特征值的选取比较稀疏，不会造成特征值的错误，对于波形整体特征的判断没有影响。

（2）数据窗选取灵活，满足继电保护速动性需求。传统保护全周和半周傅里叶算法的实现，所需数据窗必须是所采集信号序列 1/2 周波的整数倍，该特性给故障信号分析和处理过程引入至少 10 ms 的延时，且数据窗设置后不便更改，灵活性较差；而在进行豪斯多夫距离计算时，无须进行信号的时频转换，其数据窗的选取更具灵活性。为满足继电保护速动性的要求，在构造具体判据时，拟采用 1/4 周波的数据窗长来执行豪斯多夫距离计算，窗长仅为传统保护采用离散傅里叶变换（discrete Fourier transform，DFT）的 1/2 甚至 1/4。

（3）具有较强抗干扰能力。对于基于采样值的差动保护算法，如果信号序列中的数据点有部分缺失，可能会造成算法失效，无法进行正确判断；但是如前所述，豪斯多夫距离算法考量的是信号序列的整体特性，缺失少量的数据点并不会对算法的判别结果造成影响，利用该特性，在进行距离计算前，可根据实际情况设计舍弃若干极值点，并不影响整体距离值计算结果，对于差流序列中的随机噪声具有很强的抗干扰性。

2.4.2 基于豪斯多夫距离算法的差流波形相似性判断

如 2.3 节所述，在采用豪斯多夫距离算法构造判据时，可将差流作为目标波形，将构造出的标准正弦波作为模板波形，对两者相似性进行判断。由于比较的是差流波形形态的特征，其幅值的影响在豪斯多夫距离计算中应当被剔除，即对差流序列波形进行归一化处理，而后，差流序列波形幅值变化范围落在区间[−1, 1]上。将归一化后的差流序列作为豪斯多夫距离算法目标图形的边缘特征点，将相同采样频率的幅值为 1 的标准正弦波序列作为豪斯多夫距离算法模板图形的边缘特征点，计算两者间的豪斯多夫距离。波形经过归一化处理后，该豪斯多夫距离计算值必然落在区间[0, 1]上。数值越小，代表差流序列的波形越接近正弦波；数值越大，表示差流序列与正弦波的相似度越低。理论上，若是内部故障引起的差流，且不考虑各环节的传变误差，归一化后的故障差流序列与幅值为 1 的标准正弦波序列的豪斯多夫距离应接近于 0；而对于涌流引起的差流情况，两者豪斯多夫距离应较大。

以四组理想的故障差流和涌流波形为对象，分别对其进行归一化处理后计算与标准正弦波序列的豪斯多夫距离值，制定出合理的整定原则，以有效实现上述逻辑判断。

图 2.28（a）～（e）分别给出了归一化后的换流变内部故障差流、单向励磁涌流、对称性涌流、故障电流叠加涌流和外部故障 CT 饱和虚假差流与标准正弦波的相似度的比较，各波形序列采样频率为 4 kHz，图中实线表示归一化差流序列，虚线表示标准正弦波序列。采用 1/4 周波数据窗长，分别计算图 2.28（a）～（e）中各组波形之间的豪斯多夫距离值。表 2.2 分别列举了一个完整周波内，第 1/4、第 1/2、第 3/4 和第 1 个周波计算出的 H 值。需要指出的是，以 1/4 周波滑动数据窗去截取电流采样数据时，对于对应于图 2.28（b）的空载合闸典型单向励磁涌流，在第 3/4 周波和第 1 周波期间，因为数据窗内的数据均接近于 0，无法形成标准正弦模板的幅值，对于这种情况，定义 H 值为 1。

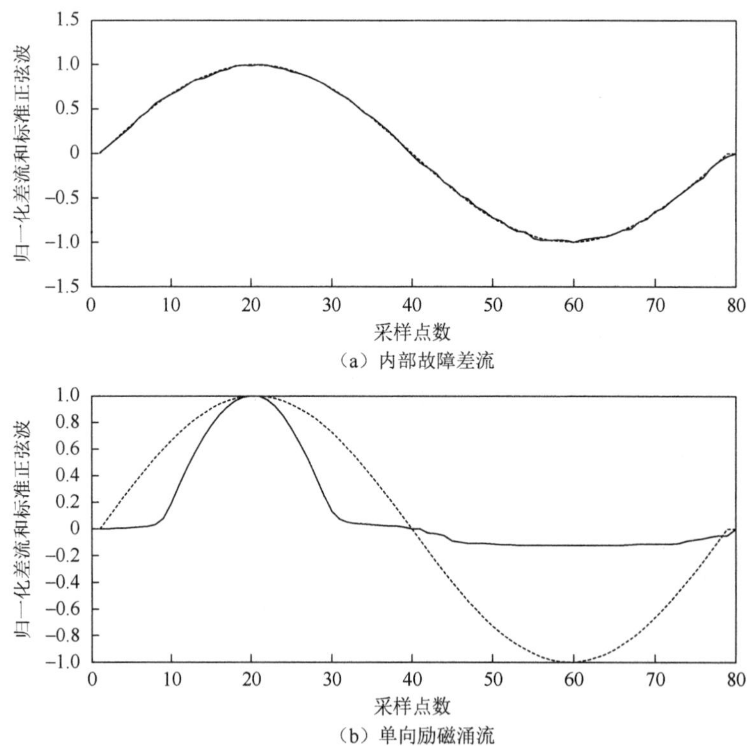

（a）内部故障差流

（b）单向励磁涌流

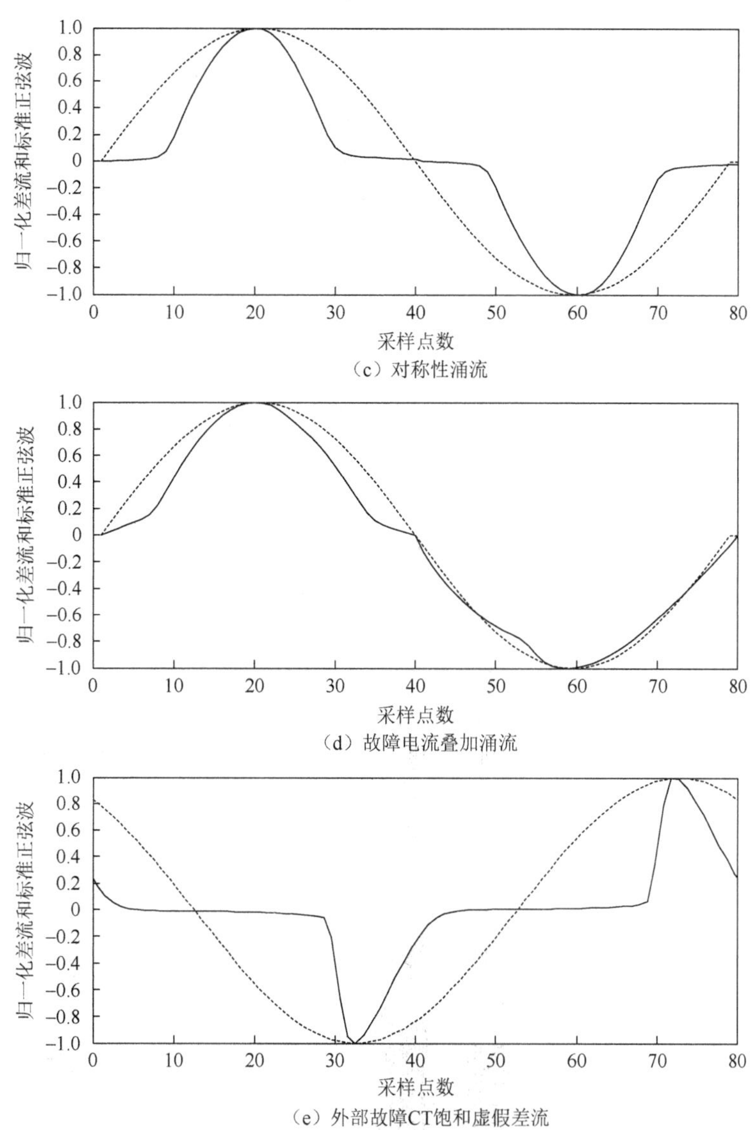

（c）对称性涌流

（d）故障电流叠加涌流

（e）外部故障CT饱和虚假差流

图 2.28 归一化差流与标准正弦波相似性比较

表 2.2 归一化差流与标准正弦波豪斯多夫距离计算值

差流类型	*H* 值			
	第 1/4 周波	第 1/2 周波	第 3/4 周波	第 1 周波
内部故障单纯故障差流（a）	0.097	0.041	0.082	0.068
空载合闸典型单向励磁涌流（b）	0.545	0.550	1.000	1.000
空载合闸对称性涌流（c）	0.582	0.563	0.580	0.544
带故障合闸故障电流叠加涌流（d）	0.482	0.467	0.118	0.112
外部故障 CT 饱和虚假差流（e）	0.917	0.636	0.910	0.632

由表 2.2 可以看到：

（1）对于换流变内部故障，归一化差流序列与标准正弦波相似性非常好，4 个 1/4 周波窗计算的 *H* 值非常低，接近于 0。

（2）对于单向励磁涌流和对称性涌流序列，计算出的 H 值均超过 0.5，数值较高，这表明两者与标准正弦波的相似度较低。

（3）对于换流变带故障合闸的情况，其差流为故障电流与涌流的叠加，如图 2.28（d）所示。差流序列与标准正弦波的相似性在前 1/2 周波内较低，H 值为 0.4～0.5；但在涌流幅值较小的负半波，差流开始呈现典型故障电流特征，即在第 3/4 到第 1 个周波内，差流序列与标准正弦波的相似度增大，H 值在 0.12 以下。

（4）CT 饱和也是影响变压器差动保护动作性能的问题之一，可能造成外部故障时差动保护的误动。值得注意的是，CT 饱和总是滞后于故障发生一段时间，通常为 3～5 ms。在这段延时里，CT 一次侧电流能够正常传变至其二次侧。因此，对于外部故障，故障发生到 CT 饱和前的这段时间内，变压器两侧 CT 均能正确传变，差流基本为 0；在一侧 CT 饱和后，虚假差流等于饱和侧 CT 二次电流发生畸变的部分，如图 2.28（e）所示。很显然，虚假差流的波形呈现非正弦特征。根据表 2.2，在 CT 未发生饱和阶段，H 值接近于 1；而在 CT 饱和后，H 值超过 0.6。

基于上述分析，可将内部故障时的理论 H 值作为判据整定的依据，但因典型内部故障时，差流与标准正弦波之间 H 值理论上为 0，若以 0 值作为整定基准，则无法有效进行可靠系数的乘除和灵敏度的校验。考虑到归一化处理后，H 计算值必然落在区间[0, 1]上，采用 H 计算值的补集作为判据基准，设定 $HS(k) = 1 - H(k)(k = 1, 2, \cdots)$，即在计算归一化故障差流序列与幅值为 1 的标准正弦波序列的豪斯多夫距离值 H 后，计算出对应的 HS 值，以 HS 值的大小作为判别内部故障和励磁涌流的依据。

综上所述，判据的整定原则为

$$HS_{\text{set}} = HS_{\text{theory}} / K_{\text{rel}} \tag{2.7}$$

式中：K_{rel} 一般取 1.15～1.3。由于内部故障时 $HS_{\text{theory}} = 1$，不妨取 $K_{\text{rel}} = 1.3$，则 $HS_{\text{set}} = 0.77$。

根据表 2.2 的数据计算出相应的 HS 值和判据判别结果，如表 2.3 所示。

表 2.3 归一化差流与标准正弦波的 *HS* 计算值和判别结果

差流类型	HS 值（$HS_{\text{set}} = 0.77$）			
	第 1/4 周波	第 1/2 周波	第 3/4 周波	第 1 周波
内部故障单纯故障差流（a）	0.903	0.951	0.918	0.932
	＞0.77，保护动作			
空载合闸典型单向励磁涌流（b）	0.455	0.450	0	0
	＜0.77，保护闭锁			
空载合闸对称性涌流（c）	0.418	0.437	0.420	0.456
	＜0.77，保护闭锁			
带故障合闸故障电流叠加涌流（d）	0.518	0.533	0.882	0.888
	＜0.77，保护闭锁		＞0.77，保护动作	
外部故障 CT 饱和虚假差流（e）	0.083	0.364	0.090	0.368
	＜0.77，保护闭锁			

由表 2.3 可知，对于内部故障，HS 在整个数据窗扫描的范围内均大于 0.9，而对于两类典型的涌流以及外部故障伴随 CT 饱和的情况，HS 均小于 0.5。对于带故障合闸的案例，虽然在

前 1/2 周波 HS 均小于动作门槛，但在后 1/2 周波，已经提升到门槛之上，达到了 0.88 左右，显著高于门槛值。

综上所述，对于涌流情况，无论是单向典型涌流还是对称性涌流，HS 值始终在 0.77 的门槛值以下，保护能被可靠闭锁，可避免对称性涌流造成二次谐波制动判据失效导致大差保护误动的情况发生；对于内部单纯故障，只需要 1/4 周波，即 5 ms，该判据即可做出正确判断，使保护快速正确动作；对于故障差流叠加涌流，造成二次谐波制动判据误闭锁保护的特殊情况，在采用该判据后，最迟 3/4 周波，即 15 ms 也可做出正确判断，开放保护。

2.4.3　基于豪斯多夫距离算法的换流变引线及差动保护新判据

豪斯多夫距离算法主要基于序列的整体特征进行判断，不涉及信号从时域到频域的投射，数据窗的选取灵活。为确保能够获取波形序列归一化处理时所需的极值点，在构造用于差动保护的判据时，选取 1/4 周波数据窗长。从第 1/4 周波开始，数据窗随序列特征点向后推移，豪斯多夫距离计算值也随之不断更新，从而生成一个 H 值序列，进一步计算生成 HS 值序列，据此可对差流特征的变化进行实时判别。设计判据判别具体步骤如下。

（1）电流序列归一化处理及预测标准正弦波生成。

图 2.29 为差流（i_d）归一化的过程（以内部故障电流为例）。假设 $i_d(p_1)$和 $i_d(p_2)$为电流序列中相邻的两个极值点，在故障差流中，p_1 与 p_2 间隔 $\frac{N}{2}$ 个点（N 为 1 周波的采样点数）。以 p_1 为起点向前追溯 $\frac{N}{4}$ 个点得到 $i_d\left(p_1-\frac{N}{4}+1\right)$。在数据窗 SW1$\left(p_1到p_1+\frac{N}{4}-1\right)$内的任一点 $i_d(k)$，其压缩的基准幅值为$\left|i_d(p_1)-i_d\left(p_1-\frac{N}{4}+1\right)\right|$，按下式进行压缩：

$$i_{\mathrm{dnorm}}(k)=\frac{i_d(k)-i_d\left(p_1-\frac{N}{4}+1\right)}{\left|i_d(p_1)-i_d\left(p_1-\frac{N}{4}+1\right)\right|},\quad k\in\left(p_1,p_1+\frac{N}{4}-1\right) \tag{2.8}$$

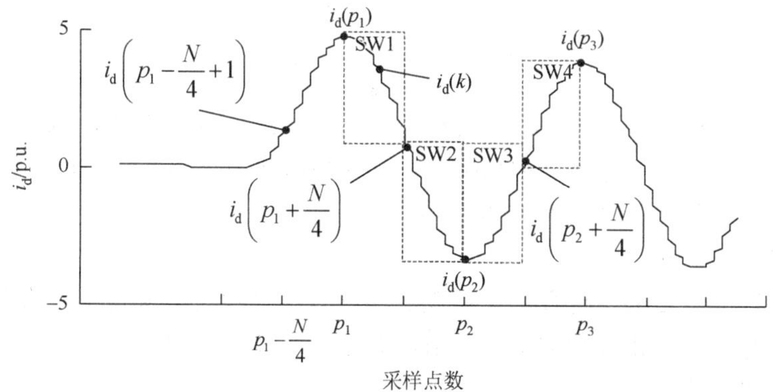

图 2.29　差流归一化过程

在进入数据窗 SW2$\left(p_1+\frac{N}{4}到p_1+\frac{N}{2}-1\right)$后，基准幅值被替换成$\left|i_d(p_1)-i_d\left(p_1+\frac{N}{4}-1\right)\right|$，该窗内的电流值按下式进行压缩：

$$i_{\text{dnorm}}(k)=\frac{i_{\text{d}}(k)-i_{\text{d}}\left(p_1+\dfrac{N}{4}-1\right)}{\left|i_{\text{d}}(p_1)-i_{\text{d}}\left(p_1+\dfrac{N}{4}-1\right)\right|},\quad k\in\left(p_1+\frac{N}{4},p_1+\frac{N}{2}-1\right) \tag{2.9}$$

以此类推，进入数据窗 SW3 时，极值 $i_{\text{d}}(p_1)$被 $i_{\text{d}}(p_2)$替换，按下式进行压缩：

$$i_{\text{dnorm}}(k)=\frac{i_{\text{d}}(k)-i_{\text{d}}\left(p_2-\dfrac{N}{4}+1\right)}{\left|i_{\text{d}}(p_2)-i_{\text{d}}\left(p_2-\dfrac{N}{4}+1\right)\right|},\quad k\in\left(p_2,p_2+\frac{N}{4}-1\right) \tag{2.10}$$

进入数据窗 SW4 后，按下式进行压缩：

$$i_{\text{dnorm}}(k)=\frac{i_{\text{d}}(k)-i_{\text{d}}\left(p_2+\dfrac{N}{4}-1\right)}{\left|i_{\text{d}}(p_1)-i_{\text{d}}\left(p_2+\dfrac{N}{4}-1\right)\right|},\quad k\in\left(p_2+\frac{N}{4},p_2+\frac{N}{2}-1\right) \tag{2.11}$$

对于涌流在数据窗 SW3 没有极值的情况，极值 $i_{\text{d}}(p_1)$不被替换，直到出现新的极值出现为止。经过上述压缩处理，差流被归一化（i_{dnorm}），如图 2.30 实线所示。

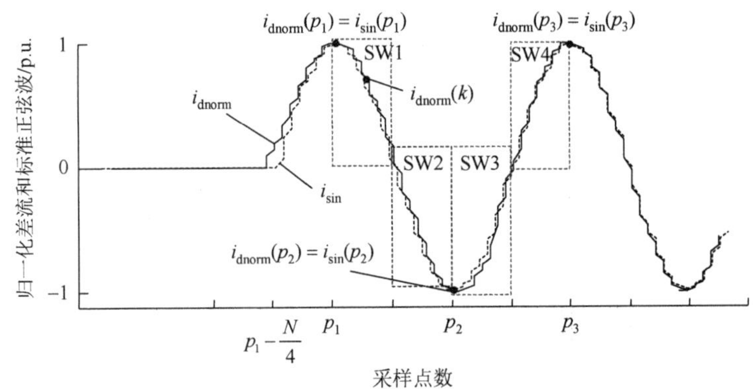

图 2.30　预测标准正弦波生成

与此同时，进行标准正弦波（$i_{\sin}$）的预测，在数据窗 SW1、SW2 内以 $i_{\text{d}}(p_1)$为极值点生成幅值为 1 的正弦波，在数据达到 SW3 时，同样用 $i_{\text{d}}(p_2)$替换 $i_{\text{d}}(p_1)$，继续生成标准正弦波，以此类推，生成的正弦波如图 2.30 中虚线所示。

（2）计算豪斯多夫距离值。

利用式（2.4）～（2.6），计算归一化差流序列与预测标准正弦波序列的豪斯多夫距离值。平移数据窗得到豪斯多夫距离计算值序列 H，并进一步计算出 HS。

（3）故障类型判别。

实时判别 HS 值是否满足

$$HS>HS_{\text{set}} \tag{2.12}$$

若满足，则判别为内部故障，开放保护使其立即动作；若不满足，则持续闭锁保护。

据此，基于豪斯多夫距离算法的换流变大差保护判据流程如图 2.31 所示。

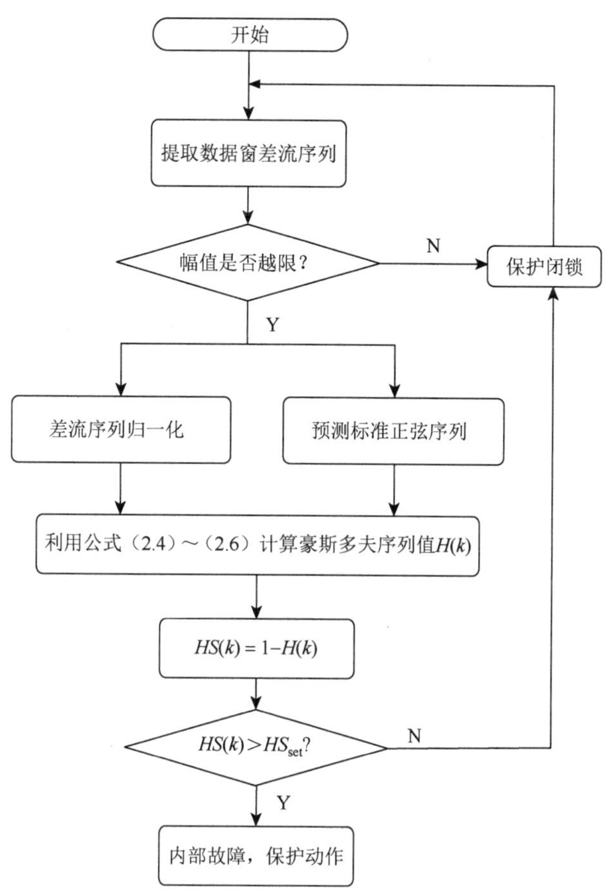

图 2.31　基于豪斯多夫距离算法的换流变大差保护判据流程

2.4.4　新判据的仿真验证

本小节仍采用图 2.5 所示特高压直流输电工程仿真模型，以整流侧极 I 高端组换流变为仿真对象，对其经历空载合闸单向和对称性涌流、内部故障、合闸于故障、合闸后又发生内部故障、区外转区内的发展性故障，以及故障伴随 CT 饱和等各种扰动进行仿真算例验证，并对判据抗干扰性进行算例验证。

各算例仿真时长为 1 s，大差保护差流和标准正弦波序列采样频率为 4 kHz，即每周波采样 80 个点；差流幅值越限门槛采用常规的 0.25 p.u.，豪斯多夫距离算法数据窗取 1/4 周波，动作门槛 $HS_{set} = 0.77$。

1. 涌流工况

算例 2.5　本算例为单向励磁涌流场景，$t = 0.4$ s 空载合闸，即 A 相合闸初相角为 0°，合闸前 Y/△换流变和 Y/Y 换流变各相初始剩磁均为 0。

算例 2.6　本算例为对称性涌流场景，换流变组在 $t = 0.413\ 3$ s 空载合闸，即 A 相合闸初相角为−120°，合闸前 Y/△换流变和 Y/Y 换流变 A 相剩磁分别为 0.85 p.u.和−0.85 p.u.，其他相剩磁均为 0（对应于 2.3 节算例 2.1 二次谐波制动判据失效，大差保护误动的案例）。

算例 2.5 和算例 2.6 的仿真结果分别如图 2.32 和图 2.33 所示。可以看到，无论是算例 2.5 的典型单向励磁涌流，还是算例 2.6 的对称性涌流，根据豪斯多夫距离判据计算，归一化差流序列和预测标准正弦波序列的 HS 值均小于 0.77，判别为涌流情况，保护被可靠闭锁。值得注意的是，对比与算例 2.6 同样工况下 A 相大差差流二次谐波占基波百分比的分析结果（2.3 节算例 2.1，图 2.11）可知，对称性涌流的二次谐波百分比低于通常设定的 15%制动门槛。若采用二次谐波制动判据，则大差保护误动；而采用基于豪斯多夫距离算法的判据则能有效防止此类误动的发生。

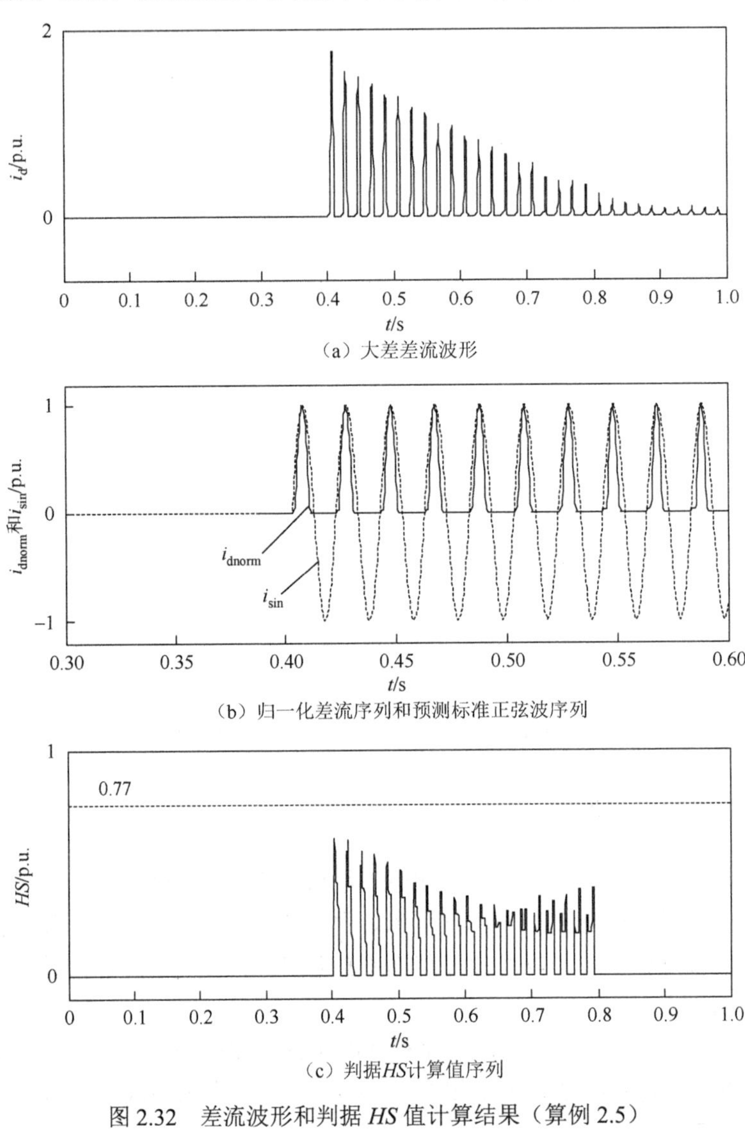

（a）大差差流波形

（b）归一化差流序列和预测标准正弦波序列

（c）判据 HS 计算值序列

图 2.32 差流波形和判据 HS 值计算结果（算例 2.5）

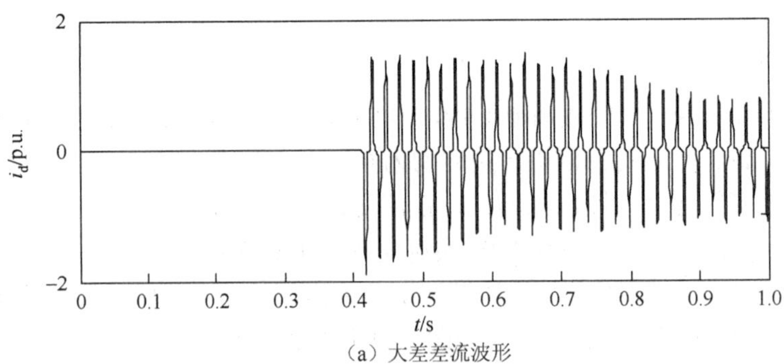

（a）大差差流波形

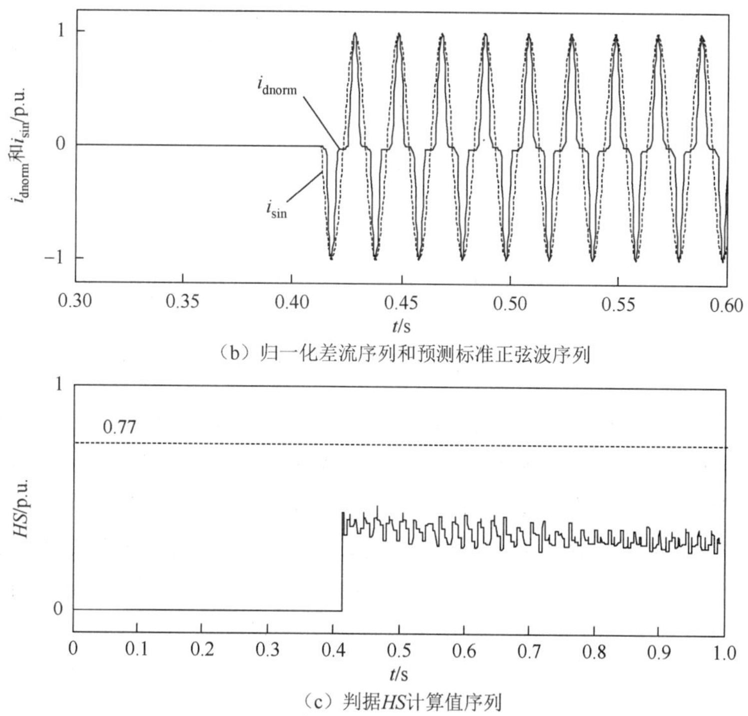

（b）归一化差流序列和预测标准正弦波序列

（c）判据HS计算值序列

图 2.33　差流波形和判据 HS 值计算结果（算例 2.6）

2. 区内故障工况

算例 2.7　当 $t = 0.405$ s 时，Y/Y 换流变一次侧出口三相接地故障。

本算例仿真结果如图 2.34 所示。可以看到，判据启动后，在 $t = 0.41$ s，即故障发生后约 1/4 周波，$HS > 0.77$，判据满足，迅速开放保护使其正确动作。

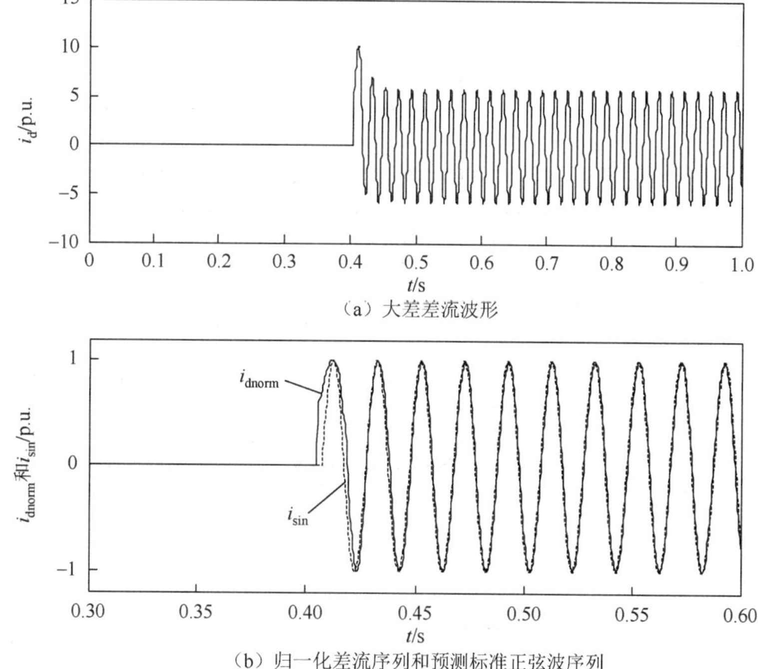

（a）大差差流波形

（b）归一化差流序列和预测标准正弦波序列

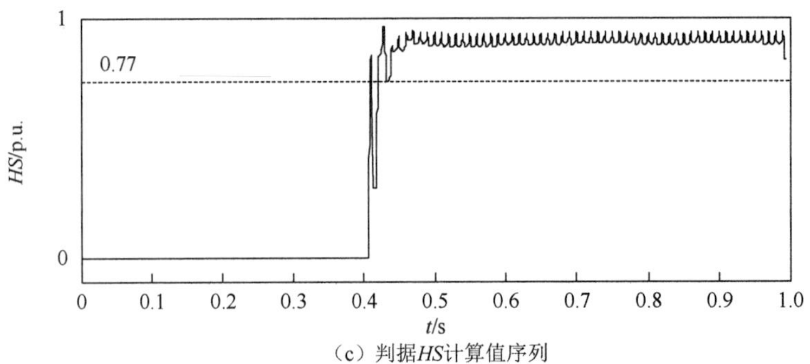

（c）判据HS计算值序列

图 2.34 差流波形和判据 HS 值计算结果（算例 2.7）

算例 2.8 当 $t = 0.4$ s 时，Y/Y 换流变一次侧 A、B 相绕组 50%处发生短路故障。

算例 2.9 当 $t = 0.4$ s 时，Y/Y 换流变一次侧 A 相绕组发生 10%匝间短路故障。

算例 2.10 当 $t = 0.41$ s 时，Y/Y 换流变一次侧 A 相绕组发生 25%匝对地短路故障。

算例 2.8、算例 2.9 和算例 2.10 仿真结分别如图 2.35、图 2.36 和图 2.37 所示。可以看到，*HS* 值分别在 $t = 0.405$ s、$t = 0.405$ s 和 $t = 0.415$ s 超过 0.77 的门槛值，三个内部故障算例情况下，判据均能在故障后约 1/4 周波正确判别，使保护快速动作。

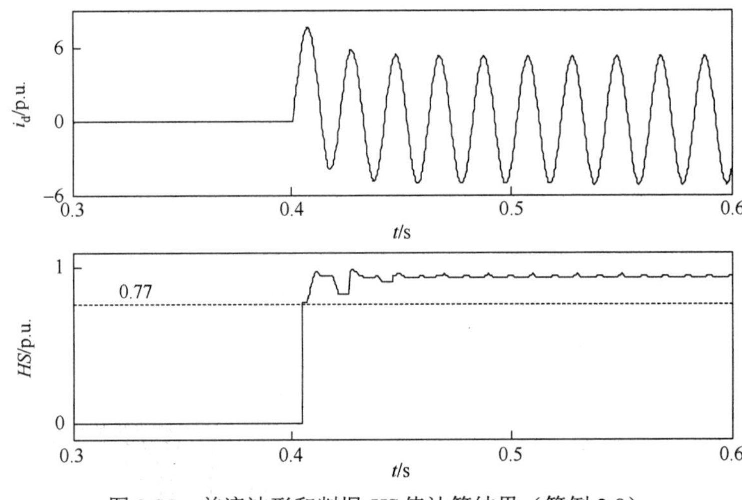

图 2.35 差流波形和判据 HS 值计算结果（算例 2.8）

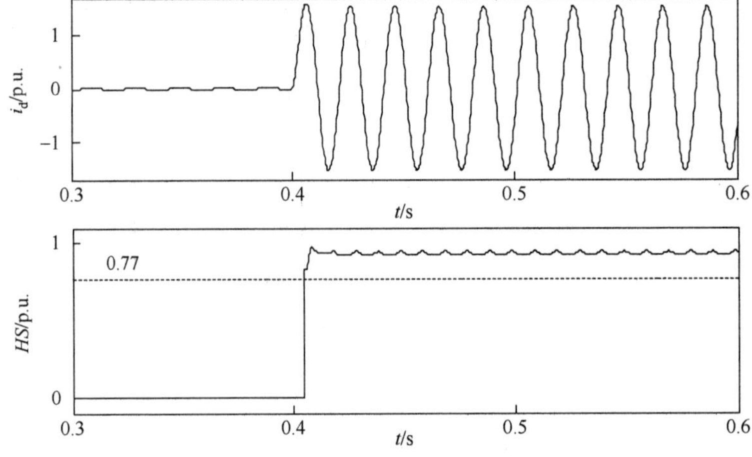

图 2.36 差流波形和判据 HS 值计算结果（算例 2.9）

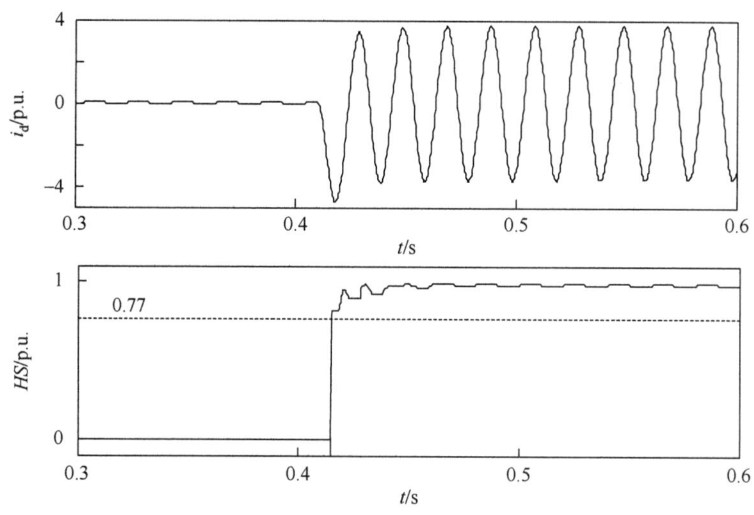

图 2.37　差流波形和判据 *HS* 值计算结果（算例 2.10）

3. 故障差流叠加涌流工况

算例 2.11　本算例仿真换流变带高阻接地故障合闸场景，换流变组在 $t=0.4$ s 空载合闸，两台换流变三相初始剩磁均为 0，其中 Y/Y 换流变合闸时带 A、C 两相经 70 Ω 高阻接地故障。(对应于 2.3 节算例 2.4，差流二次谐波含量过高误闭锁保护导致保护延迟动作的算例)。仿真结果如图 2.38 所示。

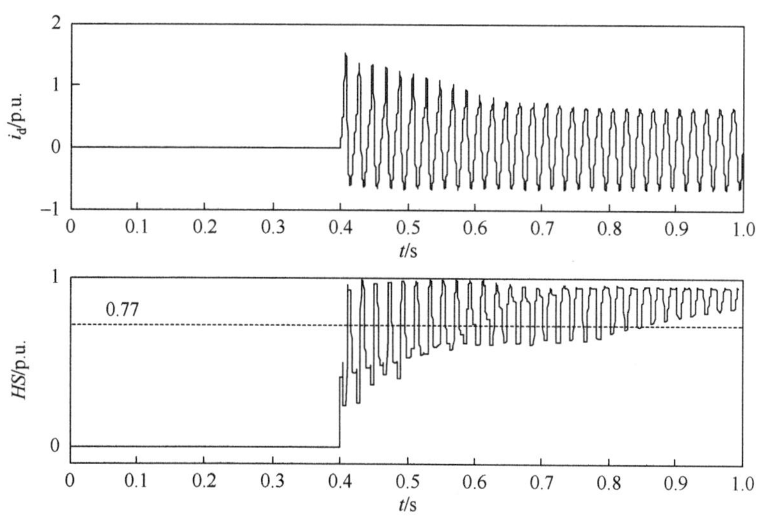

图 2.38　差流波形和判据 *HS* 值计算结果（算例 2.11）

可以看到：换流变带高阻故障空载合闸时，判据启动后，涌流特征明显的正半周，满足 $HS<0.77$，判据短暂闭锁差动保护；到负半周涌流幅值较小时，*HS* 值迅速增大并满足 $HS>0.77$；在 $t=0.410\ 5$ s，合闸后约 1/2 周波，判据即解除闭锁，开放保护，使其正确动作。对于此类故障差流叠加涌流的情况，差流二次谐波百分比可能会高于 15%的制动门槛(2.3 节算例 2.4，图 2.27)，二次谐波制动判据将误闭锁保护（或造成保护延时动作）；但若采用基于豪斯多夫距离算法的判据，则能在很短时间内开放保护，使保护正确动作。

算例 2.12　本算例仿真换流变带轻微匝间故障合闸场景，换流变组在 $t=0.4$ s 空载合闸，两台换流变三相初始剩磁均为 0，其中 Y/Y 换流变合闸时带一次侧 A 相绕组 5%匝间短路故障。仿真结果如图 2.39 和图 2.40 所示。

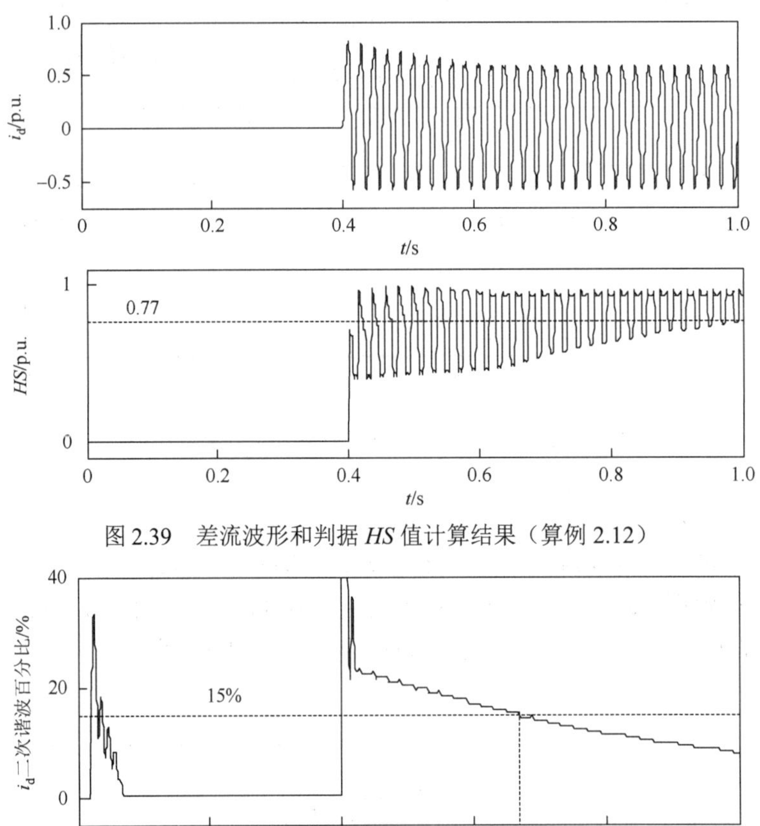

图 2.39 差流波形和判据 *HS* 值计算结果（算例 2.12）

图 2.40 差流二次谐波百分比（算例 2.12）

可以看到，换流变带轻微匝间短路故障空载合闸时，差流中涌流幅值与故障电流幅值相当，对差流二次谐波百分比进行分析，如图 2.40 所示，换流变合闸后 13.5 周波内，差流二次谐波百分比较高，一直维持在 15%以上，因此，差动保护会被误闭锁，导致保护动作延时至少 13.5 周波。采用本章所提判据进行判别（图 2.39），可以看到，在 $t=0.415$ s，即合闸后约 3/4 周波，判据 $HS>0.77$ 满足，解除闭锁，开放保护，使其正确动作。

对于此类带轻微故障合闸的情况（算例 2.11 和算例 2.12），采用二次谐波制动判据的差动保护会因为差流中叠加有相当可观的涌流，二次谐波百分比较长时间维持高于 15%的制动门槛，从而误闭锁保护或造成保护延时动作；但若采用基于豪斯多夫距离算法的判据，则能在很短时间内开放保护，使保护正确动作。

4. 空载合闸后又发生区内故障工况

算例 2.13 本算例为换流变空载合闸励磁涌流后又发生内部故障的场景，换流变组在 $t=0.4$ s 空载合闸，在 $t=0.605$ s 发生 Y/Y 换流变一次侧出口三相接地故障。

如图 2.41 所示，在空载合闸典型励磁涌流阶段，判据计算结果一直满足 $HS<0.77$，保护被可靠闭锁；而内部故障发生后，在 $t=0.61$ s 时刻（内部故障发生约 1/4 周波），判据计算结果满足 $HS>0.77$，保护闭锁被解除，能立刻正确动作。

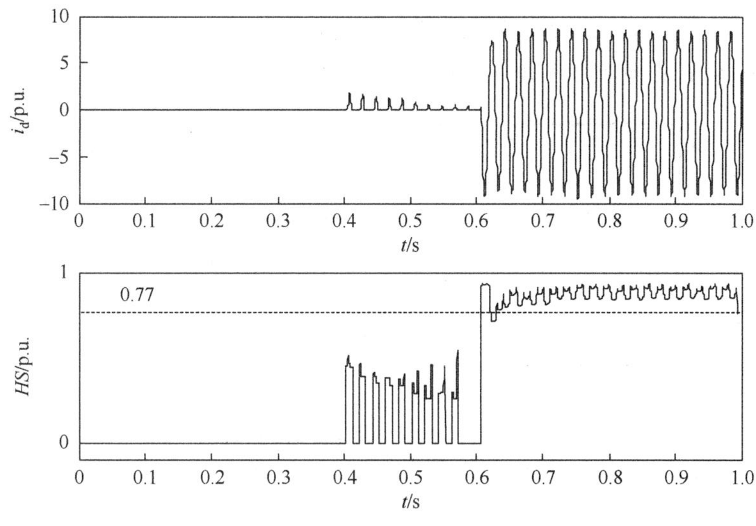

图 2.41　差流波形和判据 *HS* 值计算结果（算例 2.13）

5. 发展性故障工况

算例 2.14　本算例为换流变经历区外故障转换为区内故障的场景，在 $t=0.305$ s 发生 Y/Y 换流变区外三相短路故障，在 $t=0.505$ s 发生 Y/Y 换流变一次侧出口三相接地故障，即换流变区外转区内发展性故障。

如图 2.42 所示，区外故障阶段，差流幅值较小，判据不予启动；当故障发展为换流变保护区内故障后，判据立刻启动，在 $t=0.51$ s，即故障转为区内故障后 1/4 周波，满足 $HS>0.77$，判据正确识别，开放保护使其迅速动作。

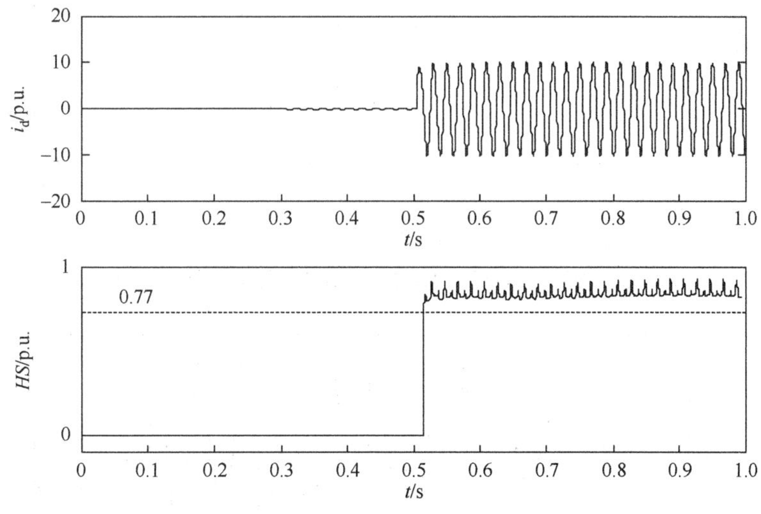

图 2.42　差流波形和判据 *HS* 值计算结果（算例 2.14）

6. CT 饱和工况

算例 2.15　本算例为换流变经历区内故障并伴随有 CT 饱和的场景。$t=0.41$ s 时 Y/Y 换流变一次侧 A 相绕组发生 50%匝间短路故障，该相 CT 发生饱和。

算例 2.16　本算例为换流变经历区外故障并伴随有 CT 饱和的场景。$t=0.4$ s 时发生 Y/Y 换流变一次侧 A 相接地故障，该相 CT 发生饱和。

算例 2.15 和算例 2.16 仿真结果分别如图 2.43 和图 2.44 所示。图 2.43（a）和图 2.44（a）中：i_{12} 和 i_{22} 分别为 Y/Y 换流变两侧 A 相 CT 的二次电流。

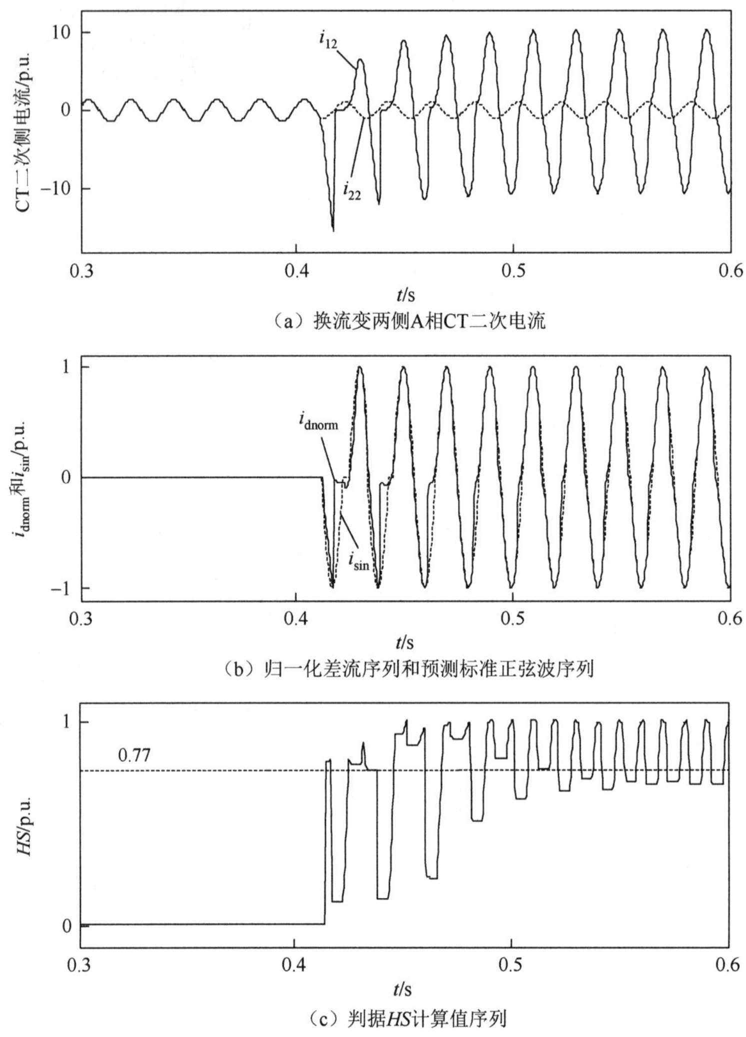

（a）换流变两侧A相CT二次电流

（b）归一化差流序列和预测标准正弦波序列

（c）判据*HS*计算值序列

图 2.43　故障电流波形和判据 *HS* 值计算结果（算例 2.15）

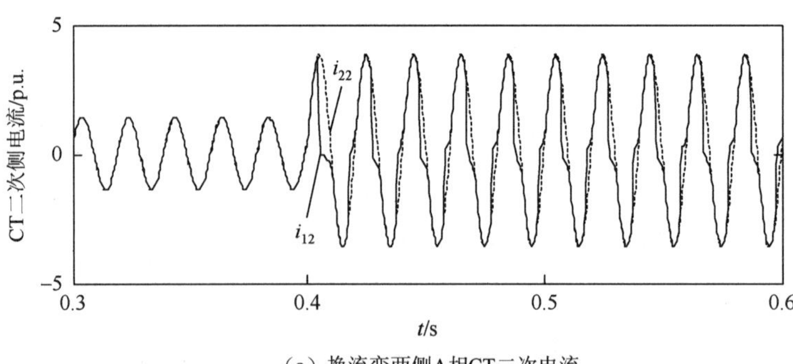

（a）换流变两侧A相CT二次电流

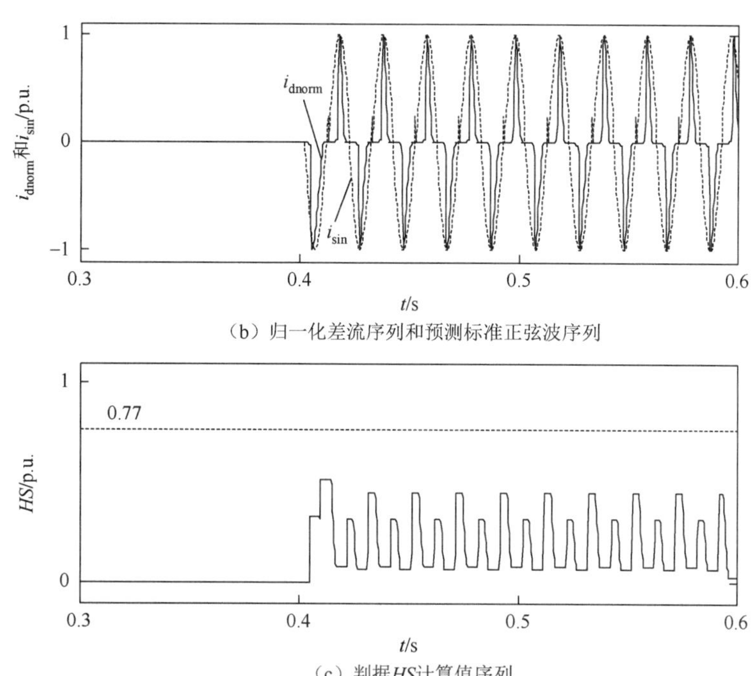

（b）归一化差流序列和预测标准正弦波序列

（c）判据 HS 计算值序列

图 2.44　故障电流波形和判据 *HS* 值计算结果（算例 2.16）

如前所述，在 CT 饱和滞后于故障出现的延时内，CT 工作在非饱和区，能够正常传变。因此，对于内部故障而言，差流波形在 CT 未饱和阶段的正弦相似度高，相应计算得到的 *HS* 值超过门槛值，使得差动保护正确动作。尽管随后 i_{12} 波形因 CT 进入饱和状态而发生畸变，导致 *HS* 值降低到门槛值以下，但判据在前面 CT 未饱和阶段已经正确判别。如图 2.43（c）所示，所提判据 *HS* 值在 $t=0.415$ s（即故障发生后约 1/4 周波）超过 0.77 的门槛值，开放保护，使其正确动作。

对于外部故障伴随 CT 饱和的场景，虚假差流即为饱和 CT 二次电流中畸变的部分，如图 2.44（b）所示，其波形与正弦波相似度低，因此计算所得的 *HS* 值始终稳定在 0.77 门槛值之下，如图 2.44（c）所示，使得差动保护被可靠闭锁。

7. 抗异常数据干扰性能仿真分析

保护装置采集到的电流信号容易受到异常数据的干扰，常见的异常干扰包括虚假脉冲和数据丢失。豪斯多夫距离算法是对点集的整体特征进行相似性判断，因此具有较强的抗数据丢失能力。针对虚假脉冲干扰的问题，通过对豪斯多夫距离算法做简单改进即可解决。具体做法为：在进行距离值计算之前，舍弃若干极值点，若极值点为虚假脉冲干扰点，则其在计算前就被滤掉。在没有干扰的情况下，舍弃几个极值点并不会引起差流波形整体特征的变化，对 *HS* 计算值的影响微乎其微。实际工程中，1 周波最多考虑 1 个噪声干扰点，通过设计可在每 1/4 周波舍弃 1 个极值点，即 1 周波舍弃 4 个干扰点，远远满足工程实际需要。

算例 2.17　判据抗采样数据噪声干扰性能分析算例。

在算例 2.5 换流变区内故障的差流中随机加入虚假脉冲干扰，采用上述方法对差流进行判断，图 2.45（a）～（d）给出了 0.3～0.6 s 内含虚假脉冲干扰的差流波形、不丢极值点时判据 *HS* 序列值、每 1/4 周波舍弃 1 个极值点后故障差流波形，以及舍弃极值点后的 *HS* 序列值。可以看到：当虚假脉冲干扰点较多时，对原始判据 *HS* 值的计算是存在一定程度的影响的，有可

能会使故障情况下 *HS* 计算值在门槛值附近起伏，影响判据正确判别；但采用简单的舍弃极值点的方法后，*HS* 计算值序列又很快稳定地高于动作门槛值，在 $t = 0.41$ s，即故障发生后约 1/4 周波便可正确判断，使其保护动作。这体现了基于豪斯多夫距离算法新判据在抗采样数据干扰性方面有较强优势。

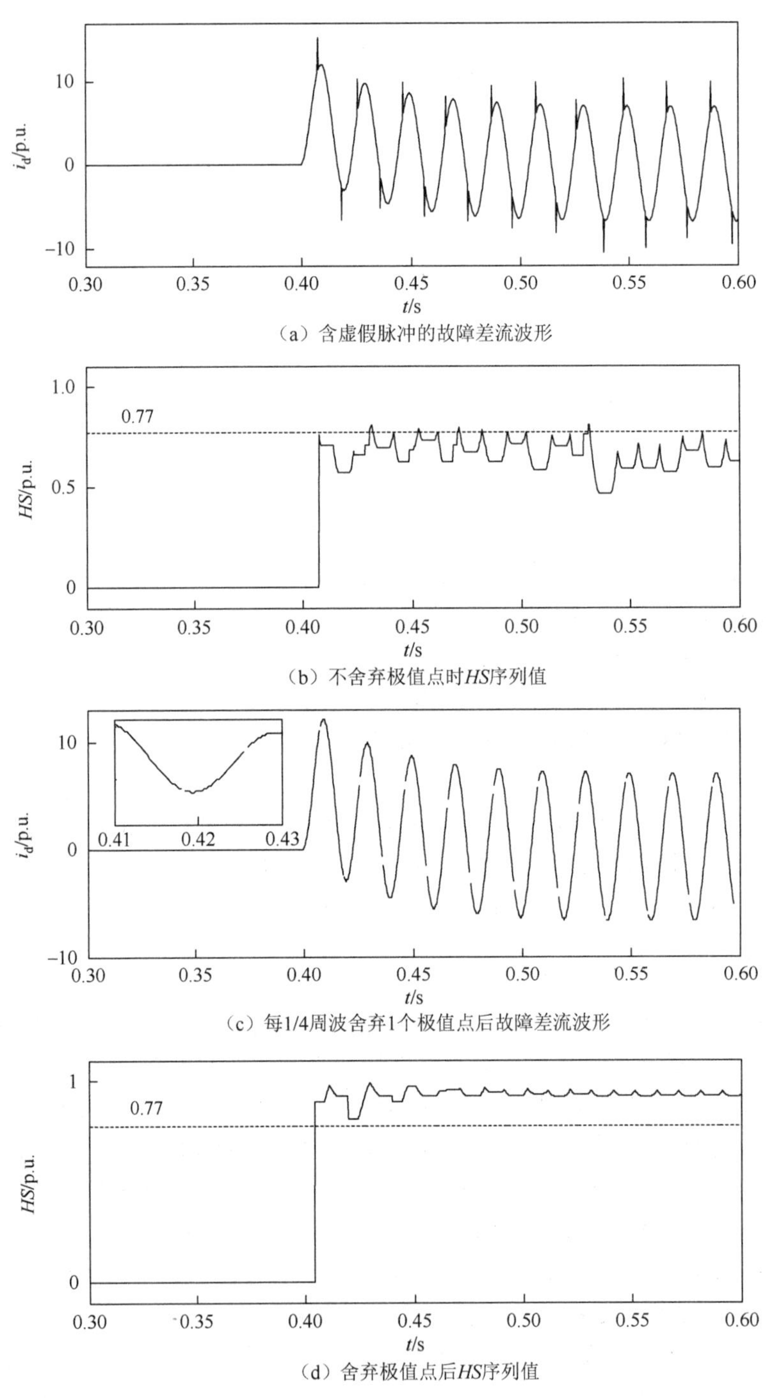

（a）含虚假脉冲的故障差流波形

（b）不舍弃极值点时HS序列值

（c）每1/4周波舍弃1个极值点后故障差流波形

（d）舍弃极值点后HS序列值

图 2.45　抗干扰性能分析算例（算例 2.17）

根据本小节仿真算例的结果分析，基于豪斯多夫距离算法的换流变大差保护新判据，在应对换流变经历各种内部故障、励磁涌流和故障伴随 CT 饱和等扰动时，均能够正确判断，并在速动性和抗采样数据干扰性方面优势明显。

2.4.5　新判据的动模试验验证

本章所提判据虽主要用以解决换流变大差保护误动和误制动的问题，但实际上，从判据构造原理上，它也适用于普通交流系统变压器励磁涌流和故障差流的识别。鉴于此，应用简单的交流系统动模试验数据，对该判据有效性进行进一步验证。动模试验系统如图 2.46 所示，其参数如表 2.4 所示。

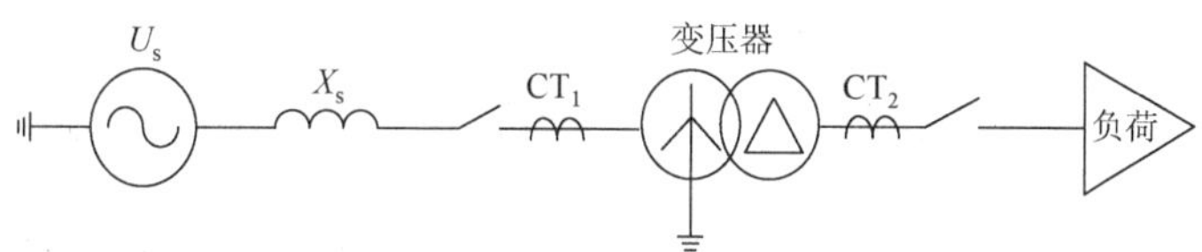

图 2.46　动模试验系统

表 2.4　动模试验系统参数

系统参数	参数值
系统容量	600 MVA
系统短路容量	10 GVA
频率	50 Hz
负荷	100 MVA
变压器接线方式	YNd11
变压器额定容量	1.2 GVA
变压器短路容量	8.5 GVA
变压器变比	500/220 kV

系统中三相变压器由三个 2 kVA，462 V：200 V 单相变压器连接而成，这些变压器设计和结构在时间常数、暂态电抗、励磁涌流和等效励磁支路方面，特性与 500 kV 变压器一致，采样频率为 4 kHz。获取扰动前 2 周波和扰动后 5 周波的数据进行验证，扰动设置发生在 $t = 0.04$ s。一共进行了 39 组动模试验，包括：①不同合闸角的变压器空载合闸（9 组）；②不同类型内部故障，变压器一次绕组匝间故障（6 组），两侧绕组相间故障（8 组），两侧绕组单相接地故障（4 组）；③变压器带严重和轻微故障合闸（12 组）。

从动模试验结果可以看到：对于涌流工况（包括单向涌流、对称性涌流，以及高幅值涌流经饱和 CT 传变）计算的 *HS* 值总是稳定在门槛值以下；对于单纯的轻微和严重内部故障情况，计算所得的 *HS* 值总能在故障后 1/4 周波内越过门槛值使保护正确动作；对于变压器带轻微合闸的情况，判据在扰动后 1/2 周波能正确识别故障使保护动作。因此，所提判据能够快速、正确区分故障和涌流情况。图 2.47～图 2.52 给出了 6 组动模试验结果，所有扰动都与 B 相相关，因此以 B 相为例给出差流和 *HS* 计算值。

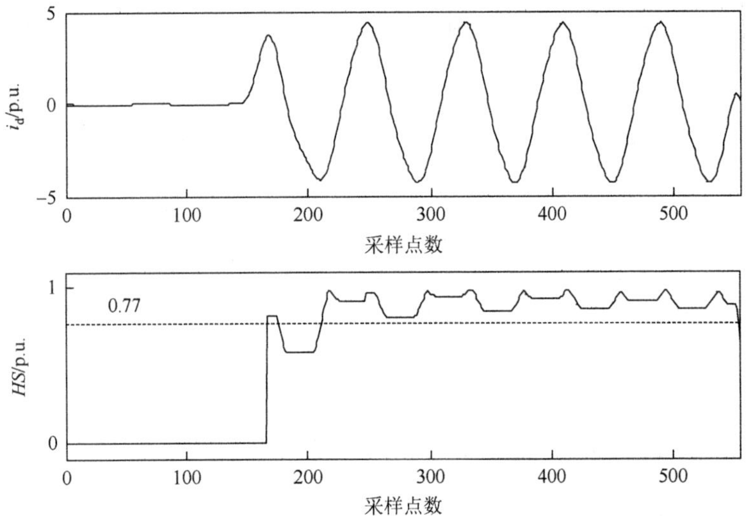

图 2.47 变压器一次侧 B 相接地故障，差动保护故障后 1/8 周波被判据解除闭锁

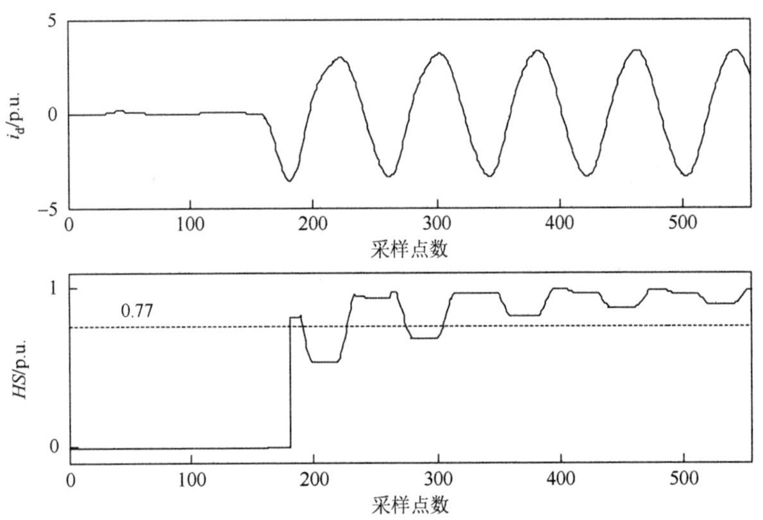

图 2.48 变压器二次侧 A、B 相间故障，差动保护故障后 1/4 周波被判据解除闭锁

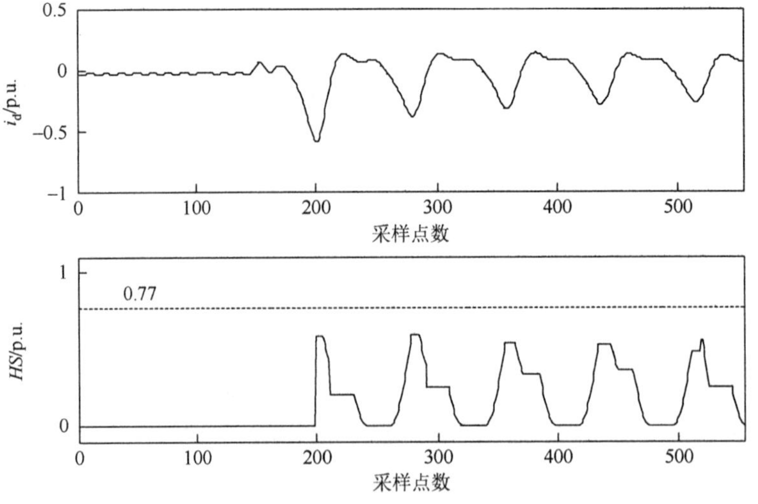

图 2.49 单向励磁涌流

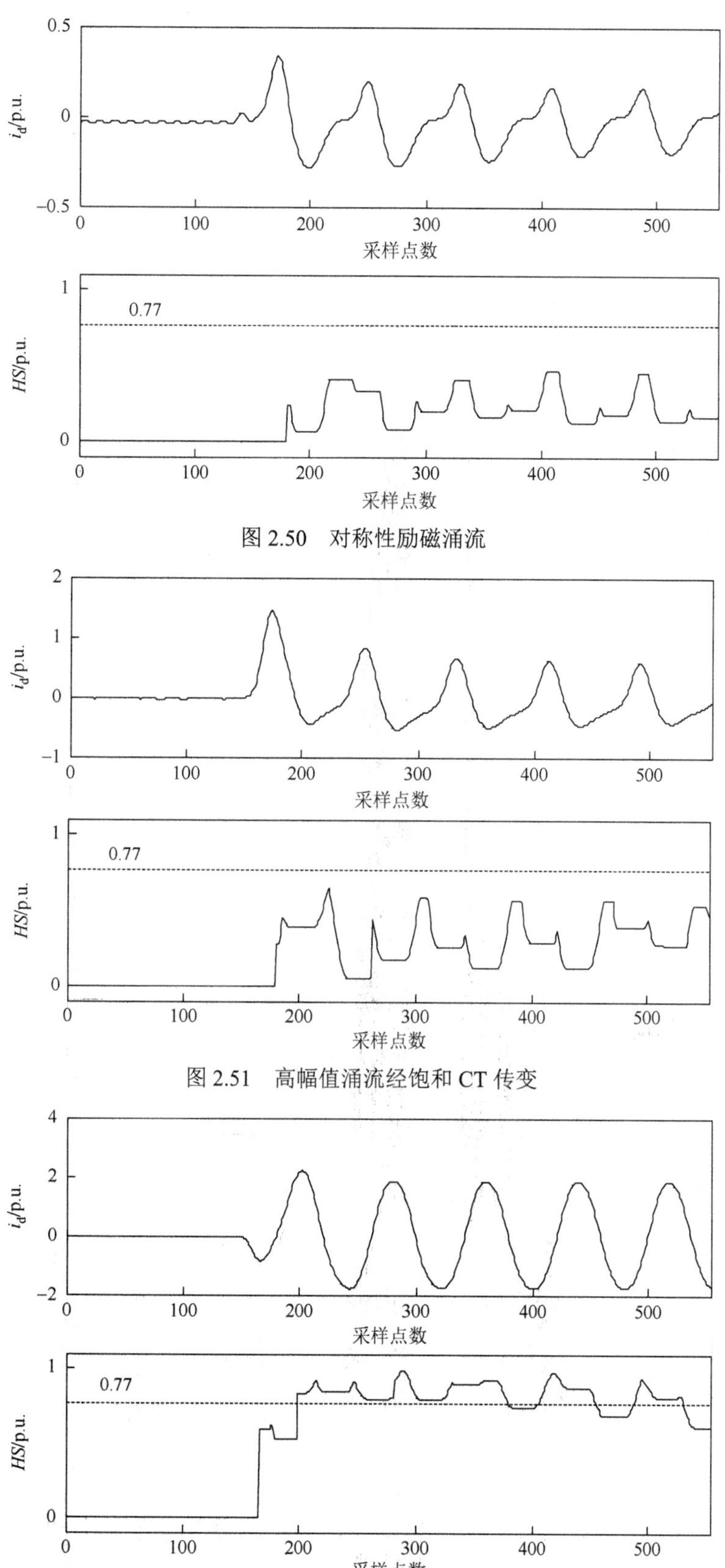

图 2.50　对称性励磁涌流

图 2.51　高幅值涌流经饱和 CT 传变

图 2.52　变压器带一次侧绕组 B 相 4.25%匝间短路故障合闸，差动保护故障后 1/2 周波被判据解除闭锁

2.5 本章小结

由于换流变投切方式的特殊性，其在空载合闸时容易产生类似和应涌流现象，并使得换流变组大差保护差流波形对称而二次谐波制动判据失效无法闭锁大差保护。本章借鉴和应涌流分析方法，基于变压器磁链时域变化特点，分析了一组换流变空投时对称性涌流的产生机理，揭示了其引起二次谐波制动判据失效而导致大差保护误动的原因。分析发现，同时空投的换流变初始剩磁之间的差异，导致两者磁链中存在符号相反的直流衰减分量，在其作用下两台换流变磁链依次达到它们所对应的相反方向的最大值，对应涌流将交替出现并位于时间轴不同侧，合成的大差保护差流即呈现出较好的对称性，二次谐波含量降低，失去闭锁能力而导致大差保护误动。本章利用涌流和故障电流波形整体形态的特征差异，结合豪斯多夫距离算法在波形相似性判别中的优势，构造了基于豪斯多夫距离算法的换流变大差保护新判据，并进行了仿真和动模试验验证。结果表明：该判据能够准确区分各类换流变的励磁涌流（包括对称性涌流）和故障差流（包括故障电流叠加励磁涌流）工况，在保证动作安全性的同时，速动性也得到了较大的提高；同时，通过简单舍弃极值的方法，能使判据获得较好的抗异常数据干扰的能力。

本章参考文献

[1] 田庆. 12 脉动换流变压器对称性涌流现象分析[J]. 电力系统保护与控制，2011，39（23）：133-137.

[2] 张雪松，何奔腾. 变压器和应涌流对继电保护影响的分析[J]. 中国电机工程学报，2006，26（14）：12-17.

[3] 束洪春，贺勋，李立新. 变压器和应涌流分析[J]. 电力自动化设备，2006，26（10）：7-12.

[4] 袁宇波，李德佳，陆于平，等. 变压器和应涌流的物理机理及其对差动保护的影响[J]. 电力系统自动化，2005，29（6）：9-14.

[5] 毕大强，王祥珩，李德佳，等. 变压器和应涌流的理论探讨[J]. 电力系统自动化，2005，29（6）：1-8.

[6] Manitoba HVDC research centre Inc. application guide of PSCAD/EMTDC[Z]. Winnipeg：Manitoba HVDC Research Centre Inc.，2007：45.

[7] 张红跃. 换流变大差保护励磁涌流识别的思考[J]. 电力系统保护与控制，2011，39（20）：151-154.

[8] 练仕榴. 生物医学信号的相似性度量研究[D]. 天津：天津理工大学，2011.

[9] 谢远国. 心电波形的检测与分类技术研究[D]. 天津：天津大学，2004.

[10] GAO Y，WANG M，JI R R，et al. 3-D object retrieval with hausdorff distance learning[J]. IEEE Transactions on Industrial Electronics，2014，61（4）：2088-2098.

[11] KANG J X，QI N M，HOU J. A hybrid method combining hausdorff distance，genetic algorithm and simulated annealing algorithm for image matching//Proceedings of the Second International Conference on Computer Modeling and Simulation[C]. Sanya：The Water Resources and Electric Power Press，2010.

第 3 章

换流变零序差动保护异常动作行为分析及对策研究

换流变除配置纵联差动保护作为主保护外，还装设了能够灵敏反应 Y 型绕组单相接地故障的零序差动保护。该保护在换流变空载合闸、外部故障存续期间，以及故障切除后都应可靠不误动，但现场仍有换流变零序差动保护误动导致充电试验失败的案例。另外，复杂直流偏磁伴随交流系统微弱故障等特殊工况，也可能引起换流变中性线 CT 传变特性劣化，使得换流变零序差动保护存在误动风险。

本章将对换流变励磁涌流和恢复性涌流导致零序差动保护误动原因进行研究，提出基于零序电流动态时间弯曲距离的换流变零序差动保护辅助判据；研究换流变经历复杂直流偏磁情况时零序差动保护误动的风险，并提出一种基于 S 变换相位差的换流变零序差动保护附加闭锁判据。

3.1 励磁涌流工况下换流变零序差动保护误动分析

3.1.1 励磁涌流对中性线零序电流的影响

换流站中的换流变普遍采用三个单相三绕组结构或单相双绕组结构，且各相磁路完全独立，因此可从单相变压器的特性入手，分析换流变经历励磁涌流和恢复性涌流的过程及中性线零序电流的特征。图 3.1 为换流变经历空载合闸以及故障发生和切除示意图，以换流变 T_1 和 T_2 为研究对象，图中 CB 为换流变 T_1 和 T_2 合闸断路器。如第 1 章中所述，不管在何种运行方式下，换流站中一组两台换流变总是同时投入的，因此，在 T_1 和 T_2 空载合闸过程中，其三相磁链会较之传统单台变压器投入时的情况更为复杂。

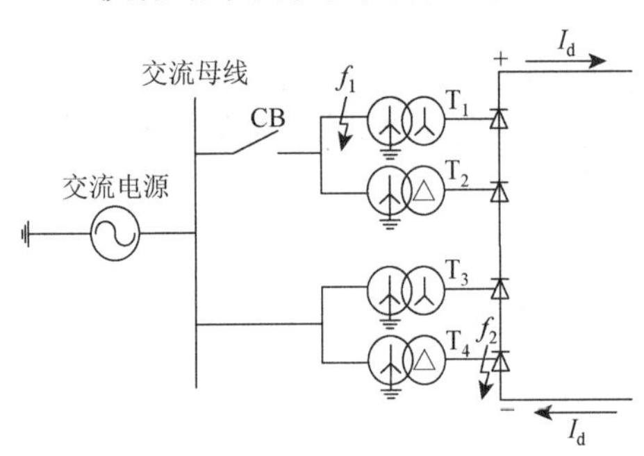

图 3.1 换流变空载合闸以及故障发生和切除示意图

根据 2.1 节对一组两台换流变空载合闸时磁链时域表达式的分析，假设系统侧电压为 $u_s(t)=U_m\sin(\omega t+\alpha)$，则 T_1 和 T_2 空载合闸时 A 相磁链 $\psi_{1A}(t)$ 和 $\psi_{2A}(t)$ 的时域表达式分别为

$$\begin{aligned}\psi_{1A}(t)=&\frac{L}{Z}U_m\sin(\omega t+\alpha-\theta)+\frac{1}{2}\left[-\frac{2L}{Z}U_m\sin(\alpha-\theta)+\psi_{1A}(0)+\psi_{2A}(0)\right]e^{-t/\tau_1}\\&+\frac{1}{2}[\psi_{1A}(0)-\psi_{2A}(0)]e^{-t/\tau_2}\end{aligned} \tag{3.1}$$

$$\begin{aligned}\psi_{2A}(t)=&\frac{L}{Z}U_m\sin(\omega t+\alpha-\theta)+\frac{1}{2}\left[-\frac{2L}{Z}U_m\sin(\alpha-\theta)+\psi_{1A}(0)+\psi_{2A}(0)\right]e^{-t/\tau_1}\\&-\frac{1}{2}[\psi_{1A}(0)-\psi_{2A}(0)]e^{-t/\tau_2}\end{aligned} \tag{3.2}$$

式中：$\psi_{1A}(0)$ 和 $\psi_{2A}(0)$ 分别为两台换流变 A 相的初始剩磁；其他参数同 2.1 节介绍，不赘述[1-2]。

由式（3.1）和式（3.2）可以看出，$\psi_{1A}(t)$ 和 $\psi_{2A}(t)$ 都包含一个正弦稳态分量和两个不同时间常数的直流衰减分量。根据变压器参数，通常 $\tau_1<\tau_2$，时间常数为 τ_1 的直流分量会较快衰减为 0，$\psi_{1A}(t)$ 和 $\psi_{2A}(t)$ 主要由时间常数为 τ_2 的直流分量起主导作用，而其幅值大小又主要由 $\psi_{1A}(0)$ 和 $\psi_{2A}(0)$ 所决定。对于两台换流变 B 相和 C 相的磁链也有相同结论。

当 $\psi_{1A}(0)$ 与 $\psi_{2A}(0)$ 相差较大，尤其是两者具有较大幅值且符号相反时，时间常数为 τ_2 的直流分量将会很大，根据变压器铁芯磁化特性，换流变 A 相将会产生较大的励磁涌流。如果此时两台换流变 B 相和 C 相初始剩磁很小，甚至无剩磁，那么换流变合闸后 B 相和 C 相磁链中的直流分量幅值会很小并很快衰减，从而使得 B 相和 C 相励磁涌流非常小。这种情况下，三相励磁涌流严重不对称，三相涌流合成的零序电流就会较大，且基本与 A 相励磁涌流呈现相同的特征，即偏向时间轴一侧。图 3.2 给出了 $\psi_{1A}(0)=0.4$ p.u.和 $\psi_{2A}(0)=-0.4$ p.u.，而其他两相剩磁均为 0 时，T_1 三相励磁涌流波形，以及由它们合成的零序电流波形。可以看到，B、C 两相励磁涌流几乎为 0，而 A 相励磁涌流幅值较大且偏向时间轴一侧，合成的零序电流与 A 相励磁涌流特征几乎一致。

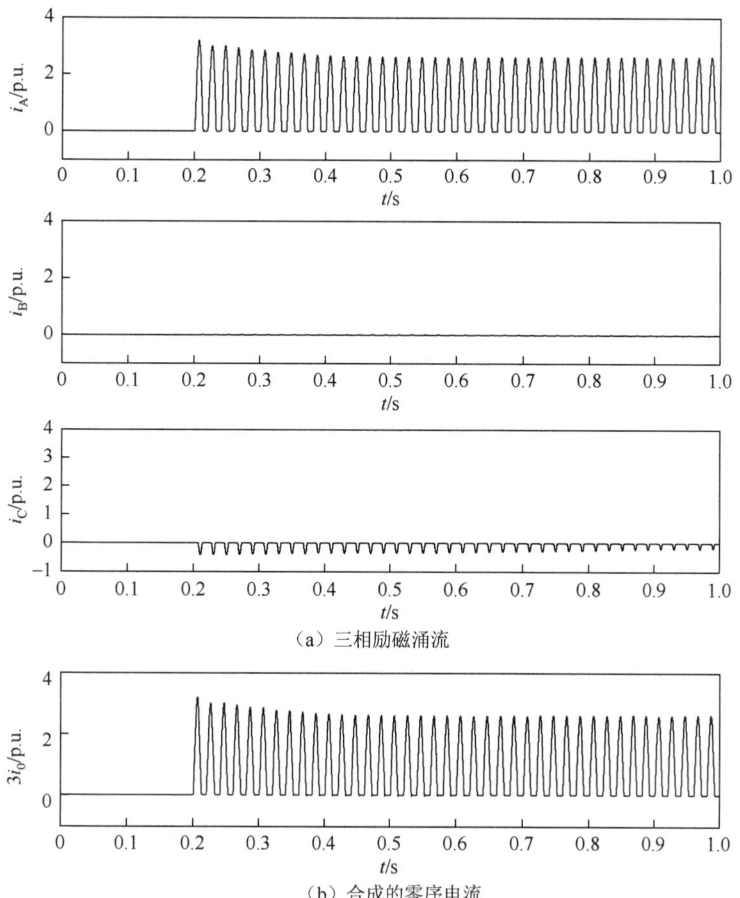

（a）三相励磁涌流

（b）合成的零序电流

图 3.2　A 相初始剩磁较大，B、C 两相剩磁为 0 时，T_1 三相励磁涌流波形及合成零序电流波形

下面分别对 Y/Y 换流变和 Y/△换流变的励磁涌流对零序电流的幅值影响进行对比分析。Y/Y 换流变和 Y/△换流变均可用图 3.3 单相变压器空载合闸等效模型来分析[3]，仍以 A 相为例。图中：Z_s（Z_{0s}）为电源的等值正（负）序和零序阻抗；Z_p 和 Z_{ss} 为变压器两侧漏阻抗；x_m 为励磁电抗。

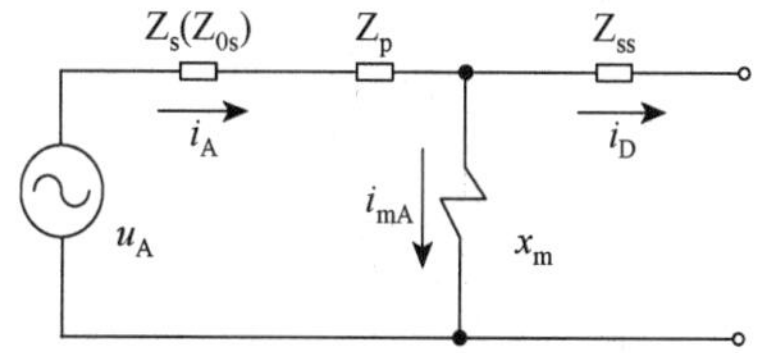

图 3.3　单相变压器空载合闸等效电路

换流变一次侧空载合闸时，由于 Y/Y 换流变的接线方式，在二次侧三相环路中不存在电流 i_D，即 $i_D = 0$；而 Y/△换流变二次侧为角形接线，在角形侧三相环路中存在电流 i_D，即 $i_D \neq 0$。

根据图 3.3 电路分析，Y/Y 换流变三相铁芯的磁化电流 i_{mA}、i_{mB}、i_{mC} 对应等于三相励磁电流 i_A、i_B、i_C，又 $3i_0 = i_A + i_B + i_C$，故可得零序电流为

$$3i_0 = i_{mA} + i_{mB} + i_{mC} \tag{3.3}$$

同理可知，Y/△换流变 $i_A = i_{mA} + i_D$，即可得其零序电流为

$$3i_0 = 3i_D + (i_{mA} + i_{mB} + i_{mC}) \tag{3.4}$$

此时，根据等效电路分析可求得三相环流为

$$i_D = -(i_{mA} + i_{mB} + i_{mC}) \cdot \frac{Z_{ss} + Z_{0s}}{6Z_{ss} + 3Z_{0s}} \tag{3.5}$$

假设换流变合闸于无穷大电源，则可认为电源内阻抗为 0，即 $Z_{0s}=0$，结合式（3.4）和式（3.5），Y/△换流变零序电流可化简为

$$3i_0=\frac{1}{2}(i_{mA}+i_{mB}+i_{mC}) \tag{3.6}$$

对比式（3.3）和式（3.6）可以发现，在理想情况下，Y/Y 换流变的零序电流是 Y/△换流变零序电流的至少 2 倍，在实际工程中计及各种阻抗，Y/△换流变零序电流的幅值会更小，即在相同合闸条件下，Y/Y 换流变零序电流幅值比 Y/△换流变零序电流幅值大很多。

由上述分析可知，空载合闸励磁涌流工况将在 Y/Y 换流变中产生较大且不对称的零序电流，通常情况下，差动保护两侧应配置同一型号的 CT。但对于换流变零序差动保护而言，中性线侧零序电流幅值远小于换流变三相进线电流的幅值，因此保护两侧配置的 CT 精度和型号均不同。对于三相进线 CT 而言，其在很宽的量程内都能比较准确地测量，因此电流中的直流分量使得三相进线 CT 达到饱和所需时间，远比中性线 CT 达到饱和所需时间长。计及变压器和 CT 铁芯的阻尼效应，通常情况下涌流现象的持续时间不足以使三相进线 CT 达到饱和。而对于量程窄、精度高的中性线 CT，其抗饱和能力一般远低于三相进线 CT。

如前所述，换流变合闸时各相初始剩磁存在较大差异导致三相励磁涌流不对称，使得合成的零序电流幅值可观且具备明显的励磁涌流特征，即偏向时间轴一侧。这种情况下，剩磁的累计效应可能导致中性线 CT 最终发生单向饱和。而对于高灵敏度的零序差动保护而言，中性线 CT 饱和带来的传变误差可能引入较大的零序差动电流，进而导致换流变零序差动保护误动。并且，相同合闸条件下，Y/Y 换流变零序电流幅值比 Y/△换流变零序电流幅值大很多，因此，Y/Y 换流变的中性线 CT 更易首先发生上述饱和现象，Y/Y 换流变零序差动保护更具误动风险，这与现场运行实际情况相符。下面主要针对 Y/Y 换流变零序差动保护动作情况进行讨论。

3.1.2 励磁涌流对中性线 CT 传变特性的影响及零序差动保护误动分析

本小节对换流变空载合闸后零序涌流对中性线 CT 传变特性的影响及引发零序差动保护误动现象进行仿真分析。仍采用 2.2 节中介绍的特高压直流输电系统模型进行仿真，以模型中站 1 极 I 高端换流变组为对象，局部结构示意图如图 3.1 所示，主要研究励磁涌流对 Y/Y 换流变 T_1 的中性线 CT 及其零序差动保护的影响。换流变中性线 CT 采用 PSCAD/EMTDC 仿真模型中能较精确体现饱和特性的卢卡斯（Lucas）模型。零序差动保护判据采用 1.1.3 小节介绍的零序差动保护动作方程之二，即式（1.2）。式中：制动系数 K_0 取 0.8；保护启动电流根据式（1.6）及各参数计算得 $I_{op.0}=0.091I_N$；制动电流起始值 $I_{res.0}$ 取 $0.8I_N$。

算例 3.1 设置换流变在 $t=0.2$ s 时合闸，即换流变 A 相合闸初相角为 0°，合闸前换流变 T_1 和换流变 T_2 的 A 相剩磁分别 0.4 p.u.和−0.4 p.u.，两换流变 B 相和 C 相剩磁均为 0。

换流变 T_1 中性线 CT 一、二次侧电流及 CT 磁感应强度变化分别如图 3.4 和图 3.5 所示。图中：CT 一次侧电流为 $3i'_{n0}$；CT 二次侧电流为 $3i_{n0}$。换流变 T_1 零序电流如图 3.6 所示。图中：实线为经 CT 传变后的自产零序电流 $3i_{s0}$；虚线为经 CT 传变后的中性线零序电流 $3i_{n0}$（以下波形变量含义均与之相同）。

由图 3.4 可以看到，换流变 T_1 在合闸之后出现幅值可观的零序电流，且衰减很慢。结合图 3.4 和图 3.5 可知，大约在合闸后 0.1 s，中性线 CT 磁感应强度幅值远大于正常值，CT 发生

饱和，传变特性受到影响，导致 CT 二次侧电流波形发生畸变，使得中性线零序电流波形失真，如图 3.6 所示。这将在零序差动保护中引入较大的虚假零序差动电流 $i_d(i_d = 3i_{s0} - 3i_{n0})$，如图 3.7 所示。根据式（1.2）分析零序差动保护的动作量和制动量幅值，如图 3.8 所示。可以看到，在 0.3 s 后，动作量幅值升高至制动量幅值以上，即 $I_{op} \geqslant I_{op.0} + K_0(I_{res} - I_{res.0})$满足。若不附加闭锁措施，零序差动保护将会误动。

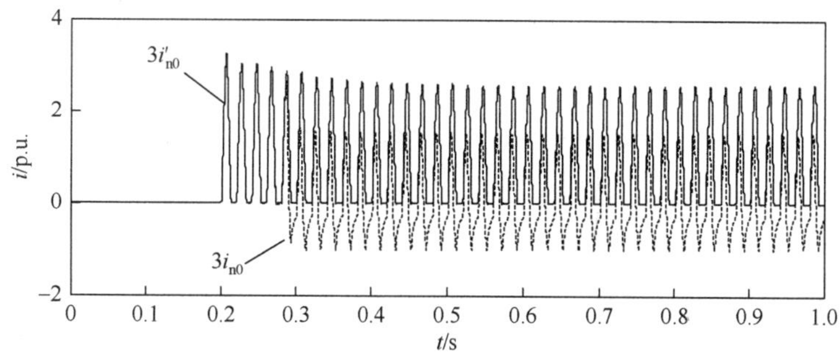

图 3.4　励磁涌流工况下 T_1 中性线 CT 一、二次侧零序电流（算例 3.1）

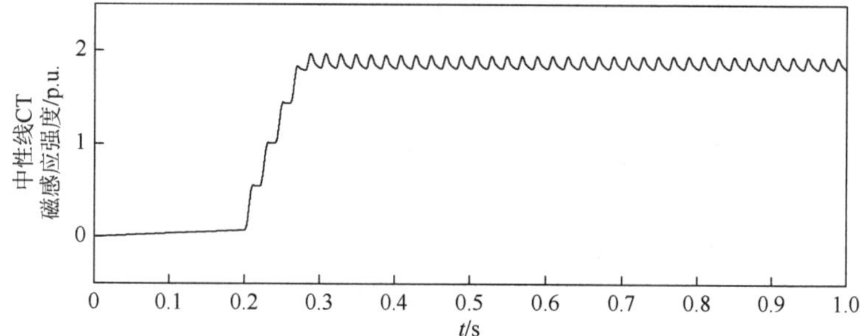

图 3.5　励磁涌流工况下 T_1 中性线 CT 磁感应强度（算例 3.1）

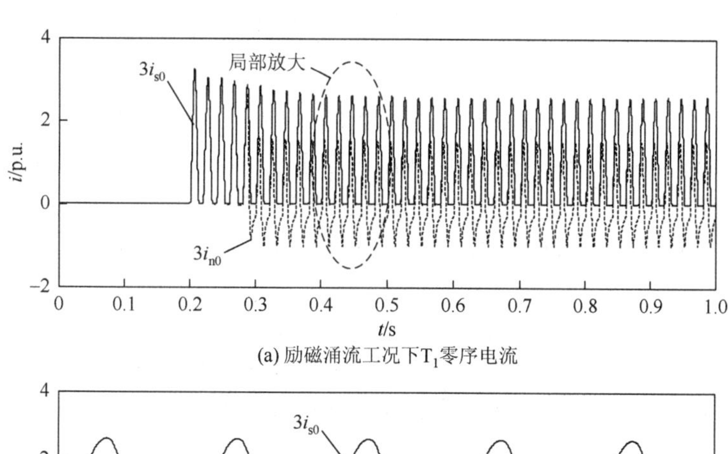

(a) 励磁涌流工况下 T_1 零序电流

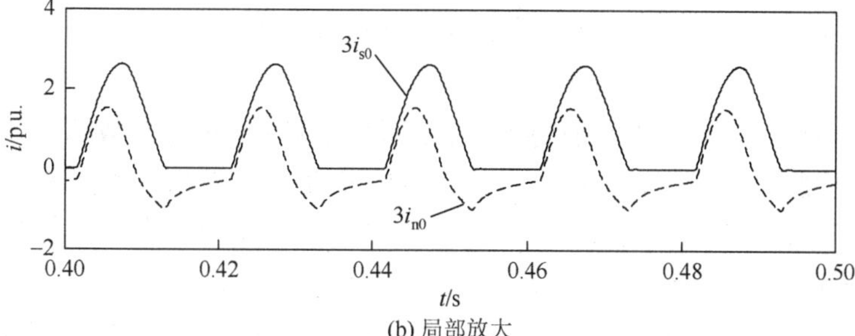

(b) 局部放大

图 3.6　励磁涌流工况下 T_1 的零序电流（算例 3.1）

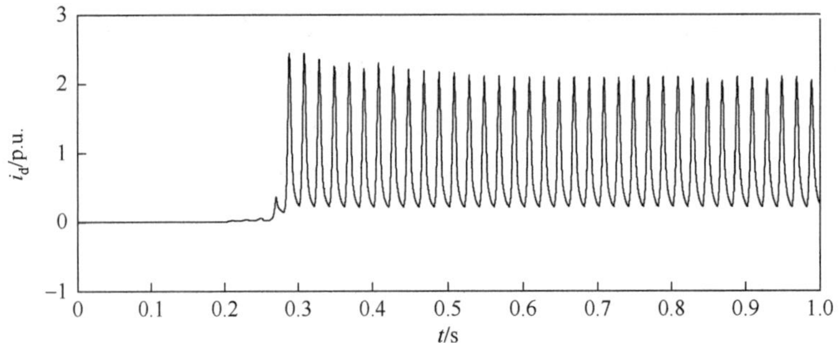

图 3.7 励磁涌流工况下 T_1 的零序差动电流（算例 3.1）

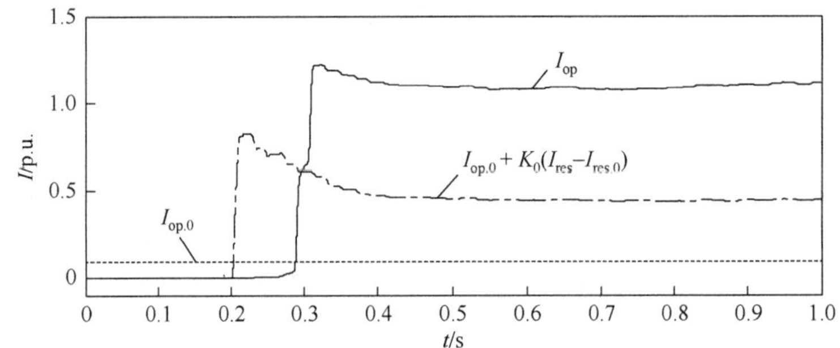

图 3.8 励磁涌流工况下 T_1 零序差动保护动作量和制动量幅值（算例 3.1）

值得注意的是，由图 3.6（b）可以清楚看到，中性线 CT 饱和主要引起 $3i_{s0}$ 和 $3i_{n0}$ 之间存在幅值差异，而两者波形在相位上仍然显示出较高的相似性，这与区内非对称接地故障时的情况非常不同。

3.2 恢复性涌流工况下换流变零序差动保护误动分析

除 3.1 节分析的空载合闸励磁涌流可能导致 CT 饱和，从而引起换流变零序差动保护误动的情况外，外部故障切除所产生的恢复性涌流对零序差动保护也会产生类似影响。

对于直流换流站而言，故障切除恢复性涌流导致零序差动保护的误动后果可能是极其严重的，因为它可能会导致双极并列运行的四台换流变同时退出运行，从而引发直流系统双极停运。

如图 3.1 所示，若换流变 T_4 区内金属性故障（故障点 f_2）正确地被其对应的保护切除，根据换流变主保护的出口逻辑，T_3、T_4 换流变应被同时切除，导致其对应的直流极停运。此时，直流工程转入单极运行状态，系统输送功率及稳定性将受到一定的影响，但依然可以维持正常运行。

但是，如果上述故障在被切除前引起母线电压深度降低，那么当故障被切除后，母线电压将迅速恢复，有可能在换流变 T_1、T_2 内引起恢复性涌流，且 T_1 恢复性涌流的零序分量将从系统侧流过换流变 T_1 的中性线，可能引发中性线 CT 饱和，从而产生触发零序差动保护的虚假差流。一旦零序差动保护动作判据得到满足，那么仅依赖比例制动特性的零序差动保护无法对这种场景进行有效制动，这将导致零序差动保护同时切除 T_1、T_2 两台换流变。由于 T_1～T_4 在很短的时间内几乎被同时切除，保护的纵续误动将造成双极停运的灾难性后果。

3.2.1　恢复性涌流对零序电流的影响

仍然从单台变压器分析入手，利用 T 型等效电路对其进行暂态数学建模，如图 3.9 所示。图中：R_1 和 L_1 分别为变压器一次侧的等效电阻和电抗；R_2 和 L_2 分别为归算后的变压器二次侧的等效电阻和电抗；R_m 和 L_m 分别为励磁支路的励磁电阻和励磁电抗；u 为变压器电源端电压，$u = U_m \sin(\omega t + \alpha)$；$i_1$、$i_2$ 和 i_m 分别为变压器一次侧电流、二次侧电流和励磁支路电流。

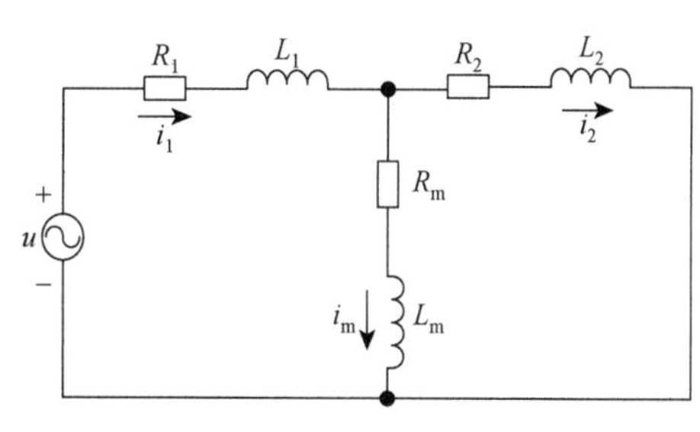

图 3.9　变压器的暂态数学模型

该暂态数学模型满足微分方程

$$
\begin{cases}
u = R_1 i_1 + L_1 \dfrac{\mathrm{d}i_1}{\mathrm{d}t} + u_e \\
u_e = R_2 i_2 + L_2 \dfrac{\mathrm{d}i_2}{\mathrm{d}t} \\
u_e = \dfrac{\mathrm{d}\psi}{\mathrm{d}t} \\
i_1 = i_2 + i_m
\end{cases}
\tag{3.7}
$$

式中：u_e 为励磁支路电势；ψ 为变压器铁芯磁链[4]。

由于变压器绕组阻抗相对于二次侧负载阻抗数值非常小，在工程实践中，可以认为变压器正常运行时其励磁支路电势近似等于电源电势，即 $u_e \approx u$，变压器铁芯磁链可通过式（3.7）计算得到，即

$$\psi(t) \approx -\psi_m \cos(\omega t + \alpha) \tag{3.8}$$

式中：$\psi_m = U_m / \omega$ 为变压器正常运行时铁芯磁链的幅值。

在 $t = 0$ 时刻发生变压器区外故障，变压器二次侧回路参数发生变化。故障期间可忽略 i_m，认为 $i_1 = i_2$，且受到故障电压的影响，同母线的其余变压器的端电压将下降。定义故障的严重系数为γ，它表示故障前后母线稳态电压的比值，即

$$\gamma = \frac{u(0^+)}{u(0^-)} \tag{3.9}$$

则有 $u_e \approx \gamma u$，在变压器发生区外故障时，铁芯磁链应维持不变，因此根据式（3.7）可计算得到故障期间变压器铁芯磁链的表达式为

$$\psi(t) \approx -\gamma\psi_m \cos(\omega t + \alpha) - \psi_m (1-\gamma)\cos\alpha \tag{3.10}$$

进一步假设 $t = \tau$ 时刻外部故障被切除，变压器二次回路参数再次突变。此时电压恢复，则又可认为 $u_e \approx u$。同时，外部故障切除时刻，变压器铁芯磁链仍应维持不变，不考虑磁链衰减，通过式（3.7）可以得到外部故障切除后变压器铁芯磁链的表达式为

$$\psi(t) \approx -\psi_m \cos(\omega t + \alpha) - \psi_m (1-\gamma)\cos\alpha + \psi_m (1-\gamma)\cos(\omega\tau + \alpha) \tag{3.11}$$

由式（3.11）可知，外部故障切除后正常运行的变压器磁链包括由励磁电势产生的周期性磁链和由故障及其切除导致的非周期性磁链两个部分，磁链的大小与故障严重程度γ、故障切除时刻 τ 和故障发生时刻电源相角 α 有关。

图 3.10 为图 3.1 中换流变 T_4 发生区内三相故障且被切除前后，换流变 T_1 的三相磁链变化

情况。可以看到，三相磁链受到不同切除角的影响，均产生不同程度的饱和现象。结合变压器铁芯的磁化特性，可以判断该过程中将产生涌流现象。图 3.11 所示为该外部故障发生和切除后换流变 T_1 三相励磁电流波形。可以看到，T_1 产生三相恢复性涌流，且三相涌流程度有明显差异，B 相恢复性涌流最为显著，幅值较大偏向时间轴一侧，随之合成的零序电流将主要呈现与 B 相涌流相似的特征。

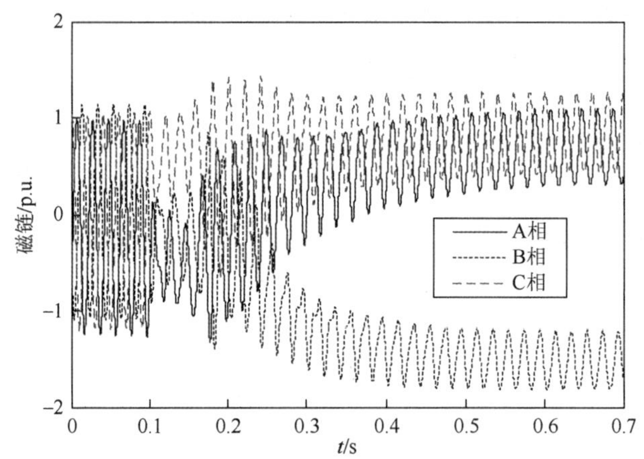

图 3.10　外部故障发生和切除换流变三相磁链

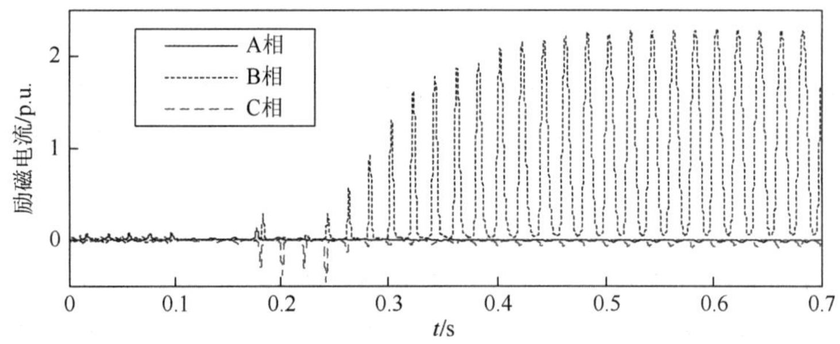

图 3.11　外部故障切除后换流变三相励磁电流

与 3.1 节所分析的空载合闸励磁涌流工况下的情况类似，显著不对称的三相恢复性涌流将合成幅值较大且偏向时间轴一侧的零序电流，其剩磁的累积效应会导致换流变中性线 CT 铁芯的磁链逐渐向某一个方向偏置，最终发生单向饱和，产生传变误差，这有可能放大灵敏度较高而没有配置二次谐波制动的零序差动保护的误动风险。

3.2.2　恢复性涌流对中性线 CT 传变特性的影响及零序差动保护误动分析

本小节对恢复性涌流对换流变中性线 CT 传变特性的影响及引发零序差动保护误动现象进行仿真分析，仍以图 3.1 中换流变 T_1 为研究对象。

算例 3.2　设置 $t = 0.2$ s 时发生区外三相短路故障（图 3.1 中同母换流变 T_4 出口 f_2 处），故障于 $t = 0.22$ s 时刻被切除。

换流变 T_1 中性线 CT 一、二次侧电流及 CT 磁感应强度变化分别如图 3.12 和图 3.13 所示，换流变 T_1 的零序电流如图 3.14 所示。可以看到，与前面分析的空载合闸工况类似，外部故障切除后 T_1 中同样出现了幅值可观的零序电流，中性线 CT 在 $t = 0.65$ s 左右开始发生偏置型饱和，导致其二次侧电流波形畸变，形成虚假差动电流 i_d，如图 3.15 所示。进一步分析零序差动保护动作量和制动量幅值变化，如图 3.16 所示。可以看到：制动量幅值在外部故障发生和切除后的一段时间内较高，能可靠制动保护；但随着外部故障切除后恢复性零序涌流导致中性线 CT 发生饱和，在 $t = 0.68$ s 后，虚假差动电流幅值增大，导致动作量超过制动量，若不附加制动措施，零序差动保护将会误动。

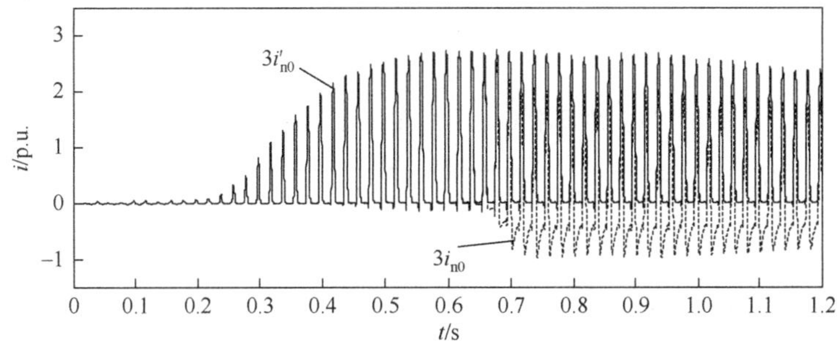

图 3.12　恢复性涌流工况下 T_1 中性线 CT 一、二次侧零序电流（算例 3.2）

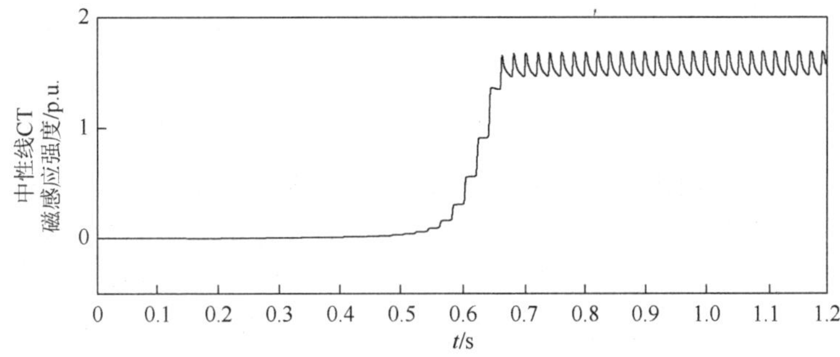

图 3.13　恢复性涌流工况下 T_1 中性线 CT 磁感应强度（算例 3.2）

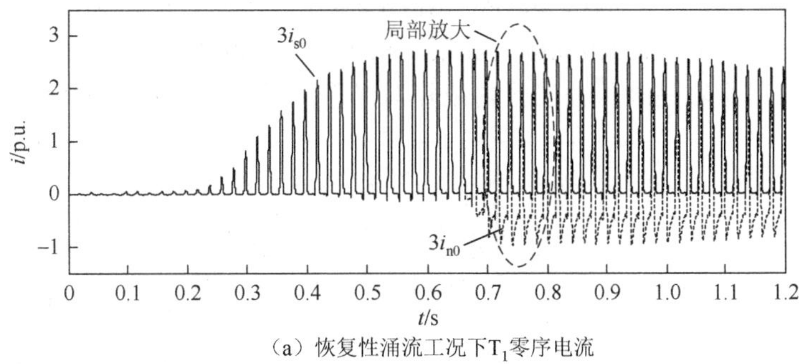

（a）恢复性涌流工况下 T_1 零序电流

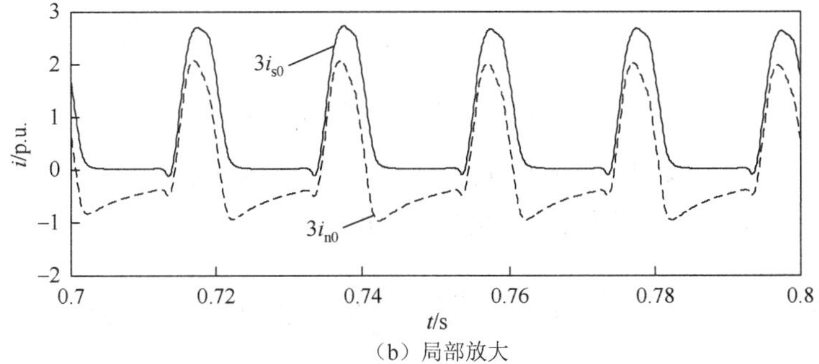

（b）局部放大

图 3.14　恢复性涌流工况下 T_1 的零序电流（算例 3.2）

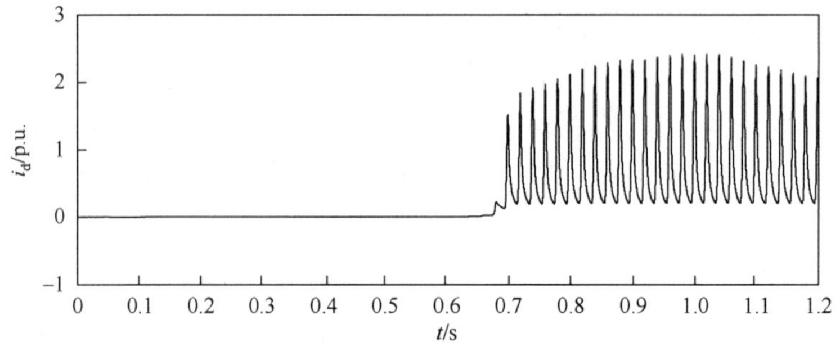

图 3.15 恢复性涌流工况下 T_1 的零序差动电流（算例 3.2）

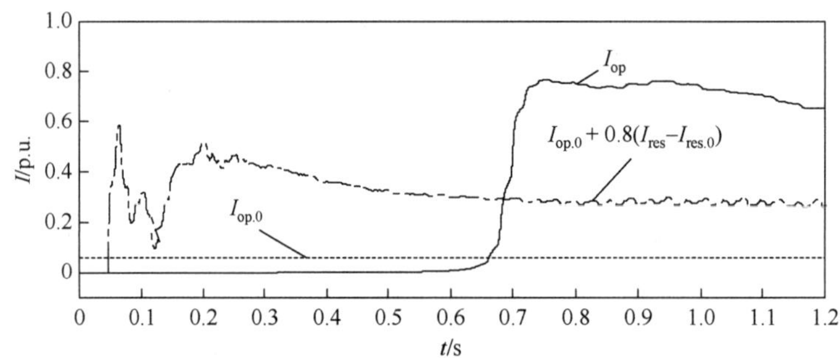

图 3.16 恢复性涌流工况下 T_1 零序差动保护动作量和制动量幅值（算例 3.2）

同样值得注意的是，从图 3.14（b）可以清楚看到，$3i_{s0}$ 与 $3i_{n0}$ 之间的差异主要体现在幅值上，而两者波形的相位仍然较为一致，这与区内非对称接地故障时的情况非常不同。

通过上述对励磁涌流和恢复性涌流工况下，零序电流特征及其对换流变中性线 CT 传变特性的影响进行分析可知，虽然因中性线 CT 饱和导致自产零序电流与中性线零序电流之间存在显著幅值差异，从而产生较大虚假差动电流，但从整体特征考虑，两电流仍接近同相位，波形仍具备较高相似度。而对于一般内部故障（算例 3.3），如图 3.17 中给出的内部故障情况下零序电流波形所示，$3i_{s0}$ 与 $3i_{n0}$ 的相位接近反相，相角差在 180°左右，相似度极低。利用上述波形相似度特征，可以很容易地区分出区内故障与涌流工况造成的 CT 饱和情况。

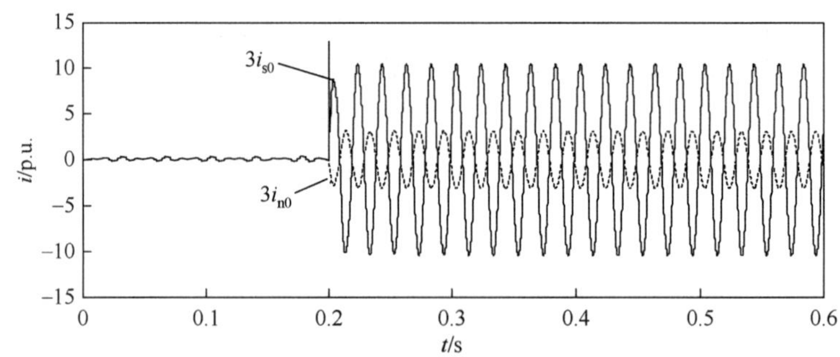

图 3.17 内部 A 相接地故障工况下 $3i_{s0}$ 与 $3i_{n0}$（算例 3.3）

算例 3.3 设置 $t = 0.2$ s 时，换流变 T_1 发生区内 A 相接地故障（图 3.1 中故障点 f_1），过渡电阻为 5 Ω，换流变 T_1 的零序电流波形如图 3.17 所示。

3.3 基于标准动态时间弯曲距离的换流变零序差动保护辅助判据

能够进行波形相似度计算的方法较多，如传统的欧几里得距离算法、皮尔逊（Pearson）

相关系数法和余弦距离算法等，这些算法只能够实现数据同步匹配，即数据点“一对一”匹配，对时间序列数据的异常点敏感，度量质量容易受其影响。第 2 章采用豪斯多夫距离算法构造了换流变大差保护判据，对差动电流与标准正弦波进行波形相似度判断，以识别涌流和故障情况，得到了很好的效果。也可将豪斯多夫距离算法用于构造换流变零序差动保护判据，来应对上述涌流工况造成的零序差动保护误动的问题，具体构造方式与换流变大差保护判据相似，不赘述。本章引入另一种波形相似度计算方法——动态时间弯曲（dynamic time warping，DTW）距离算法，来实现对换流变故障和异常工况的准确辨识，以提升换流变零序差动保护的可靠性。

DTW 距离算法是一种准确率高、鲁棒性强的时间序列相似性度量方法[5-8]。与传统欧几里得距离等相似度算法不同的是，DTW 距离可以通过弯曲时间序列的时域对时间序列的数据点进行匹配，即数据点“一对多”匹配，通过在累积矩阵中得到一条最优路径，更容易躲过数据异常点，DTW 对时间序列振幅变化、相位偏移、数据异常点等时间序列普遍存在的问题有很强的健壮性。不仅如此，它还对不同采样频率具有一定的耐受性。

3.3.1　动态时间弯曲距离方法

用两时间序列 $P=\{p_1,p_2,\cdots,p_m,\cdots,p_M\}$ 和 $Q=\{q_1,q_2,\cdots,q_n,\cdots,q_N\}$ 分别表征两个电流波形的采样点集合，其中 M 和 N 分别为两序列长度，即两序列中所含元素的个数。计算两者相似度较为直观的方法是，依次对两序列中元素进行比较并将它们的差值绝对值相加，如欧几里得距离算法。若相加求出的和较大，则表明两个序列相似度较低；反之，则表明两个序列相似度较高。但是，该类方法存在较明显的不足，即当两个序列具有相同幅值而仅仅存在有限的相位差异时，如图 3.18 所示，这类方法的计算结果会放大两个序列的差异性而得出两者相似度较低的结果，而实际上这两个序列应具有较高相似度。

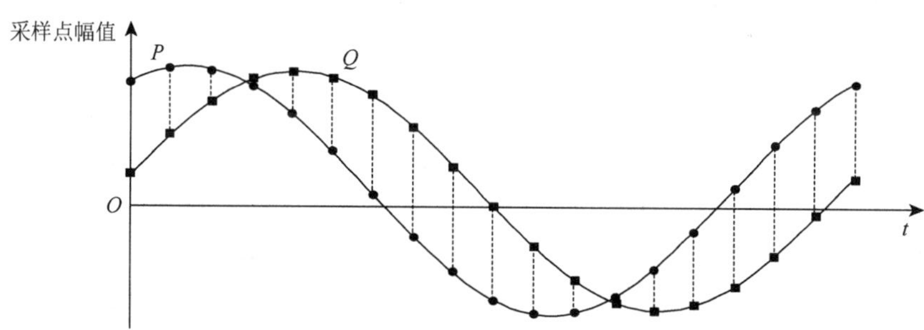

图 3.18　欧几里得距离算法比较时间序列 P 和 Q

为了克服上述不足，DTW 距离方法首先确定两个时间序列元素之间的映射关系，并满足一定的要求来保留它们的时间序列特征。然后，与前面所述直观方法类似，通过计算映射元素之间的差值之和来评价两个时间序列的相似性。

DTW 距离方法将映射和评估过程阐述为一个优化问题。构造一个 $M \times N$ 矩阵来收集两个序列中任意两个元素对之间的差异，该矩阵表示为

$$\boldsymbol{C}=\begin{bmatrix} c_{1,1} & c_{1,2} & \cdots & c_{1,N} \\ c_{2,1} & c_{2,2} & \cdots & c_{2,N} \\ \vdots & \vdots & & \vdots \\ c_{M,1} & c_{M,2} & \cdots & c_{M,N} \end{bmatrix} \tag{3.12}$$

式中：元素 $c_{m,n}$ 等于 P 中元素 p_m 与 Q 中元素 q_n 之间差值的绝对值，即 $c_{m,n}=|p_m-q_n|$。

将 DTW 的有效映射表示为

$$W=\{(m_1,n_1),(m_2,n_2),\cdots,(m_k,n_k),\cdots,(m_K,n_K)\}$$

式中：(m_k,n_k) 为第 k 个映射对，它包含 P 中元素 p_{m_k} 和 Q 中元素 q_{n_k}，两者之间的差值用 $d(m_k,n_k)$ 表示，且其值等于 $|p_{m_k}-q_{n_k}|$，即矩阵 C 中的元素 c_{m_k,n_k}；K 为有效映射中所含映射对的总数量。

DTW 的有效映射需满足以下约束条件。

（1）边界条件：$(m_1,n_1)=(1,1)$，$(m_K,n_K)=(M,N)$；

（2）有界性：$\max\{M,N\}\leqslant K\leqslant M+N-1$；

（3）单调性和连续性：$0\leqslant m_k-m_{k-1}\leqslant 1$，$0\leqslant n_k-n_{k-1}\leqslant 1$，$\forall k\in\{2,3,\cdots,K\}$。

由满足上述约束条件的有效映射组成的集合为 $\widehat{W}$，DTW 距离方法就是在 $\widehat{W}$ 中找到一个有效映射使得 $\sum_{k=1}^{K}d(m_k,n_k)$ 最小，来最终表征两个时间序列的相似度，可以表示为优化问题

$$D(P,Q)=\min_{W\in\widehat{W}}\sum_{k=1}^{K}d(m_k,n_k) \tag{3.13}$$

该问题可以通过动态规划法进行有效求解。进一步对其作归一化处理，可得标准 DTW 距离

$$ND(P,Q)=\frac{D(P,Q)}{\sum_{m=1}^{M}|p_m|+\sum_{n=1}^{N}|q_n|} \tag{3.14}$$

事实上，ND 的大小即可表征波形的相似性，ND 值较高，表示两个被比较的波形相似性较低。

3.3.2 基于标准动态时间弯曲距离的辅助判据整定

在一个数据窗内分别提取 $3i_{s0}$ 和 $3i_{n0}$（经 CT 传变后的二次值），得到两个采样值序列，为消除幅值的影响，对这两个序列进行标幺化处理后，分别赋给上述 DTW 距离方法中的时间序列 P 和 Q，再用式（3.14）计算出 $3i_{s0}$ 和 $3i_{n0}$ 的标准 DTW 距离值 ND，随着数据窗的推移即可得到一组 ND 值序列，通过设置合适的门槛值即可对故障状况进行识别。由于空载合闸励磁涌流和外部故障切除恢复性涌流工况下，中性线 CT 饱和可能造成波形在局部区域发生畸变，若数据窗选取过小，则可能导致两电流波形局部的差异被异常放大，形成误判，因此，选取工频周期 20 ms 作为数据窗的长度。

下面对几种不同工况下的 ND 计算值进行讨论。考虑到工程实际智能变电站的运行情况，电流量的采样频率一般在 2 kHz 以上，以及不同采样频率对 DTW 距离计算值的影响，这里分别给出采样频率为 2 kHz 和 10 kHz 时各工况下根据 1 周波电流采样数据计算出的 ND 值，如图 3.19 所示。

结合图 3.19，对该辅助判据在 2 kHz 和 10 kHz 采样频率下的性能进行如下说明。

（1）零序差动保护区内发生故障时，两电流相位差接近 180°，波形相似度极小，2 kHz 和 10 kHz 采样率下两电流序列的 ND 计算值分别为 0.45 和 0.50，如图 3.19（a）所示。

（2）若为区内故障伴随中性线侧 CT 发生饱和，则波形会发生畸变，但两电流波形在 1 周波内不相似度变化较小，此时 2 kHz 和 10 kHz 采样率下的 ND 计算值分别为 0.39 和 0.44，如图 3.19（b）所示。

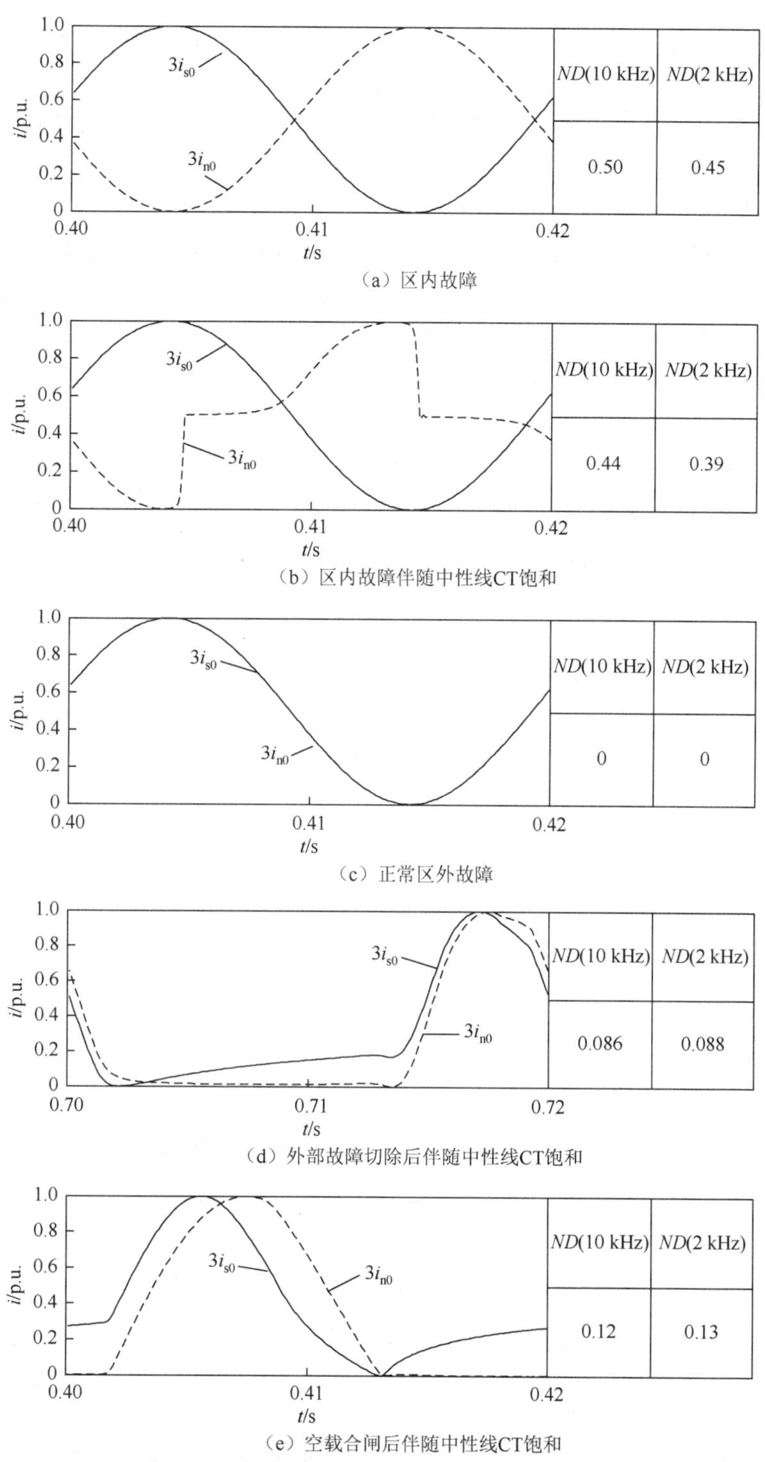

（a）区内故障

（b）区内故障伴随中性线CT饱和

（c）正常区外故障

（d）外部故障切除后伴随中性线CT饱和

（e）空载合闸后伴随中性线CT饱和

图 3.19　各类工况下零序电流波形和 *ND* 值

（3）正常区外故障时，如图 3.19（c）所示，两电流波形基本一致，两种采样频率下的 *ND* 计算值均为 0。

（4）外部故障切除后恢复性涌流导致 CT 饱和及空载合闸后励磁涌流导致 CT 饱和工况

下，两电流波形相似度较大，此时对应于 2 kHz 和 10 kHz 采样频率的 ND 计算值最大值分别为 0.088、0.086 和 0.13、0.12，如图 3.19（d）和（e）所示。

同时，可以看到，同一工况下不同采样频率的 ND 计算值接近，且采样频率越高，计算值越准确。

经大量仿真验证（后面将结合算例对其进行说明）：区内故障及区内故障伴随中性线测 CT 饱和工况下，ND 计算值基本在 0.3 以上；而在外部故障切除后伴随 CT 饱和及空载合闸后伴随 CT 饱和工况下，ND 计算值基本在 0.2 以下。考虑到工程实际需要及各种工况下 CT 传变特性不一致，保留一定裕度以提升判据的安全性，一个建议的门槛值设定为 $ND_{set} = 0.25$。因此，换流变零序差动保护的辅助判据为

$$ND > ND_{set} \tag{3.15}$$

综上所述，当零序差动保护动作方程（1.2）满足时，同时对式（3.15）的辅助判据进行判断：若满足，则判为区内故障，开放保护，使其动作；反之，则判为非故障情况，闭锁保护。

3.3.3 判据的仿真验证

除对算例 3.1、算例 3.2 和算例 3.3 进行仿真验证外，本小节还将增加换流变励磁涌流伴随中性线 CT 饱和、恢复性涌流伴随中性线 CT 饱和和外部故障期间伴随中性线 CT 严重饱和、区内故障及区内故障伴随中性线 CT 饱和，以及换流变绕组匝间接地故障等算例进一步验证所提辅助判据的有效性，并对接地故障情况下辅助判据带过渡电阻能力进行分析。

1. 励磁涌流伴随中性线 CT 饱和工况

对算例 3.1 中所提空载合闸励磁涌流工况下零序差动保护误动场景进行验证。根据 $3i_{s0}$ 和 $3i_{n0}$ 计算出的 ND 值变化曲线如图 3.20 所示。

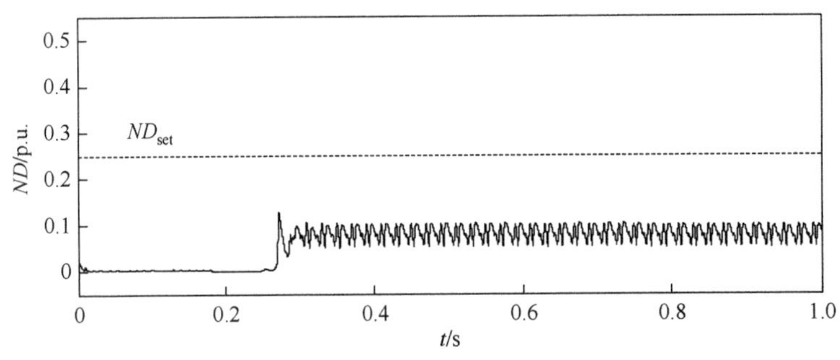

图 3.20 空载合闸励磁涌流工况下的 ND 值

可以看到，算例 3.1 中辅助判据计算的 ND 最大值为合闸初期时的 0.13，远未达到 0.25 的门槛值。因此，辅助判据能够在励磁涌流伴随中性线 CT 饱和工况下可靠闭锁零序差动保护，防止保护误动。

考虑到 CT 饱和的严重程度可能会对辅助判据 ND 值造成影响，应验证更严苛的情况。

算例 3.4 换流变空载合闸，中性线 CT 发生较为严重饱和，即中性线 CT 在 1/4 周波内就发生饱和，换流变 T_1 的零序电流波形如图 3.21 所示。

可以看到，$3i_{n0}$ 出现严重畸变。由图 3.22 所示辅助判据计算的 ND 值曲线可以看出，ND 最大值为 0.2，仍未达到 0.25 的门槛值。因此，辅助判据能够在该工况下可靠闭锁零序差动保护，防止其误动。

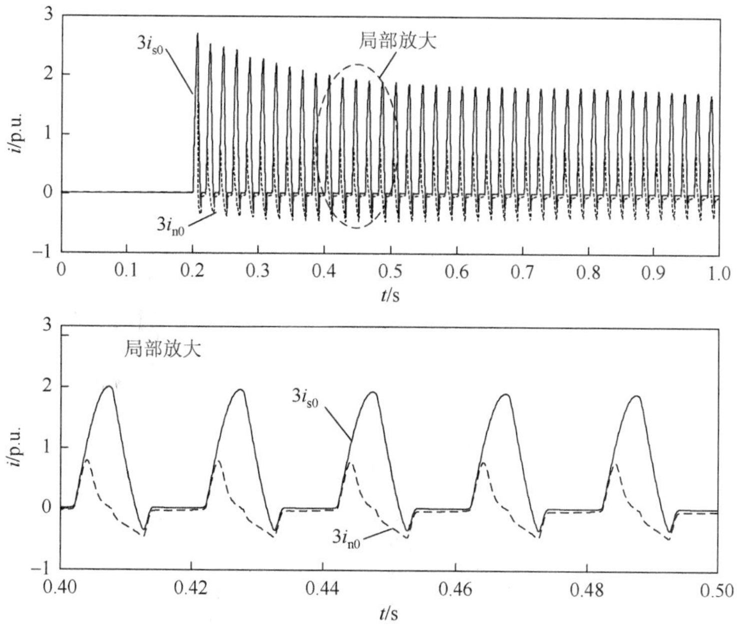

图 3.21　空载合闸伴随中性线 CT 严重饱和工况下的 $3i_{s0}$ 和 $3i_{n0}$（算例 3.4）

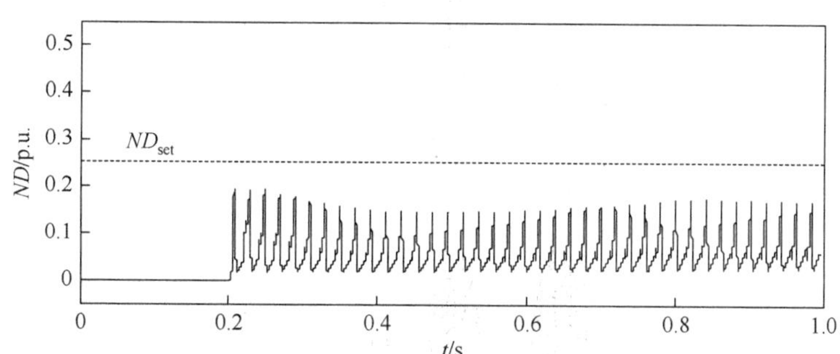

图 3.22　空载合闸伴随中性线 CT 严重饱和工况下的 *ND* 值（算例 3.4）

2. 恢复性涌流伴随中性线 CT 饱和工况

与励磁涌流工况下验证类似，对前面外部故障切除恢复性涌流造成零序差动保护误动的算例 3.2 进行验证，根据算例 3.2 中 $3i_{s0}$ 和 $3i_{n0}$ 计算出的 *ND* 值变化曲线如图 3.23 所示。

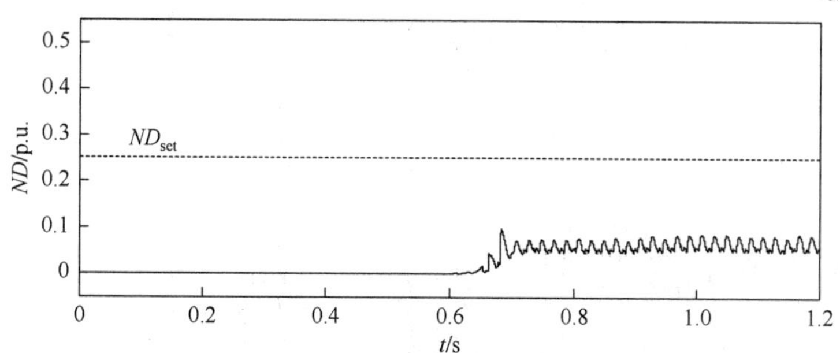

图 3.23　外部故障切除恢复性涌流工况下的 *ND* 值

可以看到，当系统正常运行时，辅助判据计算出的 *ND* 值接近于 0；而外部故障被切除后，经过一段时间，因中性线 CT 饱和出现虚假差动电流，*ND* 值会有所上升，但最大值为 0.12，远未达到 0.25 的门槛值。因此，基于标准 DTW 距离的辅助判据能有效识别换流变经历外部故障切除恢复性涌流可能导致的零序差动保护误动工况，保护被可靠闭锁。

同样地，进一步对外部故障切除恢复性涌流伴随中性线 CT 严重饱和的算例进行验证。

算例 3.5 换流变经历外部故障发生和切除，恢复性涌流阶段中性线 CT 发生较为严重饱和。该工况下零序电流和辅助判据 *ND* 值计算结果如图 3.24 和图 3.25 所示。

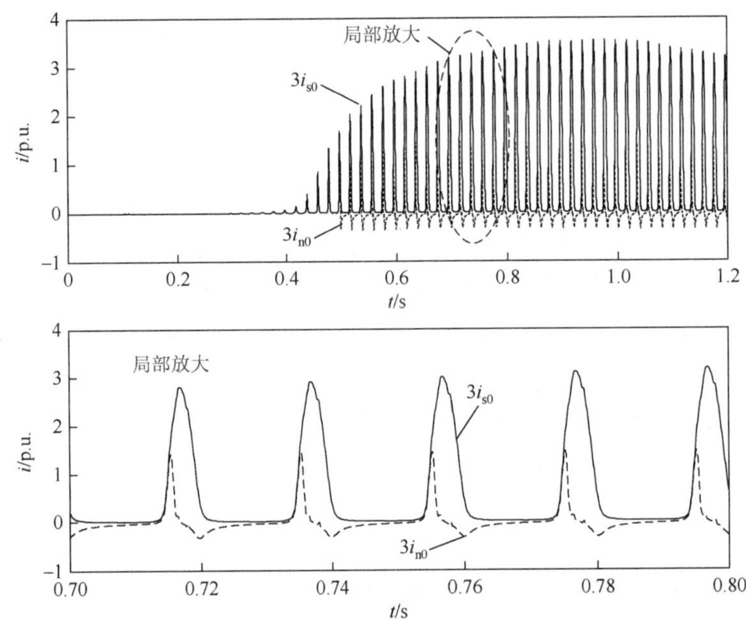

图 3.24 外部故障切除后恢复性涌流伴随中性线 CT 严重饱和工况下的 $3i_{s0}$ 和 $3i_{n0}$（算例 3.5）

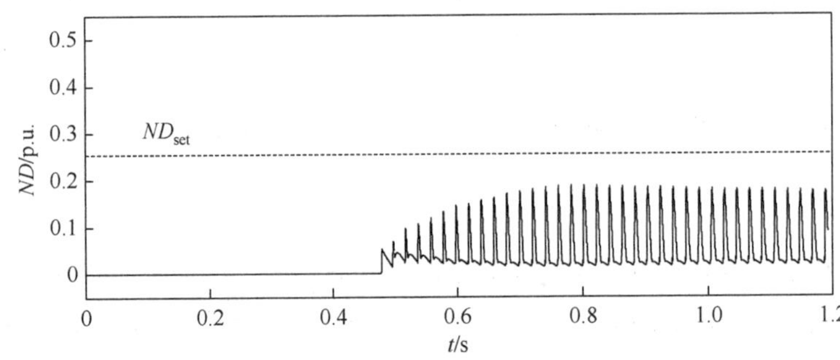

图 3.25 外部故障切除后恢复性涌流伴随中性线 CT 严重饱和工况下的 *ND* 值（算例 3.5）

可以看到，中性线 CT 在 1/4 周波内发生饱和，$3i_{n0}$ 出现严重畸变。由图 3.25 可知，辅助判据 *ND* 的计算值虽有所上升，但最大值为 0.19，仍未达到 0.25 的门槛值，零序差动保护被可靠闭锁。

3. 外部故障期间伴随中性线 CT 严重饱和工况

在换流变经历外部故障期间，也有可能因 CT 饱和引入较大虚假零序差动电流而造成零序差动保护误动。

算例 3.6 设置 $t = 0.2$ s 时，发生区外 A 相接地故障（故障位置为图 3.1 中 T_4 交流侧），故障期间伴随中性线 CT 严重饱和，故障一直未被切除。换流变 T_1 零序电流波形如图 3.26 所示。

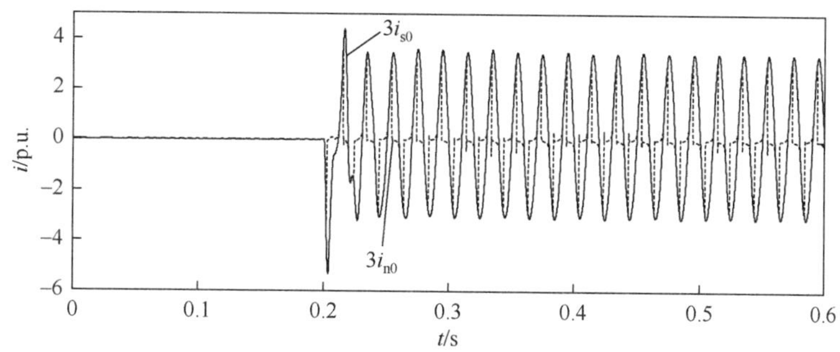

图 3.26　区外 A 相接地故障伴随中性线 CT 严重饱和工况下的 $3i_{s0}$ 和 $3i_{n0}$（算例 3.6）

可以看到，发生区外故障后，中性线 CT 发生严重饱和，$3i_{n0}$ 出现严重削边现象。对算例 3.6 中零序差动保护动作量和制动量幅值进行分析，如图 3.27 所示。可以看到，在 0.2 s 后，动作量升高至制动量之上，若不加附加闭锁措施，零序差动保护将会误动。此时，采用前面所提辅助判据进行判别，其 *ND* 值计算结果如图 3.28 所示。可以看到，该工况下 *ND* 值最大为 0.2，未达到 0.25 的门槛值，零序差动保护能够被可靠闭锁。

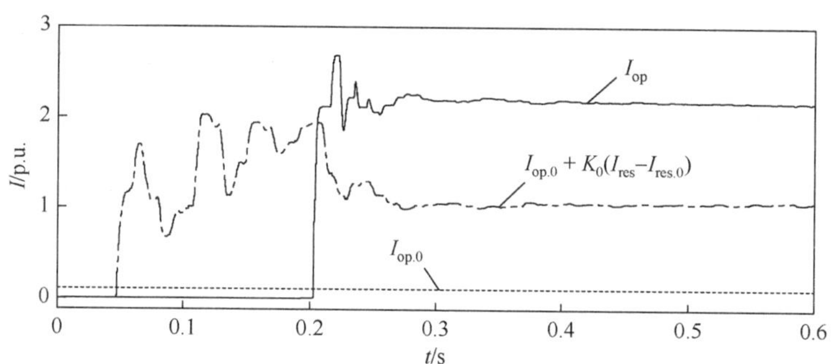

图 3.27　区外 A 相接地故障伴随中性线 CT 严重饱和工况下 T_1 零序差动保护动作量和制动量幅值（算例 3.6）

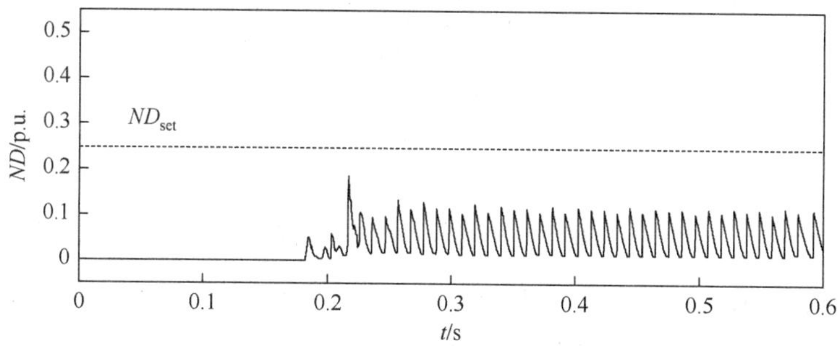

图 3.28　区外 A 相接地故障伴随中性线 CT 严重饱和工况下的 *ND* 值（算例 3.6）

4. 区内故障及区内故障伴随中性线 CT 饱和工况

对算例 3.3 中典型区内故障工况零序差动保护和所提辅助判据的动作情况进行验证。该工况下零序差动保护动作量和制动量幅值分析如图 3.29 所示。

可以看到：故障发生后，I_{op} 迅速升高并远远超过了保护启动值 $I_{op.0}$，保护正常启动；随后动作量幅值升高至制动量幅值以上，即 $I_{op} \geqslant I_{op.0}+K_0(I_{res}-I_{res.0})$满足。此时，需要用所提辅助判据进行判别，算例 3.3 中 *ND* 值计算结果如图 3.30 所示。可以看到，故障后 1 周波内判据计算 *ND* 值便上升至 0.46 以上，$ND > ND_{set}$ 满足，因此，允许零序差动保护出口跳闸。

进一步对换流变经历区内故障且伴随中性线 CT 饱和的工况进行算例验证。

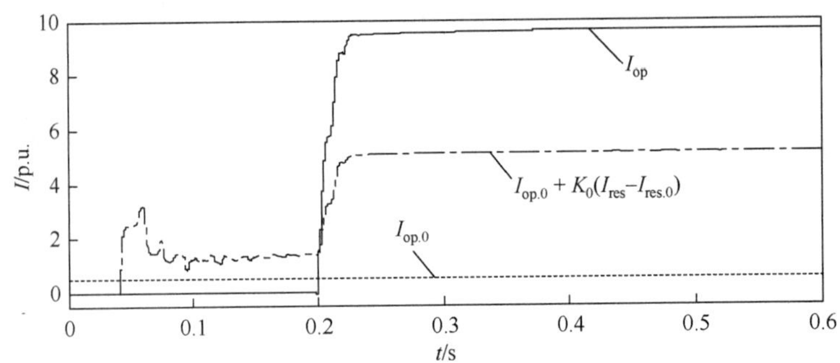

图 3.29 区内 A 相接地故障时保护动作量和制动量幅值

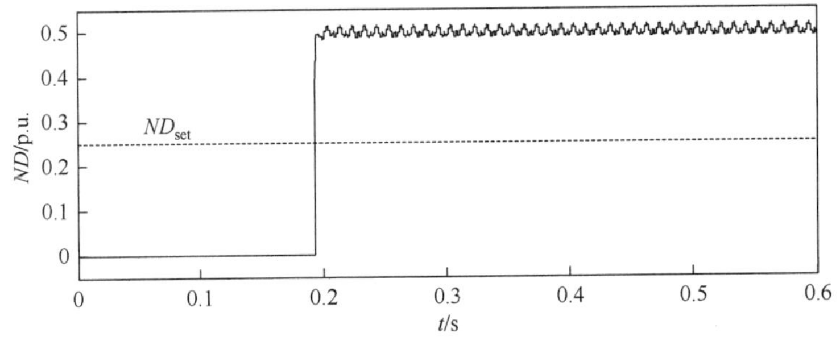

图 3.30 区内 A 相接地故障下的 *ND* 值

算例 3.7 设置 $t=0.2$ s 时，发生区内 A 相单相接地故障（故障点为图 3.1 中 f_1），过渡电阻 5 Ω，中性线 CT 发生饱和。换流变 T_1 零序差动保护两侧零序电流如图 3.31 所示。

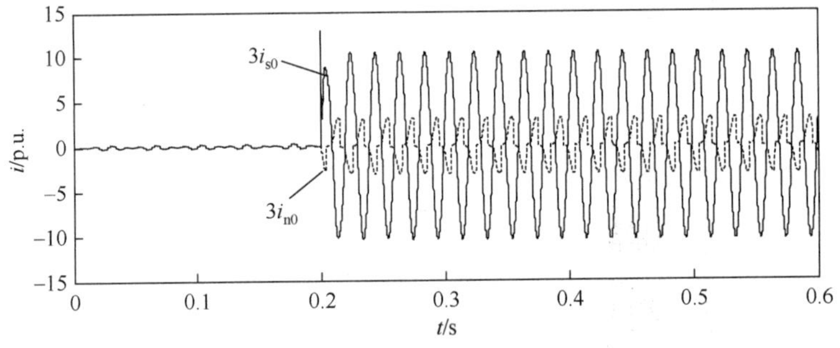

图 3.31 区内 A 相接地故障伴随中性线 CT 饱和工况下的 $3i_{s0}$ 和 $3i_{n0}$（算例 3.7）

可以看到，$3i_{n0}$ 出现畸变，而 $3i_{n0}$ 与 $3i_{s0}$ 的相位仍基本相反，维持低相似性。同样地，对辅助判据 *ND* 值进行计算，结果如图 3.32 所示。可以看到，故障后 1 周波内 *ND* 值上升至 0.44 以上，越过了 0.25 的门槛值，开放保护，使其能迅速正确动作。

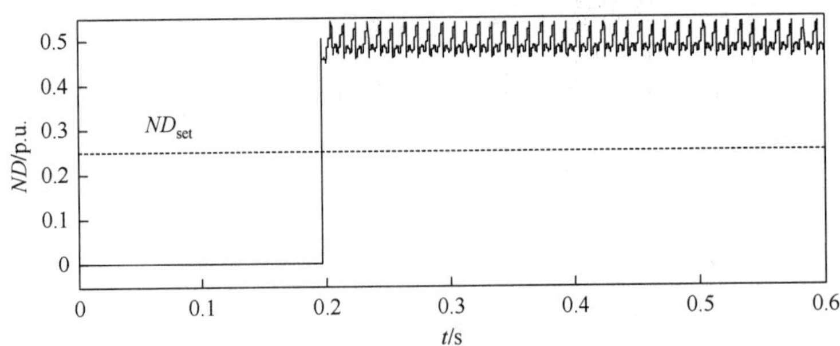

图 3.32 区内 A 相接地故障伴随中线 CT 饱和工况下的 *ND* 值（算例 3.7）

考虑更严苛的情况，即区内故障伴随中性线 CT 发生较为严重饱和。

算例 3.8　发生区内 A 相单相接地故障（故障点为图 3.1 中 f_1），中性线 CT 在小于 1/4 周波内发生饱和。该工况下换流变 T_1 零序电流波形和辅助判据 ND 值计算结果分别如图 3.33 和图 3.34 所示。

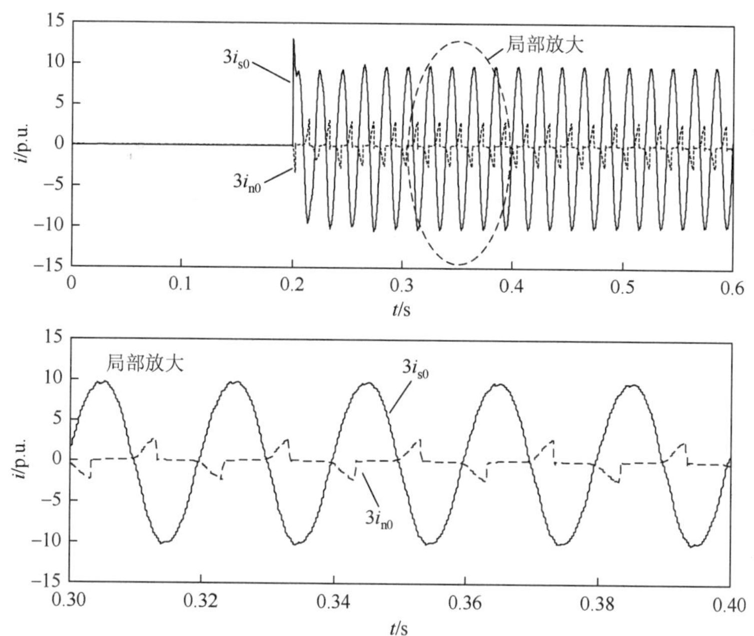

图 3.33　区内 A 相接地故障伴随中性线 CT 严重饱和工况下的 $3i_{s0}$ 和 $3i_{n0}$（算例 3.8）

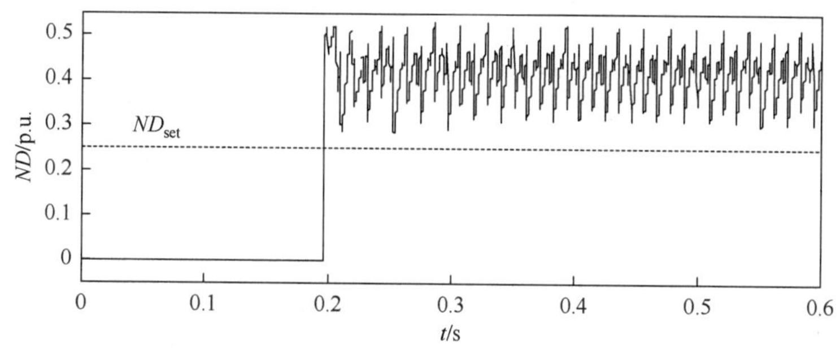

图 3.34　区内 A 相接地故障伴随中线 CT 严重饱和工况下的 ND 值（算例 3.8）

可以看到，虽然故障发生后，辅助判据的 ND 计算值因 $3i_{n0}$ 波形畸变而有所波动，但一直维持在 0.25 的门槛值之上，且在故障初期，1 周波内其值便已经上升至 0.48，使得零序差动保护能够快速正确动作。

绕组匝间接地故障也是大型变压器常见故障之一。对于该类故障，线匝进线端接地即 100%接地短路，等同于单相接地故障；线匝末端接地即 0%接地短路，等同于中性线接地。下面对换流变绕组 50%匝间接地故障下，所提辅助判据的性能做进一步的验证。

算例 3.9　设置 $t = 0.2$ s 时，换流变 T_1 一次侧 A 相发生 50%绕组接地故障，过渡电阻 5 Ω，零序差动保护两侧零序电流如图 3.35 所示。

可以看到，匝间故障发生前，受系统强度及换流器的影响，正常情况下，已经出现较小的零序电流，但由于零序差动保护动作量 I_{op} 难以达到启动值，保护不会被触发。故障发生后，零序电流迅速增大。图 3.36 给出了辅助判据 ND 值计算结果。可以看到，故障后 1 周波内

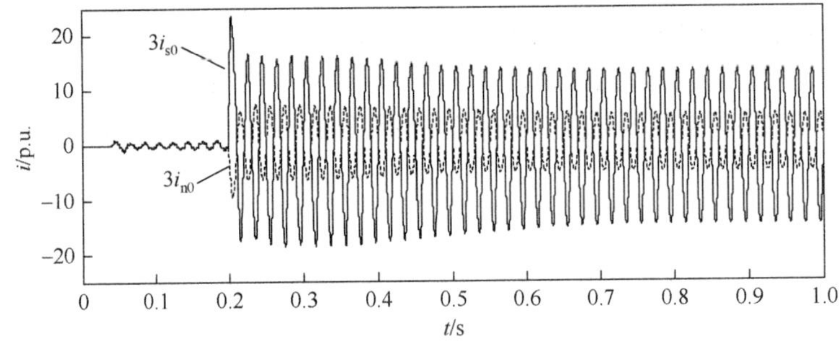

图 3.35 换流变 T_1 一次侧 A 相绕组 50%接地故障工况下的 $3i_{s0}$ 和 $3i_{n0}$（算例 3.9）

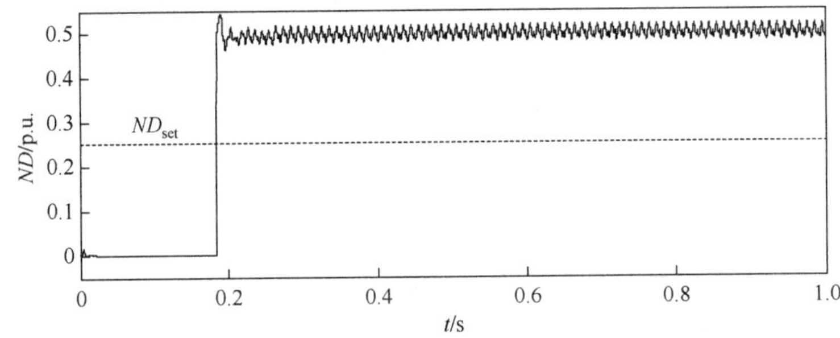

图 3.36 换流变 T_1 一次侧 A 相绕组 50%接地故障工况下的 *ND* 值（算例 3.9）

ND 值从 0 上升至 0.56，越过了 0.25 的门槛值，并随后稳定在门槛值之上。因此，该工况下所提辅助判据也能正确识别，快速开放保护。

5. 带过渡电阻能力分析

接地故障大多存在过渡电阻的影响，下面对换流变经不同过渡电阻值接地故障场景进行分析，结果如表 3.1 所示。可以看到，除当过渡电阻达到 600 Ω 以上时，由于 I_{op} 幅值太小而无法满足启动条件 $I_{op}>I_{op.0}$，零序差动保护不会被启动以外，在经不同过渡电阻接地故障下，包括伴随中性线 CT 饱和的情况，零序差动保护都能够正确动作。而这些算例下，辅助判据的 *ND* 计算值都满足 $ND>ND_{set}$，这意味着辅助判据不会误闭锁零序差动保护，保留了保护原有带过渡电阻能力。

表 3.1 区内经不同过渡电阻值接地故障辅助判据判别仿真结果

算例	故障类型	过渡电阻/Ω	中性线 CT 是否饱和	故障后第 1 周波 *ND* 值	I_{op}/p.u.	是否跳闸保护
3.10	A-G	100	否	0.51	3.78	是
3.11	A-G	200	否	0.52	2.00	是
3.12	A-G	300	否	0.43	1.04	是
3.13	A-G	400	否	0.51	0.45	是
3.14	A-G	500	否	0.48	0.12	是
3.15	A-G	600	否	0.51	0.09	否
3.16	BC-G	5	否	0.52	11.75	是
3.17	BC-G	5	是	0.45	9.50	是
3.18	BC-G	100	否	0.50	4.06	是
3.19	BC-G	200	否	0.48	2.24	是
3.20	BC-G	300	否	0.52	1.12	是
3.21	BC-G	400	否	0.52	0.55	是
3.22	BC-G	500	否	0.49	0.18	是
3.23	BC-G	650	否	0.48	0.09	否

3.3.4　现场录波数据验证

本小节将应用现场录波数据对所提辅助判据进行进一步验证。录波数据来自某±500 kV HVDC 工程，其双极直流额定输送功率为 3 000 MW，额定电流为 3 000 A，其中 Y/Y 换流变和 Y/△换流变的额定容量均为 892.8 MVA，额定电压分别为 $(535/\sqrt{3})/(210.4/\sqrt{3})$ kV 和 $(535/\sqrt{3})/(210.4)$ kV，换流变额定电流为 963.5 A，CT 变比为 4 000∶1，换流变空载合闸启动后三相电流及中性线电流录波如图 3.37 所示。可以看到，网侧（三相进线侧）A 相电流呈现较为明显的励磁涌流特征，B、C 两相涌流较小，基本为 0，中性线电流呈现特征与 A 相电流特征基本一致（但方向与 A 相电流相反，这是因为现场录取电流正方向与第 1 章介绍零序差动保护时规定正方向相反）。

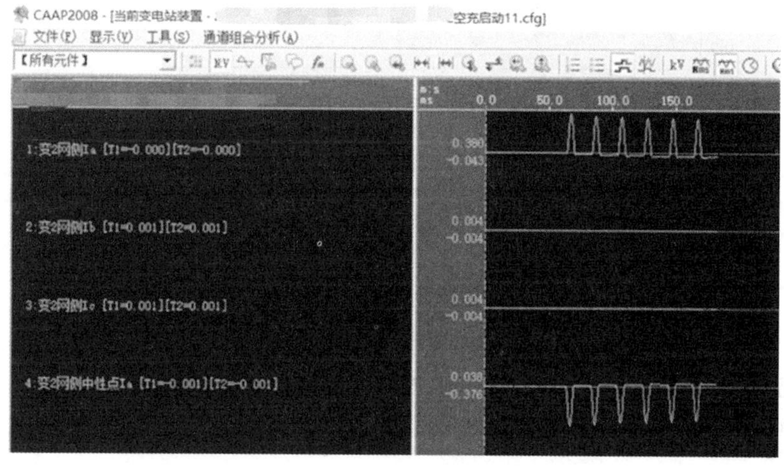

图 3.37　某换流变空充三相电流及中性线电流原始录波

将上述三相录波电流进行相加便可得到自产零序电流 $3i_{s0}$，将中性线电流方向调整为与第 1 章介绍零序差动保护电流正方向一致，则可得到 $3i_{n0}$。这样，该组现场录波的换流变空载合闸三相电流及零序电流波形分别如图 3.38 和图 3.39 所示。可以看到，$3i_{s0}$ 与 $3i_{n0}$ 基本一致，零序差动保护的动作量难以达到保护启动值，保护不会启动。采用该录波数据计算辅助判据的 *ND* 值，如图 3.40 所示。可以看到，*ND* 值始终维持低值，稳定在 0.25 的门槛值之下，能够可靠闭锁零序差动保护。

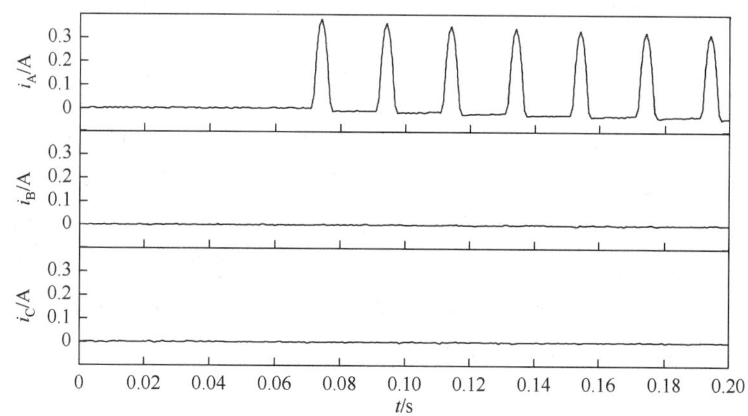

图 3.38　某换流变空载合闸三相电流波形

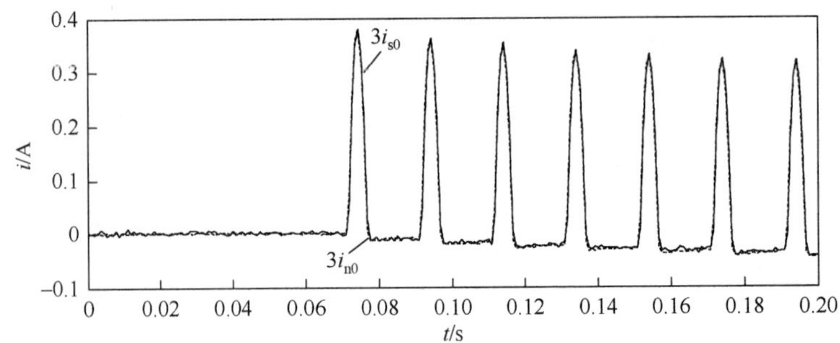

图 3.39 某换流变空载合闸工况下的 $3i_{s0}$ 和 $3i_{n0}$

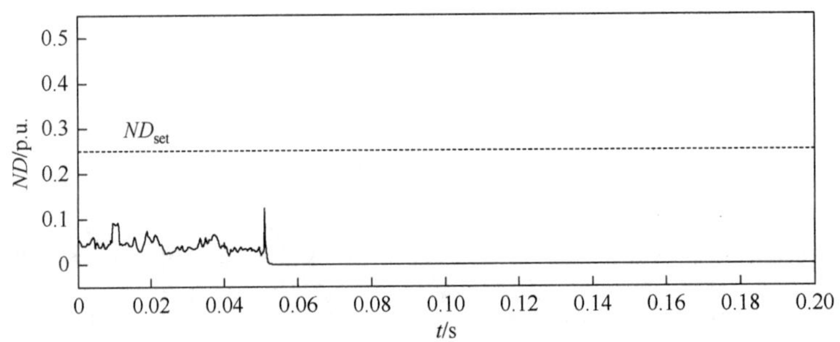

图 3.40 某换流变空载合闸工况下的 ND 值

为了进一步验证中性线 CT 饱和可能导致的零序差动保护误动的风险，将该录波中的中性线零序电流数据作为输入源，经 PSCAD/EMTDC 中卢卡斯 CT 饱和模型传变，可得到如图 3.41 所示 $3i_{s0}$ 和 $3i_{n0}$ 波形。与图 3.6 对比可以看到，录波波形特征与算例 3.1 仿真波形特征相吻合。

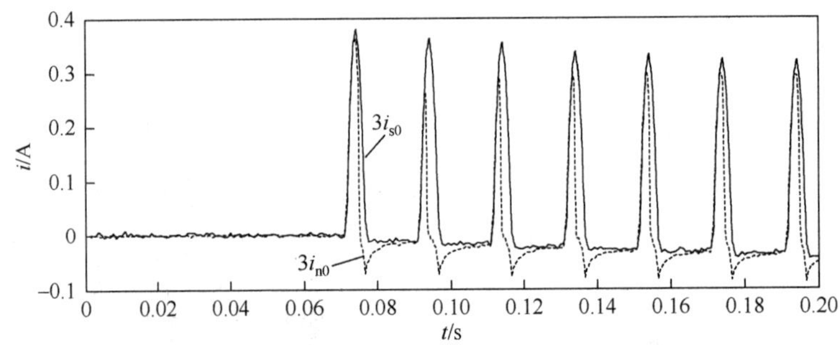

图 3.41 励磁涌流录波数据结合中性线 CT 饱和情况下的 $3i_{s0}$ 和 $3i_{n0}$

由于中性线 CT 发生饱和，在合闸后 $3i_{n0}$ 发生畸变，尤其是在 0.08～0.1 s，畸变最为严重，此后中性线 CT 饱和程度逐渐减弱。$3i_{n0}$ 波形的畸变将在零序差动保护中引入较大的虚假零序差动电流，如图 3.42 所示。进一步分析零序差动保护的差动量和制动量幅值，如图 3.43 所示。可以看到，约在 0.09 s 后，差动量幅值升高至制动量幅值以上，若不附加闭锁措施，传统零序差动保护将会误动。采用前面所提辅助判据进行判别，其 ND 值计算结果如图 3.44 所示。可以看到，整个录波阶段，ND 值最大为 0.13，未达到 0.25 的门槛值，因此，辅助判据能够可靠闭锁零序差动保护，防止其误动作。

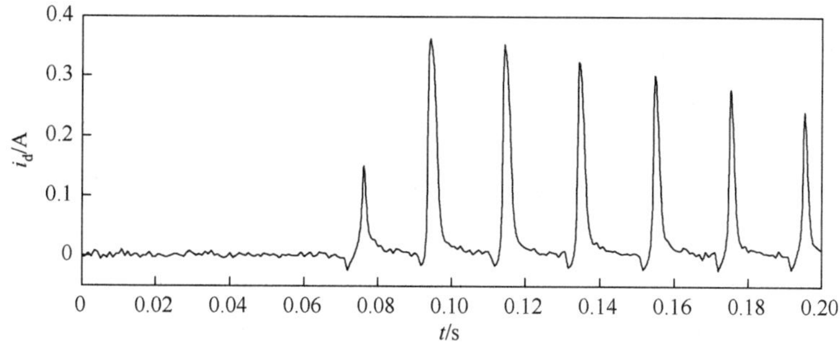

图 3.42　励磁涌流录波数据结合中性线 CT 饱和情况下的零序差动电流

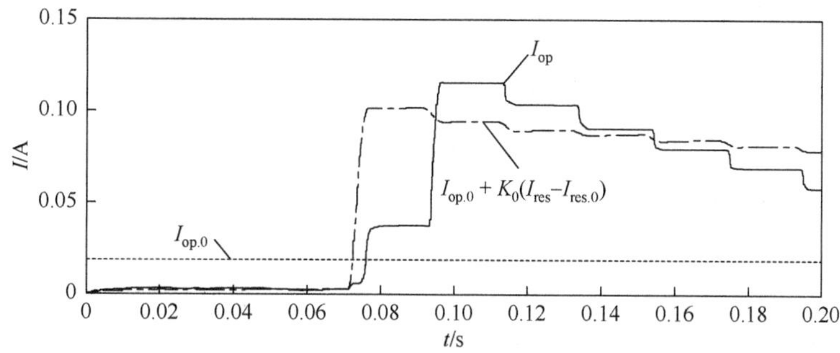

图 3.43　励磁涌流录波数据结合中性线 CT 饱和情况下的零序差动保护动作量和制动量幅值

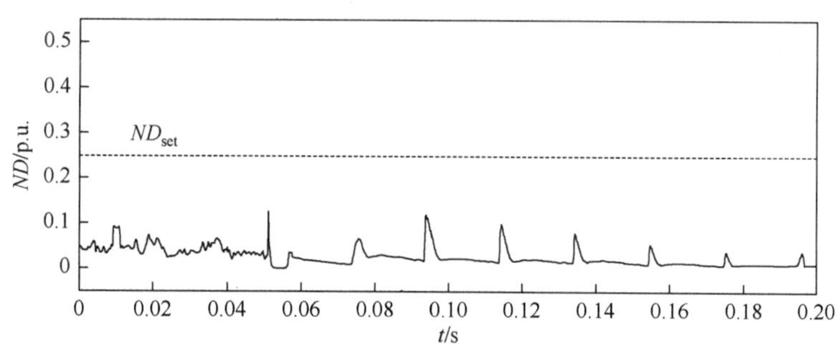

图 3.44　励磁涌流录波数据结合中性线 CT 饱和情况下的 *ND* 值

3.4　特殊工况下换流变零序差动保护误动风险及对策

HVDC 工程单极-大地运行时产生的入地电流和地磁风暴引起的地磁感应电流（geomagnetic induced current，GIC），有可能在中性点接地的换流变绕组中产生直流电流，这种直流偏磁电流幅值可达 100 A 以上[9-11]。除此之外，大量现场数据表明，在高压电网中，85%的短路故障是单相接地故障，其中高阻接地故障占单相接地故障总数的 5%～10%，其过渡电阻可达上千欧[12, 13]。目前，高阻接地故障主要依靠阶段式零序过电流保护来识别，该保护电流定值的整定原则为躲开本线路的对地电容电流，且需要与其他线路定值相互配合，故其动作电流的定值较大，当发生高阻接地故障时，由于故障特征量较小，不易被保护识别并切除[14]。如果交流系统高阻接地故障未被零序过流保护识别，那么整个电力网络中存在微弱的零序电流无法被切除，而直流工程单极-大地运行或地磁风暴可能持续较长时间。这两种工况的交互影响，可能导致换流变中性线 CT 传变特性劣化，对换流变零序差动保护造成不利影响。

3.4.1 特殊工况场景及其对 CT 传变特性的影响

1. 特殊工况场景分析

某换流站换流变及邻近线路配置的零序过流保护参数如表 3.2 所示。表中：整定值均为 CT 二次侧电流值。

表 3.2 某换流站零序过流保护定值

	定值名称	整定值	整定说明
换流变	星变零序过流一段定值	0.15 A	零序 CT 变比为 2 000∶1
	星变零序过流一段时间	6 s	—
	星变零序过流二段定值	0.15 A	零序 CT 变比为 2 000∶1
	星变零序过流二段时间	6 s	—
换流变附近某线路	零序过流二段定值	20 A	不用
	零序过流二段时间	10 s	不用
	零序过流三段定值	0.08 A	零序 CT 变比为 2 000∶1
	零序过流三段时间	3 s	—

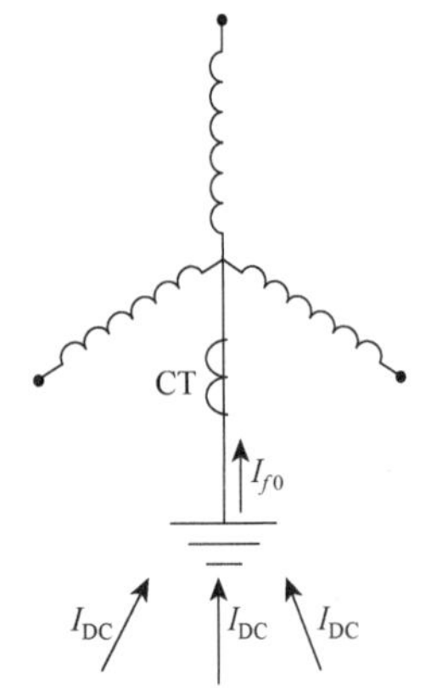

图 3.45 换流变中性线注入电流

由表 3.2 可知，换流变零序过流保护的最低动作值为 300 A（折算到一次侧），而高阻接地故障电流大小一般为 10～200 A。显然，该故障不易被换流变零序过流保护识别。当 HVDC 工程采用单极-大地运行方式进行电能传输或发生地磁风暴时，上百安的直流电流将流经中性点接地的换流变。

如图 3.45 所示，直流偏磁电流（I_{DC}）和高阻接地故障产生的零序电流（I_{f0}）同时流经换流变中性线，经中性线 CT 传变，CT 在长时间的非周期分量的作用下，磁通不断累积，将最终导致 CT 渐进性偏置饱和。

2. 特殊工况下中性线零序 CT 饱和分析

CT 的等效电路如图 3.46 所示，i_μ、i_1'' 和 i_2 分别为其折算到二次侧的励磁支路电流、一次电流和二次电流，为突出考虑 CT 饱和对传变特性的影响，该等效电路中，CT 的励磁支路仅以一个电感 L_μ 表示，二次负载以纯电阻 R_2（包括 CT 的二次漏阻）表示，即不考虑其漏抗和励磁支路的等值损耗电阻。不计其电抗部分，CT 的饱和表现为 L_μ 大幅度减小的非线性特性。

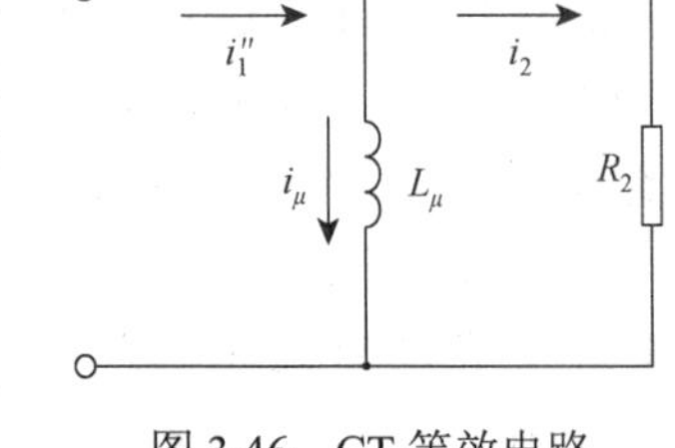

图 3.46 CT 等效电路

假设系统发生高阻接地故障，若电源电压 $u_s(t)=U_m\sin(\omega t+\alpha)$（$\alpha$ 为故障发生初始相位），流过中性线 CT 一次侧的故障电流可表示为

$$i_1 = I_{DC} + I_{f0}[-\cos(\omega t+\alpha) + e^{-t/T_1}\cos\alpha] \tag{3.16}$$

式中：I_{DC} 为变压器中性线上的直流偏磁电流幅值；I_{f0} 为无偏磁时高阻故障电流稳态峰值；T_1 为系统的一次时间常数[15]。短路电流全偏移（$\alpha=0$）情况下，i_1 可表示为

$$i_1 = I_{DC} + I_{f0}(-\cos\omega t + e^{-t/T_1}) \tag{3.17}$$

设 CT 的额定变比为 $K = N_2/N_1$（N_1 和 N_2 分别为 CT 一次侧和二次侧绕组匝数），则折算到二次侧的一次电流为

$$i_1'' = \frac{I_{DC} + I_{f0}(-\cos\omega t + e^{-t/T_1})}{K} \tag{3.18}$$

如图 3.47 所示，i_1'' 没有负向波。假设在 CT 未饱和时，完全不计其励磁电流，即 $i_\mu = 0$，$i_1'' = i_2$，则由 $N_2\dfrac{d\phi}{dt} = i_1''R_2$ 可得

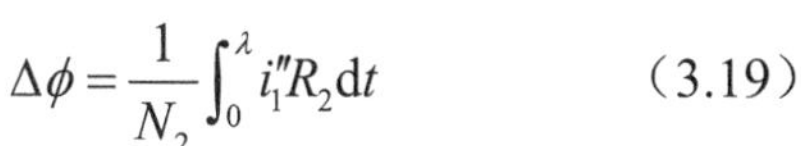

$$\Delta\phi = \frac{1}{N_2}\int_0^\lambda i_1''R_2 dt \tag{3.19}$$

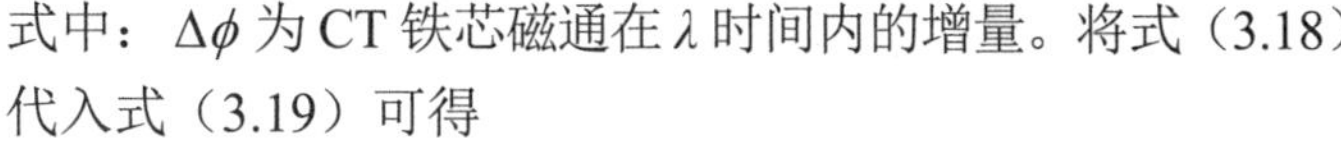

式中：$\Delta\phi$ 为 CT 铁芯磁通在 λ 时间内的增量。将式（3.18）代入式（3.19）可得

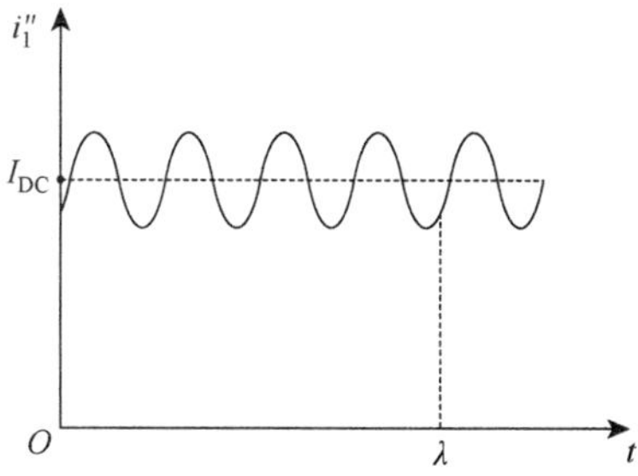

图 3.47　折算到 CT 二次侧的一次电流

$$\Delta\phi = \frac{R_2}{N_2K}\left[I_{DC}\lambda + I_{f0}\left(-\frac{\sin\omega\lambda}{\omega} - T_1e^{-\lambda/T_1}\right) + I_{f0}T_1\right] \tag{3.20}$$

设经过 λ 时间后，CT 铁芯磁通达到饱和磁通 ϕ_s，即

$$\phi_r + \Delta\phi = \phi_s \tag{3.21}$$

式中：ϕ_r 为 CT 铁芯剩磁。

结合式（3.20）和式（3.21），中性线 CT 磁通与起始饱和时间 λ 的关系式为

$$\phi_r + \frac{R_2}{N_2K}\left[I_{DC}\lambda + I_{f0}\left(-\frac{\sin\omega\lambda}{\omega} - T_1e^{-\lambda/T_1}\right) + I_{f0}T_1\right] = \phi_s \tag{3.22}$$

3.4.2　特殊工况导致换流变零序差动保护误动风险分析

式（3.22）为推导出的特殊工况下中性线 CT 磁通与起始饱和时间的关系式。本小节将对式（3.22）的正确性进行仿真验证，并对特殊工况导致零序差动保护误动情况进行分析。

1. 特殊工况下中性线 CT 起始饱和时间

CT 起始饱和时间是保护用 CT 的一个重要参数，为准确求取 CT 起始饱和时间，采用换流变中性线 CT 实际模型 LZZBW-35 进行分析，其变比为 2 000∶1，饱和磁通密度为 1.6 T，CT 铁芯横截面积为 6.5×10^{-3} m^2，二次负载电阻 $R_2 = 2.25\ \Omega$，即可得 $N_2 = 2\,000$，$K = 2\,000$，$\phi_s = 1.04\times10^{-2}$ WB。中高压系统的时间常数为 0.08～0.2 s，系统强度越高，系统一次时间常数越大，此处取 $T_1 = 0.12$ s。

假设剩余磁通密度为 1.0 T，即 $\phi_r = 0.65\times10^{-2}$ WB，$I_{f0} = 100$ A，$I_{DC} = 500$ A（为了缩短达到饱和所需的仿真时长，该值设定较大），将上述数据代入式（3.22），计算出 CT 起始饱和时间 $\lambda = 13.91$ s。

为验证推导公式的正确性，在图 3.1 所示模型的基础上进行局部修改，形成特殊工况下换流变中性线 CT 饱和场景仿真模型，如图 3.48 所示，CT 采用卢卡斯模型，其参数设置均与前述 LZZBW-35 一致。

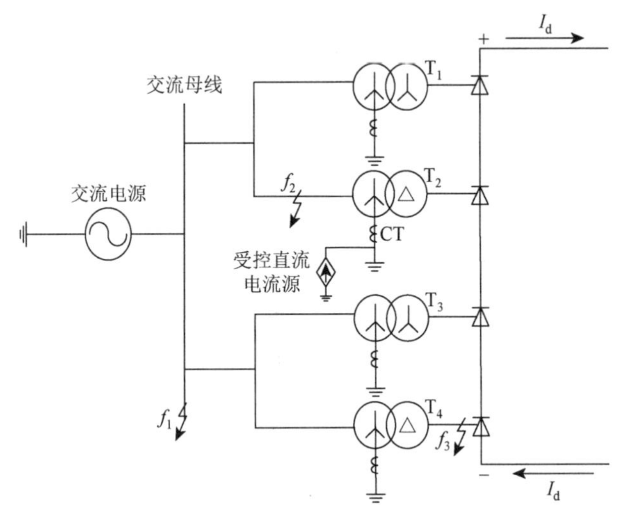

图 3.48 特殊工况下换流变 CT 饱和场景仿真模型

设定 $t=0.1$ s 时交流母线处发生 A 相经高阻接地故障（图 3.48 中 f_1），过渡电阻 250 Ω，故障一直未被切除，受控直流源的大小设为 500 A（0.5 p.u.），中性线 CT 一、二次侧电流变化如图 3.49 所示。图中：实线为 CT 一次侧电流 $3i'_{n0}$；虚线为 CT 二次侧电流 $3i_{n0}$。

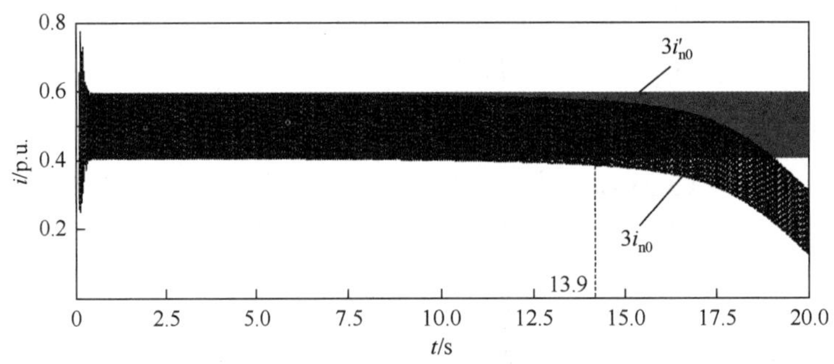

图 3.49 中性线 CT 一、二次侧电流变化

可以看到，CT 大约在 13.9 s 开始饱和，这与上述计算结果基本一致，验证了式（3.22）的正确性。

由前面分析可知，特殊工况中产生的零序电流和直流偏磁电流的幅值分别可达 200 A 和 100 A，两种电流将持续作用于换流变中性线 CT。因此，需要综合分析入侵 I_{f0}（50～200 A）和 I_{DC}（60～100 A）对 CT 起始饱和时间的影响。

在不考虑剩磁的情况下，即 $\phi_r=0$，将上述参数分别代入式（3.22）可确定 CT 起始饱和时间，计算结果如图 3.50 所示。

可以看到，I_{f0} 只起传变作用，其幅值大小基本不会影响 CT 起始饱和时间，而作为非周期分量的直流偏磁电流是影响 CT 饱和的主要因素。I_{f0} 一定的情况下，I_{DC} 越大，换流变中性线 CT 的起始饱和时间越短；当 I_{DC} 达到 100 A 时，$\lambda=185.52$ s。在该工况的持续过程中，CT 磁通缓慢累积，最终导致 CT 渐进性偏置饱和。这种情况下，与中性线 CT 有关的各类保护都会受到影响，而其中高灵敏度的零序差动保护受到的影响最大。

2. 零序差动保护误动仿真验证

以图 3.48 中换流变 T_2 为研究对象，对上述特殊工况下换流变零序差动保护动作性能进行

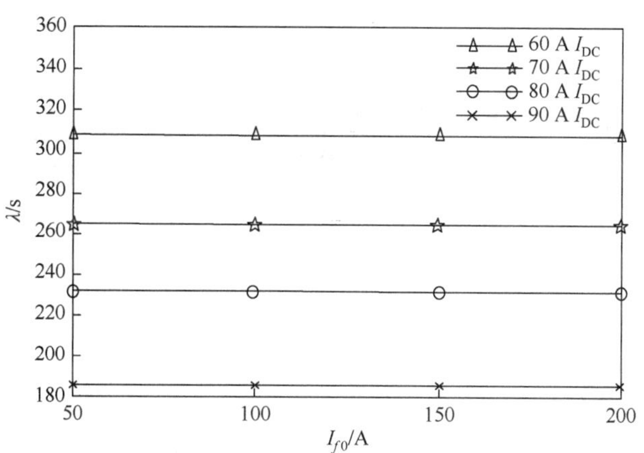

图 3.50 特殊工况下 CT 起始饱和时间

仿真分析。零序差动保护判据仍采用 1.1.3 小节介绍的零序差动保护动作方程之二，即式（1.2）。

设 $t=0.1$ s 时交流母线侧发生高阻接地故障（图 3.48 中故障位置 f_1），过渡电阻 250 Ω，故障一直持续，受控直流源设为 100 A（0.1 p.u.）。换流变中性线 CT 一、二次侧电流及 CT 磁感应强度变化如图 3.51 所示。图 3.51（a）中：实线为 CT 一次侧电流 $3i'_{n0}$；虚线为 CT 二次侧电流 $3i_{n0}$。经 CT 传变后的换流变零序电流波形如图 3.52 所示。图 3.52（a）中：实线为自产零序电流 $3i_{s0}$；虚线为中性线零序电流 $3i_{n0}$。中心线 CT 饱和前后波形局部放大分别如图 3.52（b）和（c）所示。

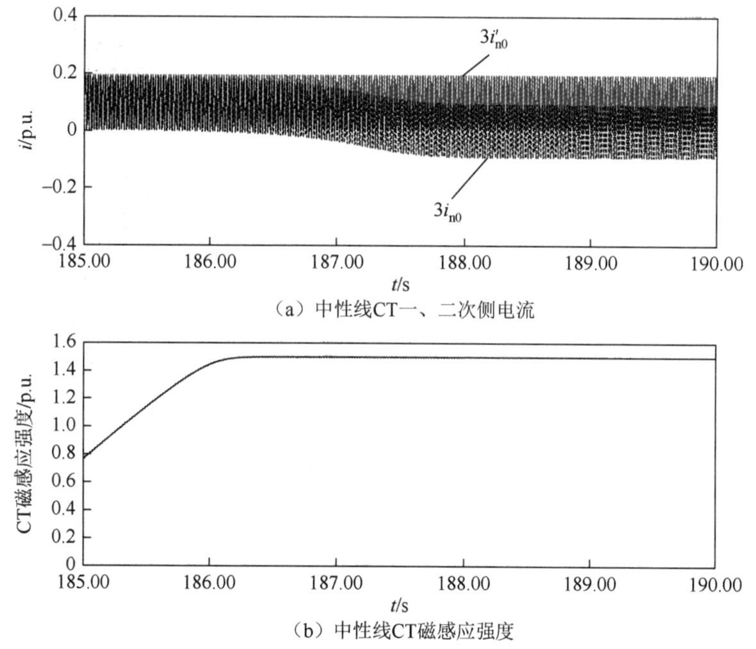

图 3.51 特殊工况下中性线 CT 一、二次侧电流及 CT 磁感应强度

由图 3.51 可以看到，在特殊工况持续过程中，换流变中性线 CT 在一次侧电流非周期分量长时间作用下（直流偏磁电流），大约在 186 s 到达饱和状态。由于 CT 一次侧电流中周期变化量幅值较小且一直存在（交流母线侧弱故障未切除），CT 工作在饱和点附近局部磁滞回环内，此时 CT 对于工频电流来说表现为励磁电感较小，二次侧电流波形 $3i_{n0}$ 基本是正弦，只是出现相位的偏移[16]，进一步造成 $3i_{n0}$ 与由三相进线 CT 正常传变后的三相电流合成的自产零序电流 $3i_{s0}$ 出现偏差，如图 3.52 所示。

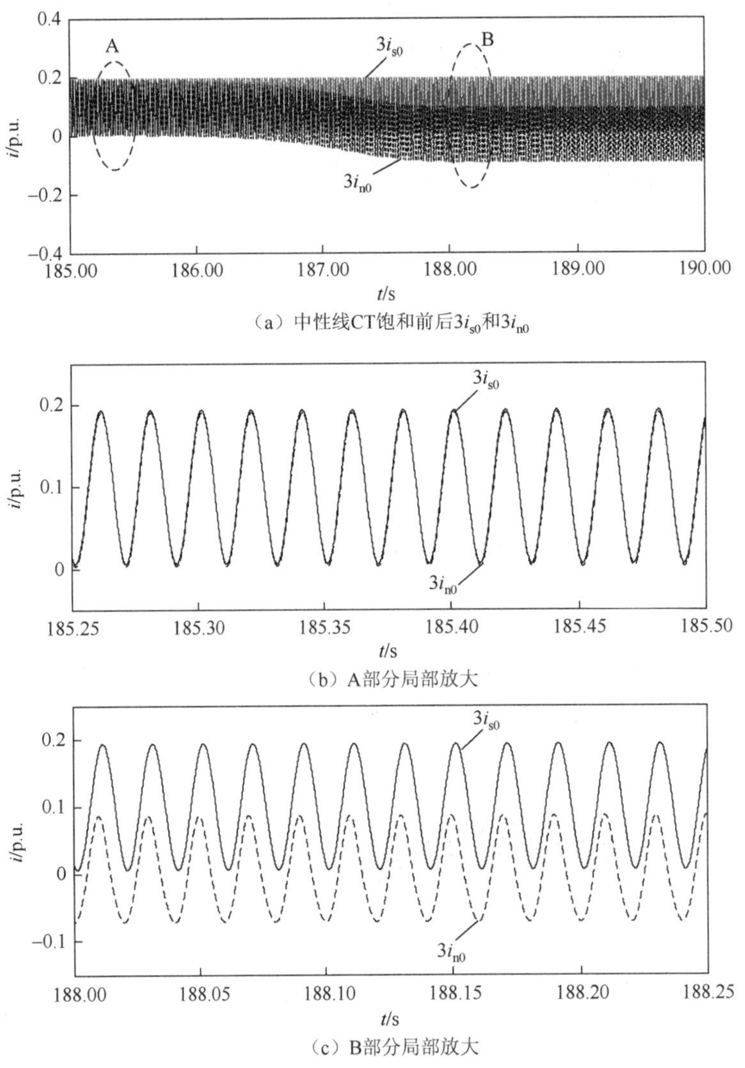

（a）中性线CT饱和前后$3i_{s0}$和$3i_{n0}$

（b）A部分局部放大

（c）B部分局部放大

图 3.52 特殊工况下 $3i_{s0}$ 和 $3i_{n0}$

中性线 CT 饱和导致 $3i_{n0}$ 出现相位偏移，这将在零序差动保护中引入较大的虚假零序差动电流 $i_d(i_d = 3i_{s0} - 3i_{n0})$，其波形如图 3.53 所示。分析零序差动保护的差动量和制动量幅值变化，结果如图 3.54 所示。可以看到，约 187.5 s 以后，差动量幅值升高至制动量幅值以上，若无有效闭锁方案，换流变零序差动保护将误动，对换流站乃至整个电力系统的稳定运行造成严重影响。

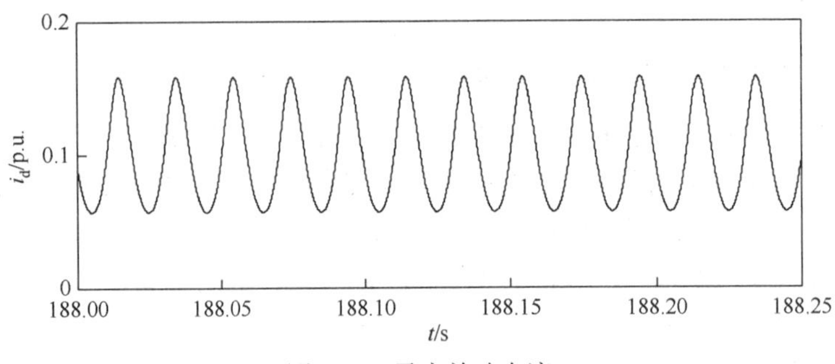

图 3.53 零序差动电流

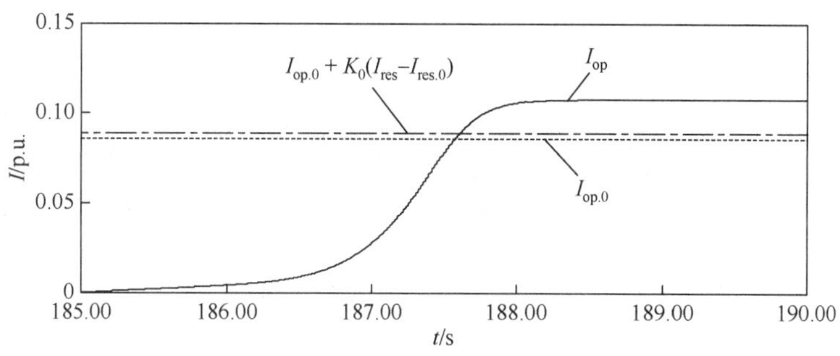

图 3.54　零序差动保护动作量和制动量幅值

为找到合适的防误动闭锁策略，需要对比分析上述特殊工况下及换流变其他故障工况下零序电流特征存在的差异性。图 3.55 分别给出了换流变 T_2 经历区外 A 相接地故障、上述特殊工况伴随中性线 CT 饱和，以及区内 A 相接地故障，包括经过渡电阻接地故障工况下，其 $3i_{s0}$ 和 $3i_{n0}$ 的波形，θ 表示 $3i_{s0}$ 与 $3i_{n0}$ 之间的相位差。

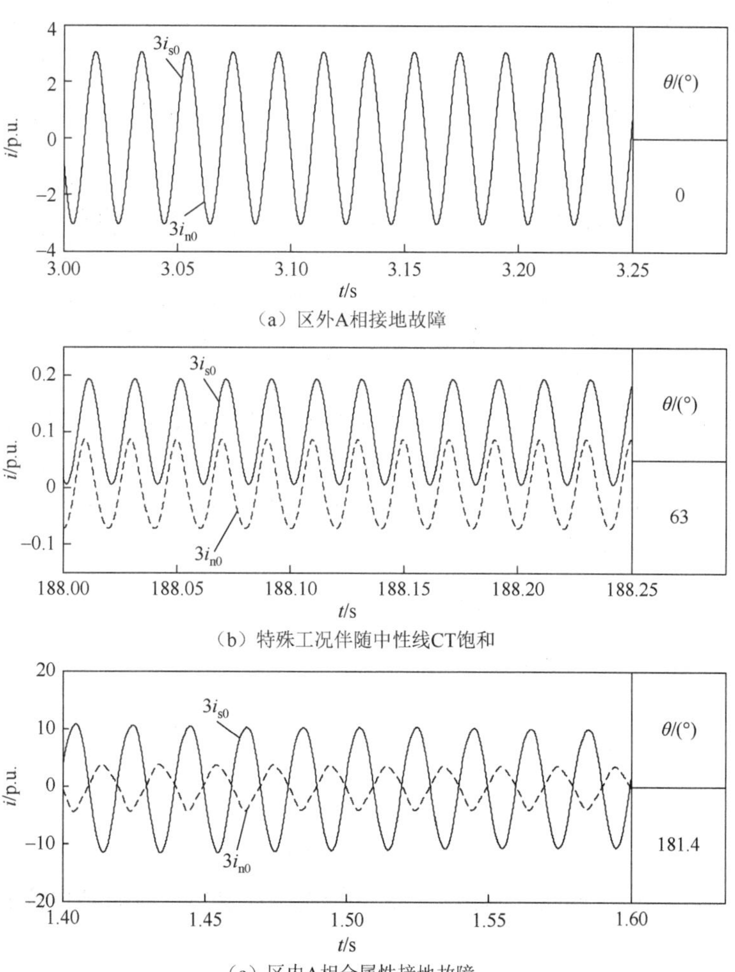

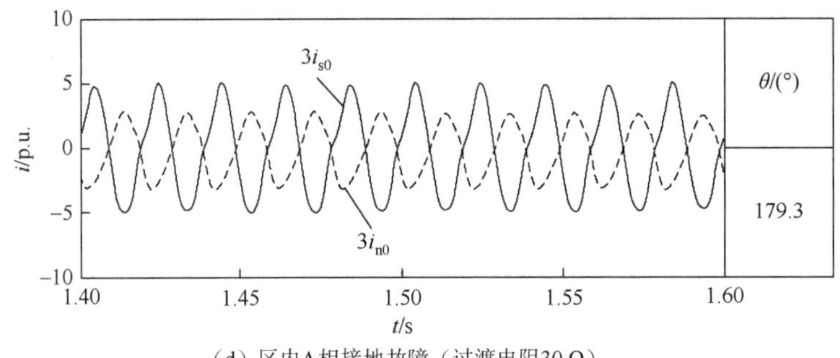

（d）区内A相接地故障（过渡电阻30 Ω）

图 3.55　区外故障、特殊工况下、区内故障及区内经过渡电阻接地故障下 $3i_{s0}$ 和 $3i_{n0}$ 波形

如图 3.55（a）所示，区外故障情况下，$3i_{s0}$ 与 $3i_{n0}$ 基本重合，此时两电流间的相位差为 0°；由图 3.55（b）可以看到，前面所述特殊工况伴随中性线 CT 饱和的情况下，$3i_{n0}$ 向下发生偏置，两个电流间的相位出现少许偏差，此时相位差为 63°。而对于区内故障，对比图 3.55（c）和（d）可知，随着过渡电阻的增大，$3i_{s0}$ 和 $3i_{n0}$ 幅值减小，但两者间的相位差基本不变，维持在 180°左右。因此，$3i_{s0}$ 与 $3i_{n0}$ 的相位差在区外故障和区内故障下存在显著差异，即使是区外交流侧弱故障伴随中性线 CT 偏置饱和的情况所导致的两者出现虚假相位差，也仍然与区内故障情况时存在较大差异。利用这种波形相位特征的差异，可以很容易区分出换流变的区内、外故障和特殊工况。

3.4.3　基于 S 变换相位差的换流变零序差动保护附加闭锁判据

在相位特征提取方法中，连续小波变换、短时傅里叶变换和 S 变换，均能对电流信号的相位进行提取。不同的是，S 变换是连续小波变换和短时傅里叶变换的继承和发展，是一种时频可逆的分析方法[17, 18]。与连续小波变换相比，S 变换的变换结果更直观、计算量更小，并且能更准确地提取电流信号的相位信息；与短时傅里叶变换相比，S 变换窗口宽度和高度不再固定，而是随频率的变化而变化，可以根据需要更灵活地调整数据窗。鉴于此，本小节采用 S 变换相位差表征换流变零序差动保护自产零序电流和中性线零序电流的极性，并利用两电流间的相位差有效区分换流变故障及其他工况。

1. S 变换原理和 S 变换相位差

对于一维信号 $x(t)$，其连续的 S 变换结果为

$$S(\tau, f) = \int_{-\infty}^{\infty} x(t)\omega(\tau - t, f)\mathrm{e}^{-\mathrm{i}2\pi ft}\mathrm{d}t \tag{3.23}$$

$$\omega(\tau - t, f) = \frac{|f|}{\sqrt{2\pi}}\mathrm{e}^{\frac{-f^2(\tau-t)^2}{2}} \tag{3.24}$$

式中：$\omega(\tau - t, f)$ 为高斯（Gauss）窗函数；τ 为控制高斯窗口在时间轴位置的参数；i 为虚数单位。

由式（3.24）可知，高斯窗的高度和宽度随着频率的变化而变化。因此，S 变换具有良好的时频特性，能精确地提取出相位信息，并且其时频窗可以根据信号调节自身的大小。式（3.23）经传统傅里叶变换和傅里叶反变换后，可将信号 $x(t)$的 S 变换表示为傅里叶变换 $X(f)$的函数，即

$$S(\tau,f)=\int_{-\infty}^{\infty}X(\alpha+f)\mathrm{e}^{-\frac{2\pi^2\alpha^2}{f^2}}\mathrm{e}^{\mathrm{i}2\pi\alpha\tau}\mathrm{d}\alpha \tag{3.25}$$

式中：$f\neq0$；$X(f)$函数为$x(t)$的傅里叶变换；α为平移频率。

由式（3.25）可知，S 变换可以通过傅里叶变换实现快速计算。将式（3.25）化为 S 变换的离散形式，设 $x[\delta T](\delta=0,1,\cdots,N-1)$ 为信号 $x(t)$的离散时间序列，N 为采样点数，T 为采样间隔。令 $f\to\dfrac{n}{NT}$，$\tau\to kT$，则 $x[\delta T]$ 离散 S 变换可表示为

$$\begin{cases}S\left[kT,\dfrac{n}{NT}\right]=\displaystyle\sum_{\delta=0}^{N-1}X\left[\dfrac{\delta+n}{NT}\right]\mathrm{e}^{\frac{2\pi^2\delta^2}{n^2}}\mathrm{e}^{\frac{\mathrm{i}2\pi\delta k}{N}}, & n\neq0\\ S[kT,0]=\dfrac{1}{N}\displaystyle\sum_{k=0}^{N-1}x(kT), & n=0\end{cases} \tag{3.26}$$

信号经 S 变换后生成一个二维复时频矩阵，行代表离散频率，列代表采样时间。其中，第 n 行的频率 $f_n=f_\mu\times\dfrac{n}{NT}$（$f_\mu$为信号的采样频率）。

对某电流信号进行采样，进行 S 变换后得到其复时频矩阵为

$$\boldsymbol{S}=\begin{matrix}f_1\\f_2\\\vdots\\f_{N/2}\end{matrix}\begin{bmatrix}S_{11} & S_{12} & \cdots & S_{1N}\\ S_{21} & S_{22} & \cdots & S_{2N}\\ \vdots & \vdots & & \vdots\\ S_{N/2,1} & S_{N/2,2} & \cdots & S_{N/2,N}\end{bmatrix} \tag{3.27}$$

式中：行对应采样时刻 t（点数），$t=1,2,\cdots,N$；列对应离散频率 $f_1,f_2,\cdots,f_{N/2}$。某一行与列交叉处元素是一个复数，对应相应频率和时间处信号的幅值和相位。

考虑到提取特定频率下的相位信息没有足够的可靠性，易受干扰信号的影响，可将电流信号在每一采样点所有频率下的值作求和处理，得到该信号在 t 时刻的 S 变换元素和 S_t 为

$$S_t=\sum_{f=1}^{N/2}S[f,t] \tag{3.28}$$

对式（3.28）中的元素求相角可得信号在 t 时刻的 S 变换相角 θ_t 为

$$\theta_t=\mathrm{angle}(S_t) \tag{3.29}$$

设两电流信号 $x(t)$和 $y(t)$的相位分别为 θ_{xt} 和 θ_{yt}，则两信号在 t 时刻的 S 变换相位差的绝对值为

$$\theta(x,y)=\frac{1}{N}\sum_{t=1}^{N}|\theta_{xt}-\theta_{yt}| \tag{3.30}$$

式中：N 为数据窗内采样点的个数。

2. 附加闭锁判据

$3i_{\mathrm{s}0}$ 和 $3i_{\mathrm{n}0}$ 分别对应于上述信号 $x(t)$和 $y(t)$，在一个数据窗内，对其分别进行 S 变换得到其时频矩阵后，根据式（3.30）计算出两者的相位差。随着数据窗的推移即可得到一组 $\theta(3i_{\mathrm{s}0},3i_{\mathrm{n}0})$ 值序列，将其与某一阈值比较，作为是否闭锁保护的依据。提出闭锁判据：

$$\theta(3i_{\mathrm{s}0},3i_{\mathrm{n}0})<\theta_{\mathrm{set}} \tag{3.31}$$

由前面的分析可知，区内故障时保护两侧零序电流临界相位差 $\theta_{\mathrm{c}}=180°$，零序差动保护闭锁门槛值整定为

$$\theta_{\mathrm{set}}=K_{\mathrm{rel}}\cdot\theta_{\mathrm{c}} \tag{3.32}$$

若可靠系数 K_{rel} 取 0.8，则 $\theta_{set}=144°$。计及 CT 传变不一致和工况的特殊性，可适当降低 θ_{set} 值以提升判据的可靠性。θ_{set} 向下取整，得 $\theta_{set}=140°$。

在原零序差动保护判据式（1.2）的基础上，附加式（3.31）作为闭锁判据。当满足原判据式（1.2）时，动作电流大于保护启动值，保护启动。当动作量大于制动量时，进行 $\theta(3i_{s0},3i_{n0})$ 值计算和判别。若式（3.31）满足，即 $\theta(3i_{s0},3i_{n0})<140°$，则判定为区外故障，闭锁保护；反之，则判定为区内故障，开放保护。

3. 判据的仿真验证

对附加闭锁判据在前面所述特殊工况及区内外故障情况下的有效性进行仿真验证，电流采样率设为 10 kHz，选取 1/4 周波（系统频率 50 Hz 时为 5 ms）作为数据窗的长度。

算例 3.10 对 3.4.2 小节所述特殊工况场景进行验证，在该特殊工况持续过程中，中性线 CT 经过一段时间的磁通累积效应而渐进性饱和，零序电流经饱和 CT 传变后发生偏置，进而在零序差动保护中引入虚假差流，触发保护误动。采用所提附加闭锁判据对该工况下 $3i_{s0}$ 和 $3i_{n0}$（图 3.52）进行 S 变换处理后，计算两者相位差，结果如图 3.56 所示。可以看到，该工况下 $\theta(3i_{s0},3i_{n0})$ 值最大为 63°，远未达到 140°的门槛值，满足闭锁条件。因此，附加闭锁判据能够在该类特殊工况下可靠闭锁零序差动保护，防止其误动作。

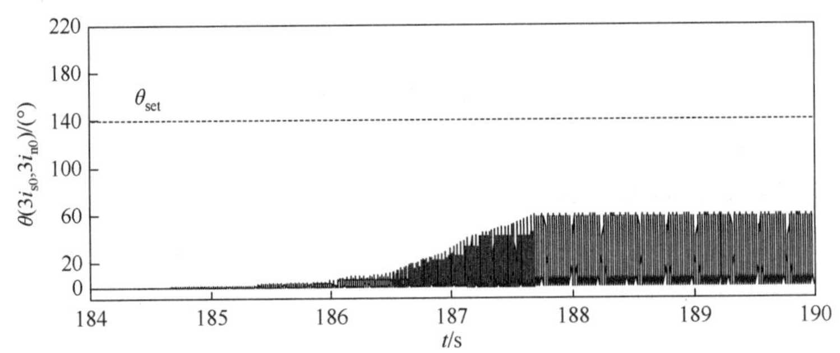

图 3.56 特殊工况下的 $\theta(3i_{s0},3i_{n0})$值（算例 3.10）

算例 3.11 设置 $t=1$ s 时，发生换流变 T_2 区外 A 相接地故障（图 3.48 中 T_4 交流测），并伴随中性线 CT 严重饱和，故障持续 0.6 s。换流变 T_2 零序电流波形，以及零序差动保护动作量和制动量幅值分别如图 3.57 和图 3.58 所示。

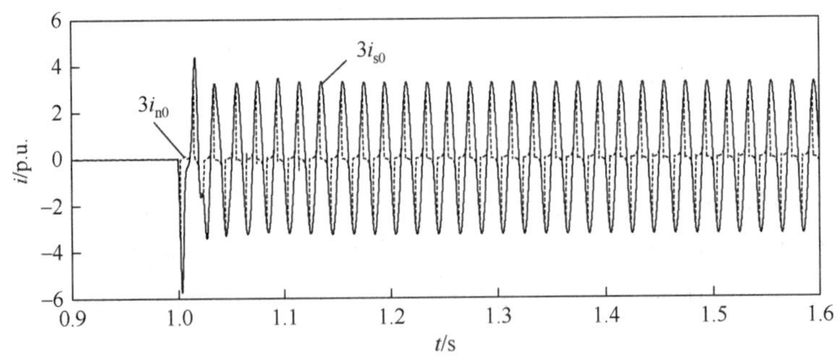

图 3.57 区外故障伴随中性线 CT 严重饱和工况下的 $3i_{s0}$ 和 $3i_{n0}$（算例 3.11）

可以看到，区外故障时，中性线 CT 发生严重饱和，$3i_{n0}$ 出现畸变。根据图 3.58，故障发生后，零序差动保护动作量幅值迅速升高至制动量以上，若不附加闭锁措施，零序差动保护将

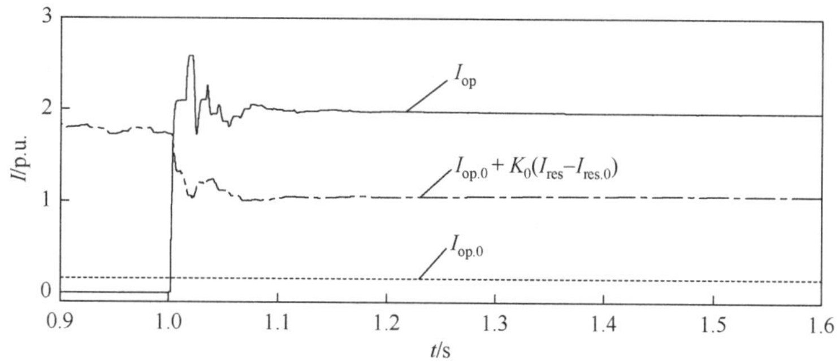

图 3.58 区外故障伴随中性线 CT 饱和工况下零序差动保护动作量和制动量幅值（算例 3.11）

会误动。采用本节所提附加闭锁判据进行判别，$\theta(3i_{s0},3i_{n0})$ 值的计算结果如图 3.59 所示，可以看到，$\theta(3i_{s0},3i_{n0})$ 值最大为 58°，满足 $\theta(3i_{s0},3i_{n0})<140°$ 的闭锁条件，保护被可靠闭锁。

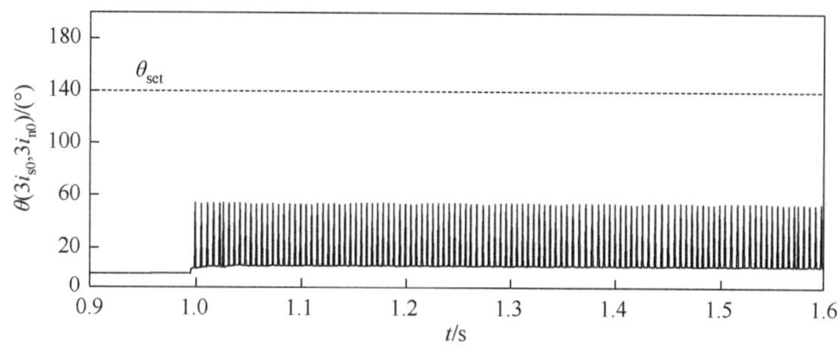

图 3.59 区外故障伴随中性线 CT 严重饱和工况下的 $\theta(3i_{s0}, 3i_{n0})$值（算例 3.11）

算例 3.12 设置 $t=1$ s 时，发生换流变 T_2 区内 A 相接地故障（图 3.48 中故障点 f_2），过渡电阻 5 Ω。换流变 T_2 零序电流波形如图 3.60 所示。

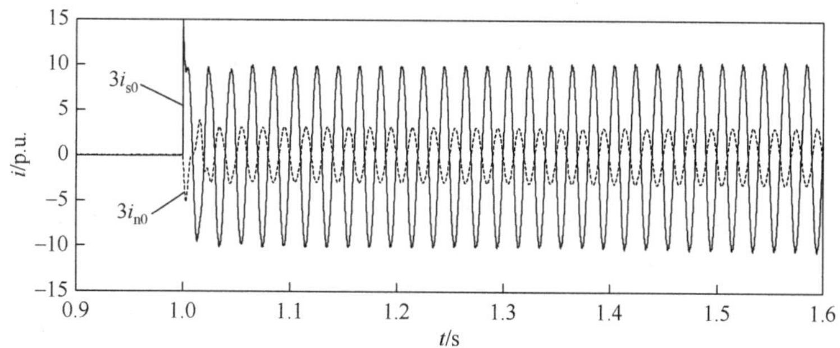

图 3.60 A 相接地故障工况下的 $3i_{s0}$ 和 $3i_{n0}$（算例 3.12）

由图 3.60 可知，$3i_{s0}$ 与 $3i_{n0}$ 相位基本相反。根据图 3.61 所示零序差动保护判据电流幅值的分析，故障发生后，$I_{op}\geqslant I_{op.0}$，保护正常启动，且在 $t=1$ s 时动作量幅值大于制动量幅值。此时采用附加闭锁判据进行 $\theta(3i_{s0},3i_{n0})$ 值计算和判别，其结果如图 3.62 所示。可以看到，故障后 1/4 周波内 $\theta(3i_{s0},3i_{n0})$ 值即上升至 181.4°，高于 140°的门槛值，附加闭锁判据判别该故障为区内故障，开放保护使其正确动作。可见，所提附加闭锁判据在该区内故障情况下不会影响原有零序差动保护判据的灵敏性和速动性。

算例 3.13 设置 $t=1$ s 时，发生换流变 T_2 区内 A 相接地故障（图 3.48 中故障点 f_2），过渡电阻 5 Ω，中性线 CT 发生严重饱和。换流变 T_2 的 $3i_{s0}$ 和 $3i_{n0}$ 波形如图 3.63 所示。

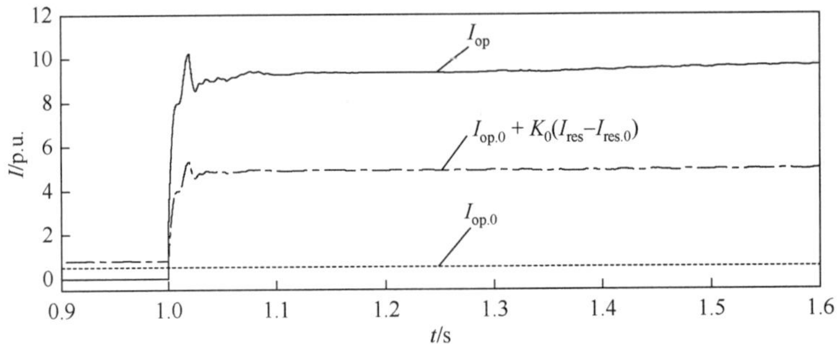

图 3.61 A 相接地故障工况下零序差动保护动作量和制动量幅值（算例 3.13）

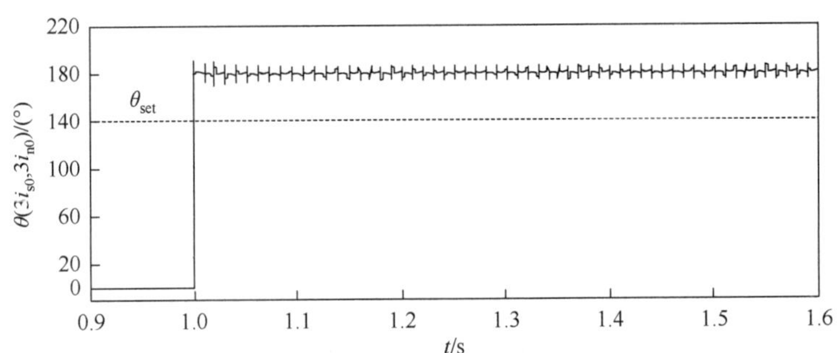

图 3.62 A 相接地故障工况下的 $\theta(3i_{s0}, 3i_{n0})$值（算例 3.13）

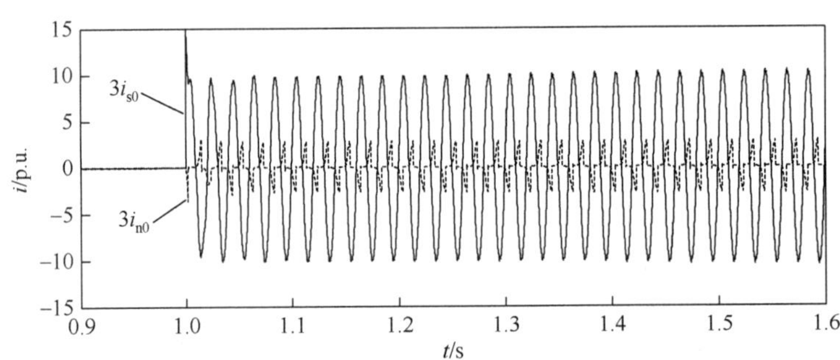

图 3.63 A 相接地故障伴随中性线 CT 严重饱和工况下的 $3i_{s0}$ 和 $3i_{n0}$（算例 3.13）

可以看到，$3i_{n0}$ 出现严重畸变，根据图 3.64 保护判据电流幅值的分析，故障发生后，$I_{op} \geqslant I_{op.0}$，保护正常启动，且在 $t=1$ s 时动作量幅值大于制动量幅值，此时采用附加闭锁判据进行 $\theta(3i_{s0},3i_{n0})$ 值的计算和判别，其结果如图 3.65 所示。判别结果表明，故障后 1/4 周波内 $\theta(3i_{s0},3i_{n0})$ 值达到 176.3°，高于 140°的门槛值，判为区内故障，开放保护使其正确动作。

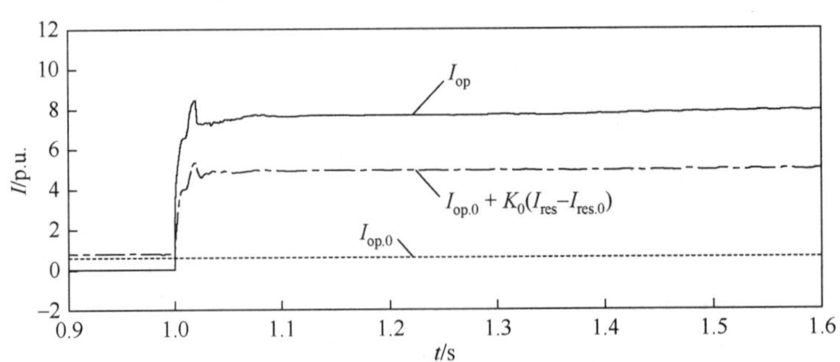

图 3.64 A 相接地故障伴随中性线 CT 严重饱和工况下零序差动保护动作量和制动量幅值（算例 3.13）

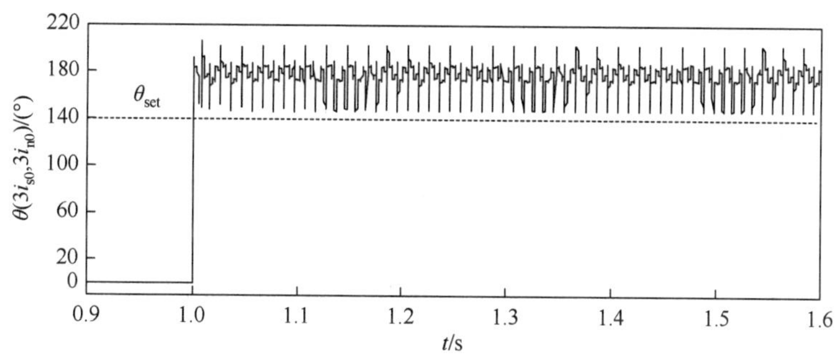

图 3.65　A 相接地故障伴随中性线 CT 严重饱和工况下的 $\theta(3i_{s0}, 3i_{n0})$ 值（算例 3.13）

对换流变 T_2 经历不同过渡电阻值接地区内故障场景做进一步分析，结果如表 3.3 所示。可以看到，应对换流变经历不同过渡电阻值以及伴随中性线 CT 饱和的各类区内不对称故障时，本节所提的附加闭锁判据均能在 1/4 周波内给出正确判别，开放保护。但是，当过渡电阻达到 600 Ω 以上时，由于 I_{op} 幅值太小而无法满足零序差动保护启动条件 $I_{op}>I_{op.0}$，零序差动保护不会被启动。

表 3.3　区内经不同过渡电阻值接地故障附加闭锁判据零序差动保护动作结果

算例	故障类型	过渡电阻/Ω	中性线 CT 是否饱和	$\theta(3i_{s0}, 3i_{n0})/(°)$	I_{op}/p.u.	附加判据判别结果	保护是否跳闸
3.28	A-G	100	否	180.4	3.78	区内故障	是
3.29	A-G	200	否	180.8	2.00	区内故障	是
3.30	A-G	300	否	180.8	1.04	区内故障	是
3.31	A-G	400	否	179.2	0.45	区内故障	是
3.32	A-G	500	否	182.1	0.12	区内故障	是
3.33	A-G	600	否	179.6	0.09	区内故障	否
3.34	BC-G	5	否	182.6	11.75	区内故障	是
3.35	BC-G	5	是	175.8	9.50	区内故障	是
3.36	BC-G	100	否	181.3	4.06	区内故障	是
3.37	BC-G	200	否	184.5	2.24	区内故障	是
3.38	BC-G	300	否	181.3	1.12	区内故障	是
3.39	BC-G	400	否	182.3	0.55	区内故障	是
3.40	BC-G	500	否	181.2	0.18	区内故障	是
3.41	BC-G	650	否	179.8	0.09	区内故障	否

综上所述，所提附加闭锁判据能够在区外故障及本小节所述特殊工况下可靠闭锁零序差动保护；而在换流变发生区内不对称接地故障时，附加闭锁判据并不会影响原有零序差动保护判据的灵敏性和速动性。

3.5　本章小结

换流变零序差动保护在涌流和特殊工况下存在误动情况及误动风险。本章从理论分析和仿真分析两个角度，对换流变空载合闸励磁涌流以及外部故障切除恢复性涌流导致中性线零序电流幅值较大且衰减缓慢的现象进行了研究，揭示了该类工况下换流变零序差动保护误动的原因。分析指出，换流变在涌流工况下，流经中性线大幅值慢衰减的零序电流使得中性线CT发生饱和造成传变误差，并最终引起零序差动保护误动。本章通过识别中性线零序电流与自产零序电流波形呈现出的相似度特征在涌流工况和区内故障时的差异，提出了基于零序电流标准DTW距离的换流变零序差动保护辅助判据。经仿真算例及现场录波数据验证，辅助判据在各类区内故障时保证与传统零序差动保护相同的保护范围及抗过渡电阻能力的前提下，可以正确辨识涌流工况导致的CT传变异常引起的虚假差动电流，进而降低零序差动保护误动风险。

本章对特殊工况场景进行了分析，通过理论计算和推导，研究了换流变中性线CT在直流输电工程长时间单极-大地运行伴随交流系统高阻接地故障工况下的饱和机理。结果表明，该工况下中性线CT将产生偏置型饱和进而传变特性劣化，存在引发换流变零序差动保护误动的风险。根据区内外故障时保护两侧自产零序电流和中性线零序电流极性差异，本章提出了一种基于S变换相位差的换流变零序差动保护附加闭锁判据。仿真结果表明，附加闭锁判据在维持原有零序差动保护应对区内故障时的灵敏性和速动性的同时，可在上述特殊工况及区外故障工况下可靠闭锁保护，并具有一定的抗CT饱和的能力，提升了零序差动保护的可靠性。

本章参考文献

[1] 翁汉琍，李雪华，鲁俊生，等. 特高压换流变压器对称性涌流的生成及其对大差保护的影响[J]. 电力系统自动化，2017，41（5）：153-158.

[2] 杨通贇，李晓华，戴扬宇，等. 换流变励磁涌流特性分析及其抑制[J]. 电网与清洁能源，2017，33（1）：64-70.

[3] 王维俭，侯炳蕴. 大型机组继电保护理论基础[M]. 2版，北京：中国水利电力出版社，1989：134，144.

[4] 刘中平，陆于平，袁宇波. 变压器外部故障切除后恢复性涌流的研究[J]. 电力系统自动化，2005，29（8）：41-44，95.

[5] 刘鹏辉，黄纯. 基于动态时间弯曲距离的小电流接地故障区段定位方法[J]. 电网技术，2016，40（3）：952-957.

[6] 李海林，杨丽彬. 基于增量动态时间弯曲的时间序列相似性度量方法[J]. 计算机科学术，2013，40（4）：227-230.

[7] 朱洪涛，李姗，肖勇，等. 基于动态时间弯曲的轨道波形匹配方法[J]. 振动与冲击，2018，37（11）：246-251.

[8] 黄纯，刘鹏辉，江亚群，等. 基于动态时间弯曲距离的主动配电网馈线差动保护[J]. 电工技术学报，2017，32（6）：240-247.

[9] 段炼，江安烽，傅正财，等. 多直流接地系统单极运行对沪西特高压变电站直流偏磁的影响[J]. 电网技术，2014，38（1）：132-137.

[10] 刘青松，伍衡，彭光强，等. 南方电网所辖换流变压器直流偏磁数据分析[J]. 高压电器，2017，53（8）：153-158.

[11] ALBERTSON V D，BOZOKI B，FEERO W E，et al. Geomagnetic disturbance effects on power systems[J]. IEEE Transactions on Power Delivery，1993，8（3）：1206-1216.

[12] 林志超，刘鑫星，王英民，等. 基于零序电流比较的小电阻接地系统接地故障保护[J]. 电力系统保护与控制，2018，46（22）：15-21.

[13] 李海锋，陈嘉权，曾德辉，等. 小电阻接地系统高灵敏性零序电流保护[J]. 电力自动化设备，2018，38（9）：198-204.

[14] 张健康，粟小华. 超高压线路后备保护整定原则探讨[J]. 电力系统自动化，2016，40（8）：120-125.

[15] 李长云，李庆民，李贞，等. 直流偏磁条件下电流互感器的传变特性[J]. 中国电机工程学报，2010，30（19）：127-132.

[16] 袁宇波，陆于平，许扬，等. 切除外部故障时电流互感器局部暂态饱和对变压器差动保护的影响及对策[J]. 中国电机工程学报，2005，25（10）：12-17.

[17] 李钊，邹贵彬，许春华，等. 基于S变换的HVDC输电线路纵联保护方法[J]. 中国电机工程学报，2016，36（5）：1228-1235.

[18] 吴禹，唐求，滕召胜，等. 基于改进S变换的电能质量扰动信号特征提取方法[J]. 中国电机工程学报，2016，36（10）：2682-2689.

第 4 章

换流变零序过电流保护异常动作行为分析及对策研究

在换流变空载合闸和外部故障切除时，换流变比普通变压器更容易产生严重的励磁涌流、和应涌流及恢复性涌流，并且严重涌流可能引发作为后备保护的换流变零序过电流保护误动。事实上，近年来 HVDC 系统中，因换流变空载合闸而导致换流变零序过电流保护误动的情况时有报道[1-5]。另外，常规变压器零序过电流保护已经出现过在外部故障切除后恢复性涌流期间发生误动的情况[6, 7]，而换流变所处环境电磁暂态情况更加复杂，换流变零序过电流保护在此情况下也同样存在误动风险，甚至风险更甚。

本章将从理论角度分析换流变空载合闸励磁涌流和外部故障切除恢复性涌流造成换流变零序过电流保护误动的机理；通过对零序电流进行二维相空间重构，结合涌流与故障情况下零序电流的特点差异，提出一种换流变零序过电流保护闭锁判据。

4.1 换流变空载合闸励磁涌流对换流变零序电流的影响

第 3 章已讨论过励磁涌流和恢复性涌流对换流变中性线零序电流的影响。本章进一步说明涌流工况下换流变零序电流的特征及其对零序过电流保护的影响。借助图 4.1 所示的换流站一组换流变空载合闸及其经历外部故障发生和切除的示意图进行分析，其中 T_1 和 T_2 空载情况下合上 CB 模拟该组换流变空载合闸，设置故障发生在 f_1 点模拟该组换流变经历外部故障。

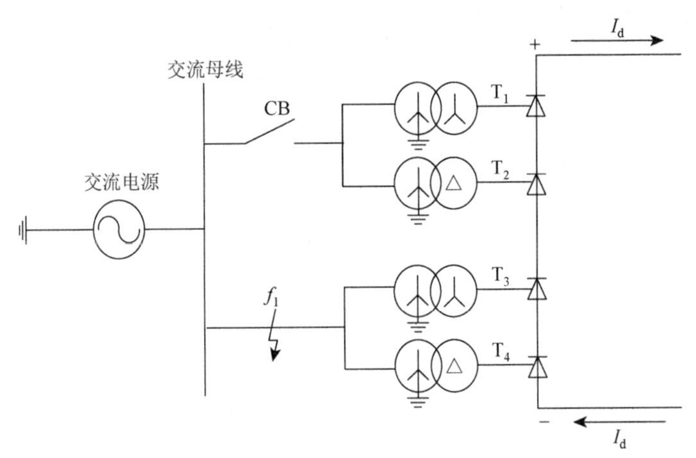

图 4.1 换流变空载合闸和故障切除示意图

根据 3.1.1 小节的介绍，换流变 T_1 和 T_2 空载合闸时，若两台换流变三相初始剩磁存在较大差异而导致三相励磁涌流不对称，则会使得合成的零序电流幅值可观且具有明显的励磁涌流特征。例如：若两台换流变 A 相剩磁具有较大幅值且符号相反，则两台换流变 A 相将会产生较大的励磁涌流；若同时两台换流变 B 相和 C 相初始剩磁很小，甚至为 0，则两台换流变 B 相和 C 相励磁涌流将非常小。这种情况下，由两台换流变各自三相涌流合成的零序电流就会具有较大幅值，且基本与各自 A 相励磁涌流呈现相同的特征。

在进一步 Y/Y 换流变和 Y/△换流变零序涌流的幅值的对比分析中可知，Y/Y 换流变的零序电流为

$$3i_{0\mathrm{Y/Y}} = i_{\mathrm{mA}} + i_{\mathrm{mB}} + i_{\mathrm{mC}} \tag{4.1}$$

式中：i_{mA}、i_{mB} 和 i_{mC} 为换流变三相铁芯的磁化电流。而 Y/△换流变的零序电流为 $3i_0 = 3i_{\mathrm{D}} + (i_{\mathrm{mA}} + i_{\mathrm{mB}} + i_{\mathrm{mC}})$，$i_{\mathrm{D}}$ 为换流变二次侧三相环路电流，且有

$$i_{\mathrm{D}} = -(i_{\mathrm{mA}} + i_{\mathrm{mB}} + i_{\mathrm{mC}}) \cdot \frac{Z_{\mathrm{ss}} + Z_{0\mathrm{s}}}{6Z_{\mathrm{ss}} + 3Z_{0\mathrm{s}}} \tag{4.2}$$

因此，Y/△换流变的零序电流为

$$3i_{0\mathrm{Y/\triangle}} = \left(1 - \frac{Z_{\mathrm{ss}} + Z_{0\mathrm{s}}}{2Z_{\mathrm{ss}} + Z_{0\mathrm{s}}}\right)(i_{\mathrm{mA}} + i_{\mathrm{mB}} + i_{\mathrm{mC}}) \tag{4.3}$$

式中：$Z_{0\mathrm{s}}$ 为系统侧等值零序阻抗；Z_{ss} 为变压器二次侧漏阻抗。

设 $K = Z_{0\mathrm{s}}/Z_{\mathrm{ss}}$，则式（4.3）可化为

$$3i_{0\mathrm{Y/\triangle}} = \frac{1}{2+K} \cdot (i_{\mathrm{mA}} + i_{\mathrm{mB}} + i_{\mathrm{mC}}) \tag{4.4}$$

对比式（4.1）与式（4.4）有

$$\frac{3i_{0Y/Y}}{3i_{0Y/\triangle}}=2+K \tag{4.5}$$

当换流变空载合闸时，其二次侧开路可认为 Z_{ss} 很大，相比之下可近似认为 $Z_{0s}=0$，则 $K=0$。因此，在理想情况下，Y/Y 换流变的零序电流基本上是 Y/△换流变零序电流的 2 倍。在实际情况中考虑各种阻抗，Y/△换流变零序电流的值会更小，即合闸条件相同时，Y/Y 换流变零序电流比 Y/△换流变零序电流大很多，Y/Y 换流变零序过电流保护误动概率更大。

4.2 外部故障切除恢复性涌流对换流变零序电流的影响

根据第 3 章的分析，假设在 $t=\tau$ 时刻，换流变的外部故障被切除，不计磁链衰减，在外部故障切除后换流变单相铁芯磁链的表达式为

$$\psi(t)\approx-\psi_{\mathrm{m}}\cos(\omega t+\alpha)-\psi_{\mathrm{m}}(1-\gamma)\cos\alpha+\psi_{\mathrm{m}}(1-\gamma)\cos(\omega\tau+\alpha) \tag{4.6}$$

式中：γ 为外部故障的严重程度，其值为故障后与故障前母线稳态电压比值[8, 9]。

由式（4.6）可知，外部故障切除后，换流变磁链的大小与故障严重程度 γ 、故障切除时刻 τ 和故障发生时刻电源相角 α 有关。

设故障发生时刻 $t=0$ s，$\alpha=0°$，则换流变三相磁链只与故障严重程度 γ 和故障切除时间 τ（对应于切除角）有关。以最严重的情况为例，设图 4.1 故障点 f_1 处发生 A 相金属性接地故障，则 $\gamma_{\mathrm{A}}\approx0$ ，$\gamma_{\mathrm{B}}\approx\gamma_{\mathrm{C}}\approx1.73$ ，利用式（4.6），求得换流变三相磁链与切除角的关系如图 4.2 所示。可以看到：A 相磁链一直为负，且最大时能达到$-3\psi_{\mathrm{m}}$，A 相磁链将严重饱和；而 B 相和 C 相磁链较小，且最大为 ψ_{m}，B 相和 C 相磁链不会饱和或饱和程度轻。

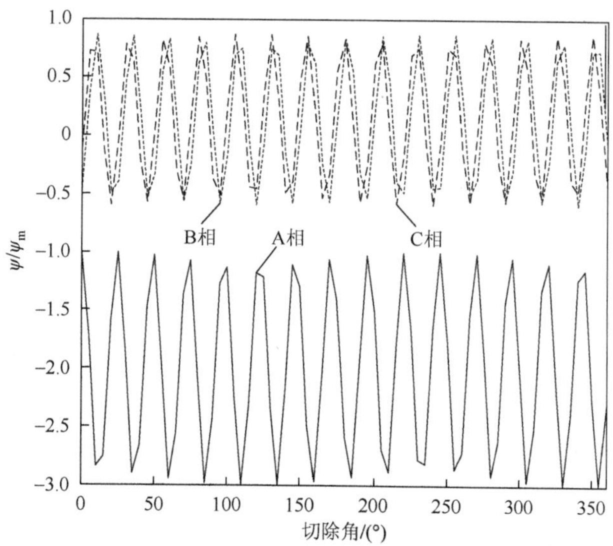

图 4.2 切除角与三相磁链关系图

在外部 A 相金属性接地故障切除后，换流变三相磁链不对称：A 相磁链较大，严重饱和且长时间不衰减；而 B 相和 C 相磁链较小，磁链饱和程度较轻。换流变三相铁芯的饱和程度不一致。根据变压器铁芯的磁化特性可知，相应产生的三相恢复性涌流将明显不对称，这与空载合闸产生的励磁涌流特征类似。

与空载合闸不同的是，外部故障发生和切除时，换流变二次侧绕组一直存在电流，零序电流由三相电流相加所得，三相相角互差 120°，三相电流稳态部分相量和为 0。因此，合成的零序电流主要由磁链饱和产生的不对称恢复性涌流所决定，其幅值可观。而实际情况中，非周期性磁链会逐渐衰减，但衰减较慢，相应产生的恢复性涌流也衰减缓慢。当合成的零序电流幅值达到零序过电流保护的门槛值，且因涌流衰减缓慢而其幅值长时间不明显降低、动作延时满足时，零序过电流保护会误动。

在两种换流变零序电流幅值大小的对比上，与空载合闸的情况有类似的结论。但外部故障切除情况下系统侧阻抗不可忽略，即 Z_{0s} 相对于 Z_{ss} 不为 0，而系统容量、变压器的变比和容量，以及各自所带负荷的不同，Z_{0s} 和 Z_{ss} 大小也有所不同。以本章仿真模型中的变压器和电源阻抗为例，$Z_{ss}=0.075$ p.u.，$Z_{0s}=0.003\ 75$ p.u.，则式（4.5）中 $K=0.05$，这种情况下，Y/Y 换流变零序电流至少是 Y/△换流变零序电流的 2.05 倍。

可以看到，在换流变经历空载合闸励磁涌流以及外部故障切除恢复性涌流时，Y/Y 换流变的零序电流都会大于 Y/△换流变的零序电流至少 2 倍。因此，Y/Y 换流变零序过电流保护的误动概率更大，这与工程报道误动情况相吻合。

4.3 涌流引起换流变零序过电流保护误动分析

4.2 节分析了在一组换流变空载合闸和外部故障切除后涌流特征及其对换流变零序电流的影响。本节将采用 2.2 节中介绍的特高压直流输电系统模型，以模型中站 1 极 I 高端换流变组为对象，针对图 4.1 中 T_1 和 T_2 经历空载合闸，以及外部故障发生和切除（故障点 f_1）时，换流变零序过电流保护可能出现的误动情况进行仿真分析。

在仿真分析阶段，零序过电流保护用中性线零序 CT 仍采用 PSCAD/EMTDC 软件中的卢卡斯电流互感器模型对一次仿真电流信号进行传变，根据实际工程参数，CT 变比设置为 2 000∶1，零序过电流保护采用表 1.1 所列整定值，即零序过电流保护动作门槛值 $I_{set}=0.15$ A，延时 $t_{set}=6$ s，当零序电流幅值超过动作门槛值并持续时间达到保护延时时间时，保护动作，仿真总时长为 7 s。

4.3.1 励磁涌流引起换流变零序过电流保护误动分析

算例 4.1 在 $t=0.2$ s 时换流变空载合闸，即 A 相合闸初相角为 0°，合闸前 Y/Y 换流变和 Y/△换流变三相剩磁均为 0。

本算例的仿真结果如图 4.3～4.6 所示。为清楚显示从空载合闸到零序过电流保护达到延时整个过程中，三相磁链、零序电流和零序电流幅值的变化趋势，呈现整个仿真时长的波形图。为清晰显示三相励磁电流波形特征，对其只截取 0～2 s 区间的波形呈现，且模型中提取励磁支路电流方向与实际正方向相反（下同）。

根据图 4.3 所示的 Y/Y 换流变和 Y/△换流变三相磁链波形，可以发现两台换流变 A 相磁链都向时间轴正方向偏移，C 相磁链都向时间轴负方向偏移，而 B 相相对时间轴对称。

图 4.4 所示为两台换流变三相励磁电波形，结合图 4.3 所示磁链波形可以看到：Y/Y 换流变与 Y/△换流变三相励磁电特征相似，即 A 相磁链正向饱和，因此该相励磁电流向时间轴负方向偏移，且幅值较大；C 相磁链负向轻微饱和，因此该相励磁电流向时间轴正方向偏移，但幅值较小；而 B 相磁链未饱和，因此该相励磁电流非常小，几乎为 0。

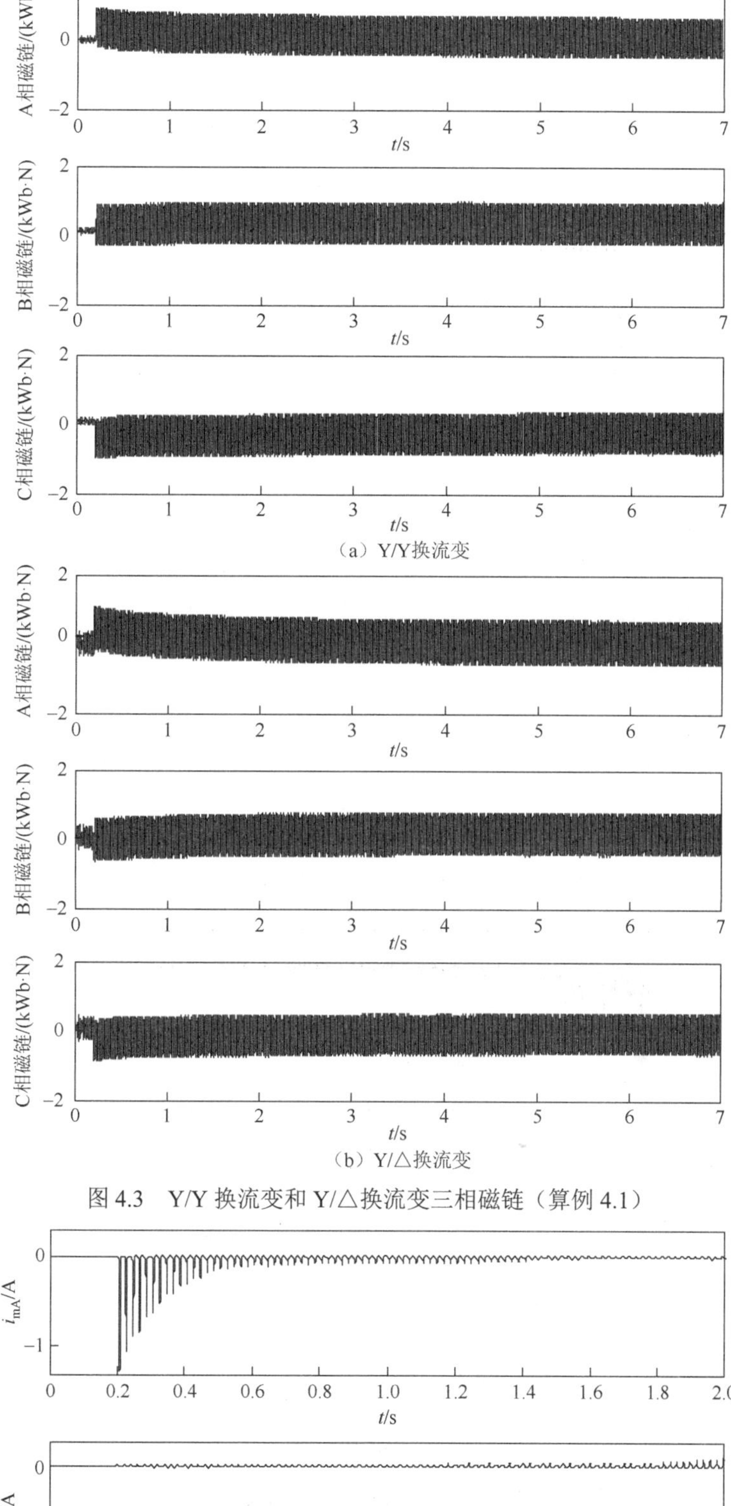

（a）Y/Y换流变

（b）Y/△换流变

图 4.3 Y/Y 换流变和 Y/△换流变三相磁链（算例 4.1）

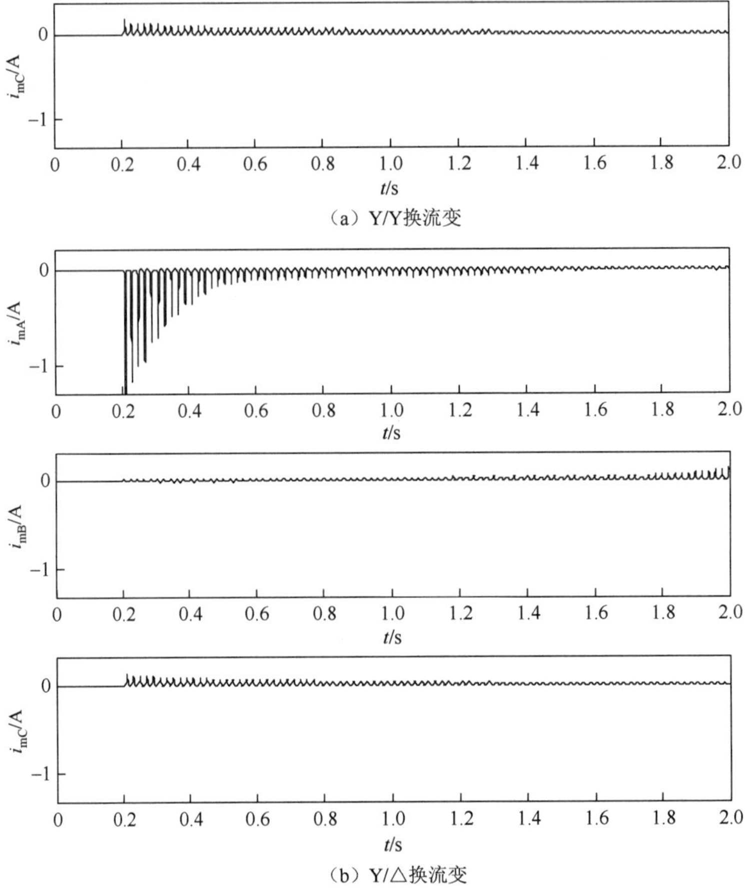

（a）Y/Y换流变

（b）Y/△换流变

图 4.4 Y/Y 换流变和 Y/△换流变三相励磁电流（算例 4.1）

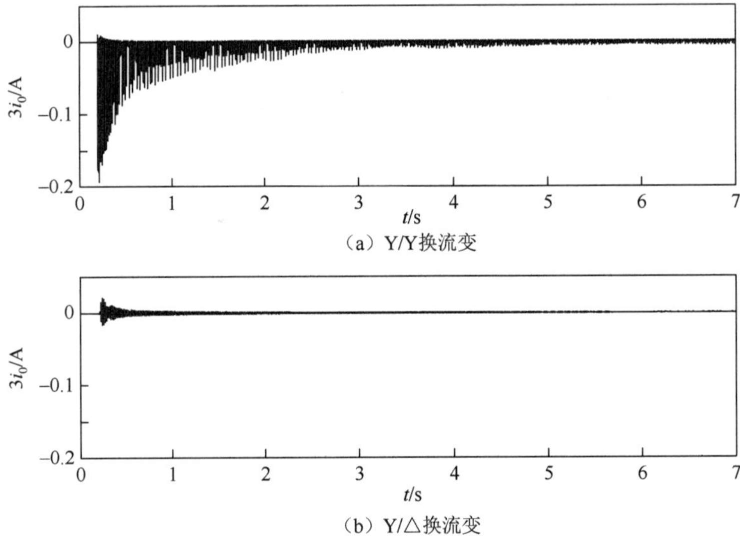

（a）Y/Y换流变

（b）Y/△换流变

图 4.5 Y/Y 换流变和 Y/△换流变零序电流（算例 4.1）

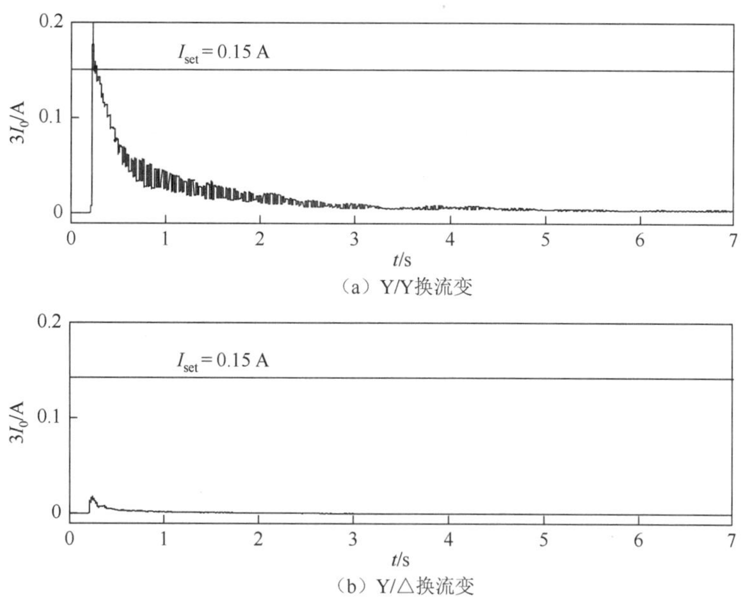

图 4.6　Y/Y 换流变和 Y/△换流变零序电流幅值（算例 4.1）

图 4.5 为 Y/Y 换流变和 Y/△换流变零序电流波形图。可以看到：在合闸前，两台换流变中均没有零序电流；而在 0.2 s 合闸后，Y/Y 换流变和 Y/△换流变都出现零序电流，且 Y/Y 换流变零序电流比 Y/△换流变零序电流大很多，但两者都衰减很快。

图 4.6 给出了 Y/Y 换流变和 Y/△换流变零序电流幅值的变化趋势。可以看到，Y/Y 换流变零序电流的幅值比 Y/△换流变零序电流的幅值大很多，与前面理论分析一致。本算例下，虽然 Y/Y 换流变在合闸后零序电流幅值可观，超过了零序过电流保护动作门槛值，但随后零序电流幅值迅速下降，$3I_0 > I_{set}$ 持续的时间很短，远未达到保护动作延时时间。因此，换流变的零序过电流保护不会动作。

根据上述分析，当没有初始剩磁及饱和因素影响时，虽然在合闸后两台换流变均出现零序电流，但零序电流幅值较小且很快衰减，不会引发零序过电流保护误动。

算例 4.2　在 $t = 0.2$ s 时换流变空载合闸，即 A 相合闸初相角为 0°，合闸前 Y/Y 换流变和 Y/△换流变 A 相剩磁分别为 0.2 p.u.和−0.2 p.u.，B 相和 C 相剩磁均为 0。

与算例 4.1 不同的是，本算例下两台换流变 A 相具有大小相同但方向相反的剩磁，根据前面的分析，两台换流变中将出现不对称的三相励磁电流，且合成的零序电流幅值可观并具有典型励磁涌流波形特征。仿真结果如图 4.7～图 4.10 所示。

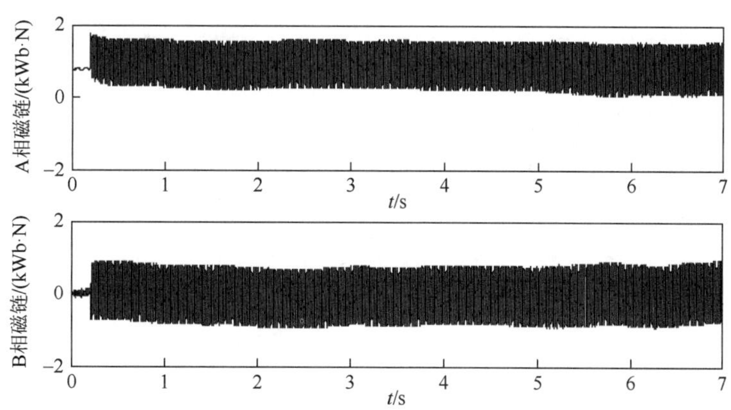

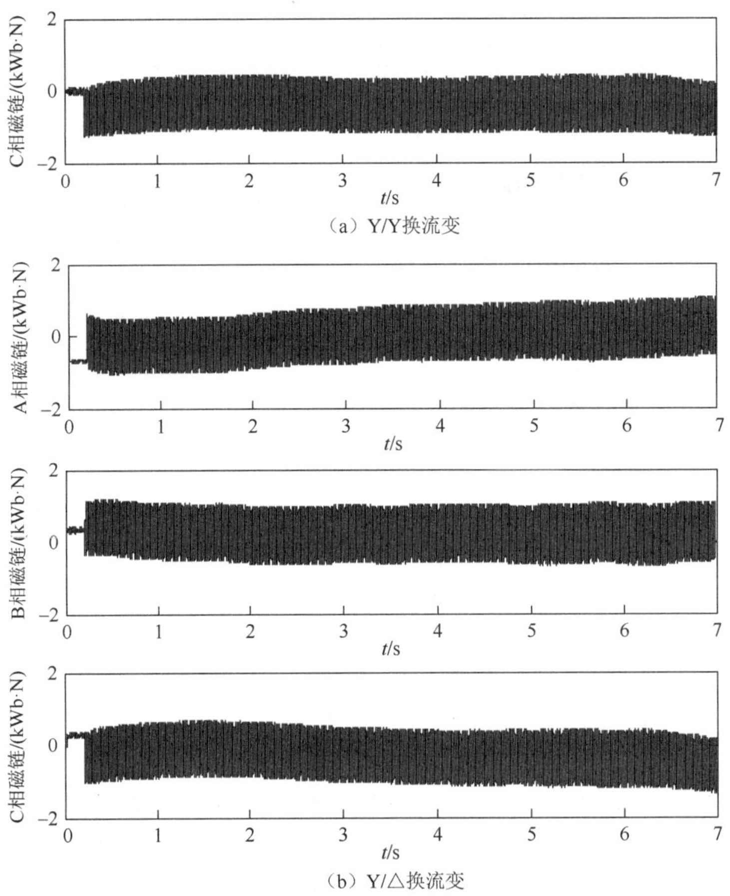

（a）Y/Y换流变

（b）Y/△换流变

图 4.7 Y/Y 换流变和 Y/△换流变三相磁链（算例 4.2）

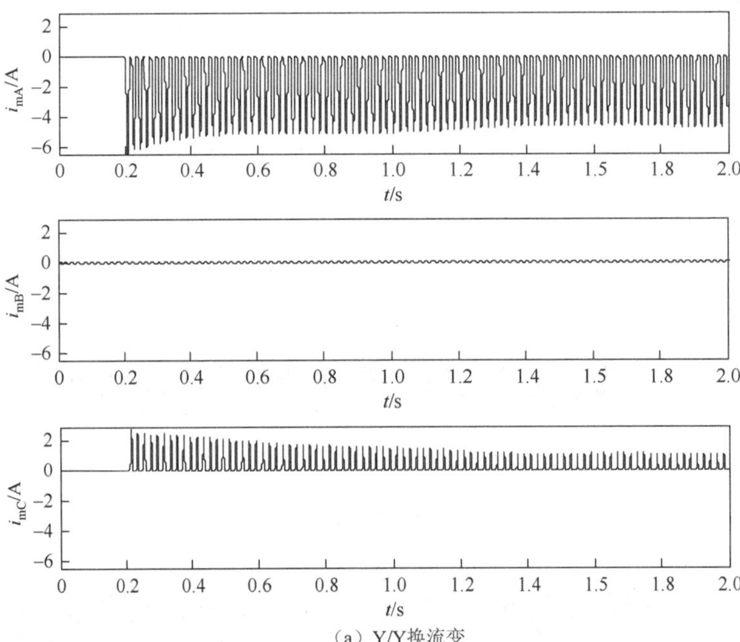

（a）Y/Y换流变

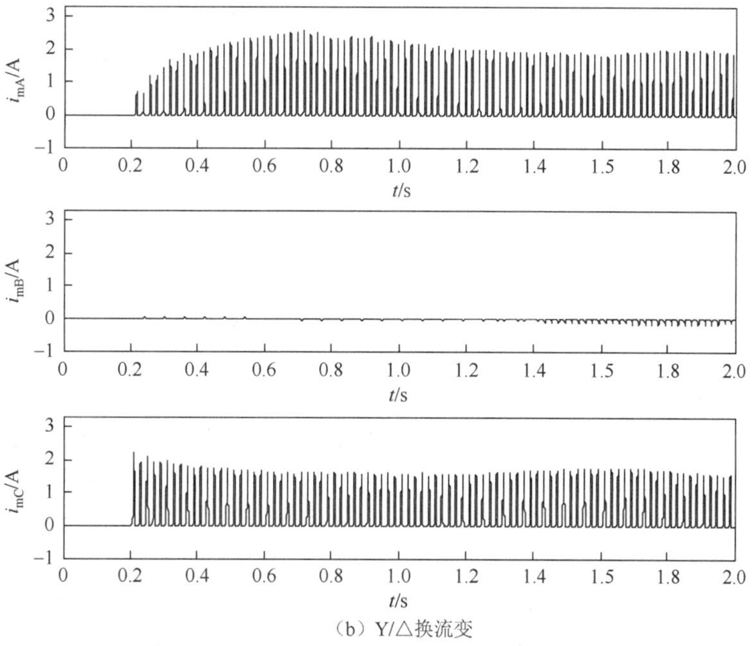

（b）Y/△换流变

图 4.8　Y/Y 换流变和 Y/△换流变三相励磁电流（算例 4.2）

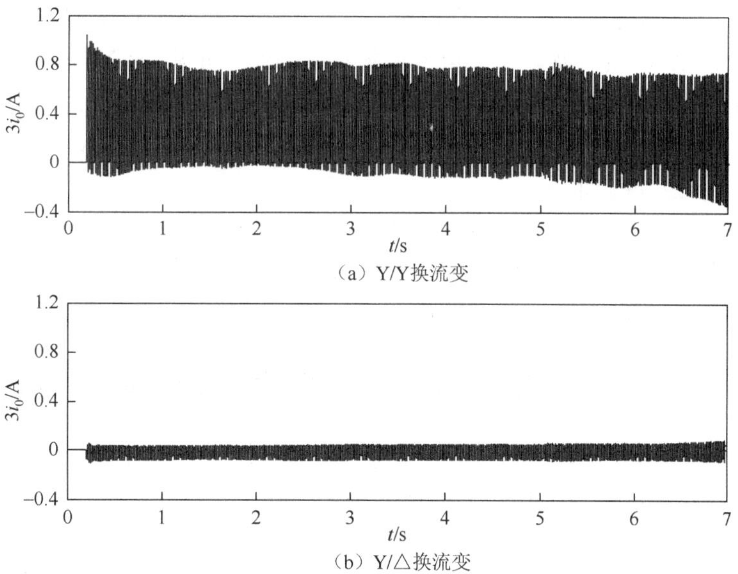

（a）Y/Y换流变

（b）Y/△换流变

图 4.9　Y/Y 换流变和 Y/△换流变零序电流波形（算例 4.2）

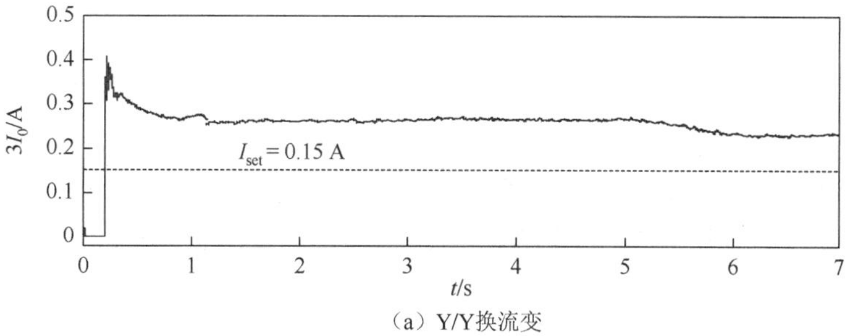

（a）Y/Y换流变

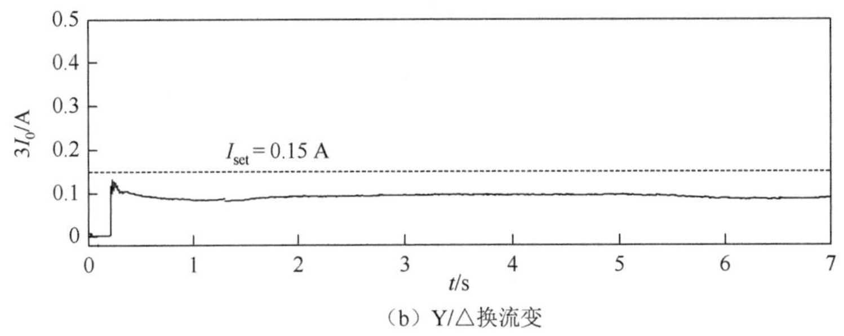

（b）Y/△换流变

图 4.10 Y/Y 换流变和 Y/△换流变零序电流幅值（算例 4.2）

图 4.7 为本算例中 Y/Y 换流变和 Y/△换流变的三相磁链波形。可以看到，三相磁链均产生不同程度的饱和，且三相磁链严重不对称。两台换流变三相励磁电流波形如图 4.8 所示，结合三相磁链变化情况分析可知：两台换流变 A 相磁链饱和严重，产生较大励磁电流；B 相磁链未发生饱和，相应励磁电流几乎为 0；而 C 相饱和程度较之 A 相轻，该相励磁电流也相应较小。

图 4.9 和图 4.10 所示分别为 Y/Y 换流变和 Y/△换流变零序电流波形及其幅值变化趋势。可以看到，Y/Y 换流变在合闸之后出现幅值可观的零序电流，且衰减较慢。零序电流幅值大于动作门槛值，且持续时间超过 6 s 的零序过电流保护跳闸延迟时间，Y/Y 换流变零序过电流保护将误动。而 Y/△换流变零序电流一直较小，在合闸之后幅值一直未超过零序过电流保护动的作门槛值。因此，Y/△换流变零序过电流保护不会动作。可见，Y/Y 换流变零序过电流保护在本算例下更有可能误动，这与现场误动案例报道的情况相吻合。而由图 4.10 所示两台换流变零序电流幅值对比可以看到，Y/Y 换流变零序电流幅值是 Y/△换流变零序电流幅值的 2 倍多，这也与前面理论分析一致。

根据前面的分析，当合闸前换流变三相剩磁差异较大时，三相磁链不平衡，导致三相励磁涌流不平衡，合成幅值较大、衰减缓慢的零序电流，使得零序过电流保护存在误动风险。算例 4.1 与算例 4.2 的仿真结果对比验证了该分析的正确性。

4.3.2 恢复性涌流引起换流变零序过电流保护误动分析

算例 4.3 $t=0.2$ s 时刻设置在图 4.1 中 f_1 故障点处发生 A 相接地故障（AG），$t=0.25$ s 时刻故障被切除，即切除角为 180°，系统侧初相角为 0°。

本算例仿真结果如图 4.11～图 4.14 所示。为清楚表现故障发生和切除后三相磁链和零序电流波形的变化特点，截取显示 0.1～0.8 s 区间三相磁链和零序电流的波形；三相励磁电流波形截取 0～2 s 区间显示；对于零序电流幅值的变化趋势，完整呈现整个仿真时长的波形图。

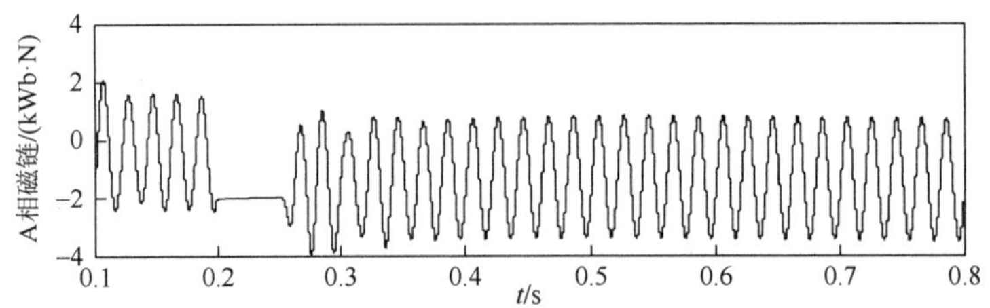

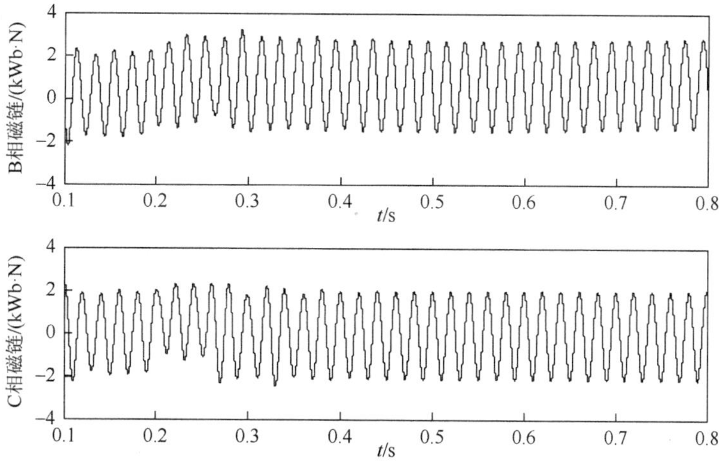

（a）Y/Y换流变

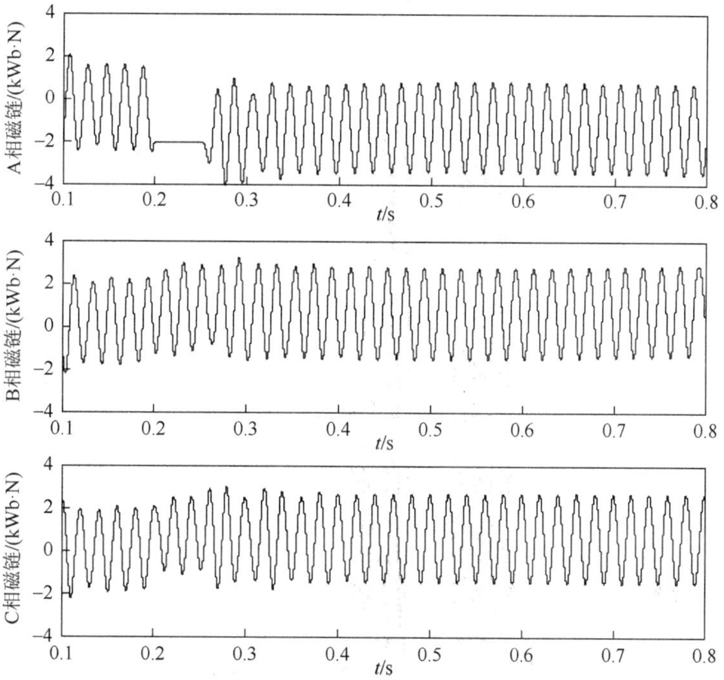

（b）Y/△换流变

图 4.11　Y/Y 换流变和 Y/△换流变三相磁链（算例 4.3）

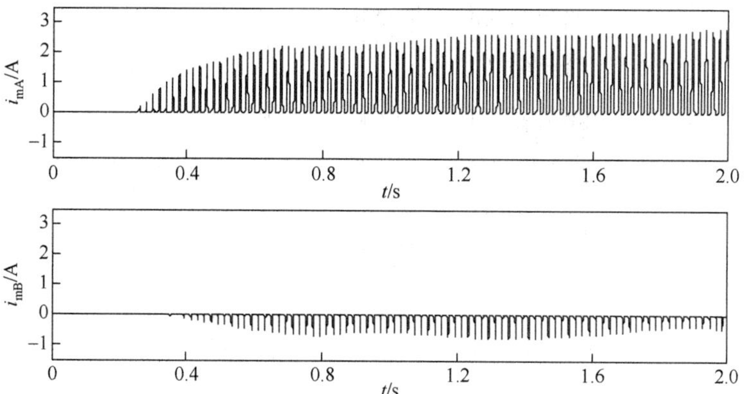

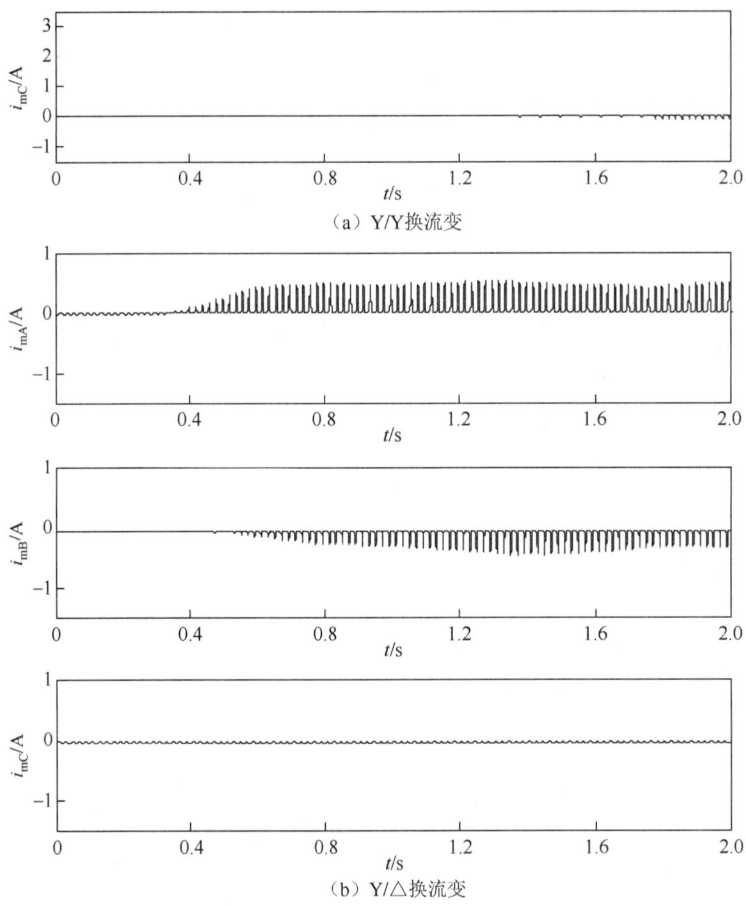

图 4.12　Y/Y 换流变和 Y/△换流变三相励磁电流（算例 4.3）

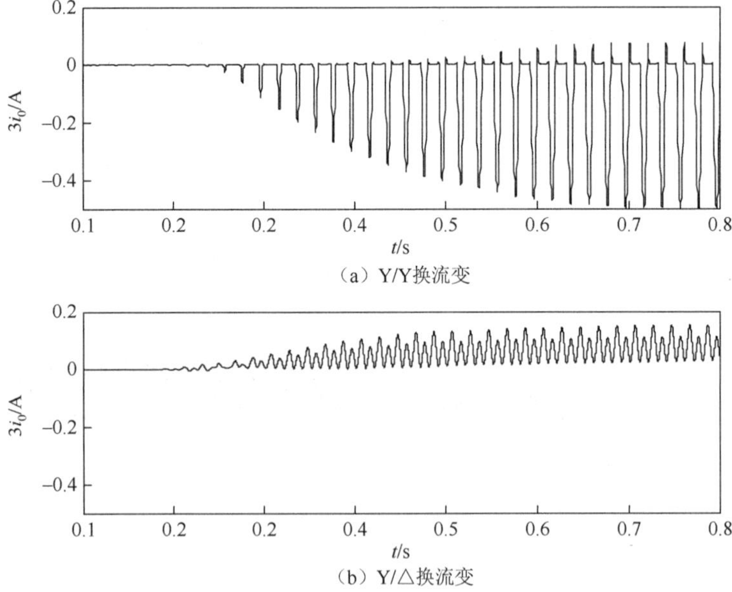

图 4.13　Y/Y 换流变和 Y/△换流变零序电流波形（算例 4.3）

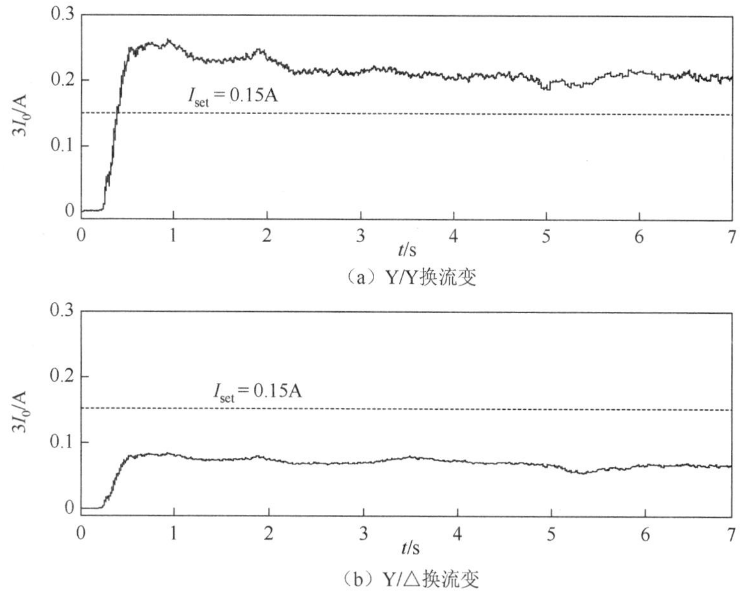

（a）Y/Y换流变

（b）Y/△换流变

图 4.14　Y/Y 换流变和 Y/△换流变零序电流幅值（算例 4.3）

图 4.11 所示为 Y/Y 换流变和 Y/△换流变在故障发生前后，以及故障被切除后三相磁链的波形。可以看到：在故障发生前，Y/Y 换流变和 Y/△换流变磁链三相基本对称；在故障切除后，根据前面的分析，两台换流变 A 相磁链会发生较为严重的饱和，B 相和 C 相饱和程度较轻。仿真结果图验证了这一点，可以看到：Y/Y 换流变和 Y/△换流变 A 相磁链均向时间轴负向偏移，出现较严重的饱和现象；而 B、C 两相磁链向时间轴正向发生较轻微偏移。

根据变压器铁芯磁化特性，当换流变三相磁链的饱和程度不一致时，相应产生的三相励磁电流会存在很大差异，如图 4.12 所示。故障恢复期间三相励磁电流存在明显差异，且不是在故障切除瞬间就很大，而是随着磁链的累积饱和程度加深而逐渐增大，而后缓慢衰减。

图 4.13 和图 4.14 所示分别为 Y/Y 换流变和 Y/△换流变零序电流波形和幅值变化趋势图。可以看到，在故障发生前，Y/Y 换流变和 Y/△换流变中均没有零序电流，只在故障发生后，才出现零序电流。在故障存续期间，零序电流较小；在故障切除后，换流变磁链累积饱和程度加深，零序电流随着励磁电流的增大而逐渐增大。Y/Y 换流变零序电流幅值在故障切除后有明显的上升，在 $t = 0.30$ s（即故障被切除后 0.05 s）超过零序过电流保护动作门槛值，且衰减缓慢，长时间在动作门槛值以上，维持 6 s 后，达到零序过电流保护延时时限，Y/Y 换流变零序过电流保护误动。

Y/△换流变零序电流与 Y/Y 换流变零序电流发展变化规律相似，只在幅值上不及 Y/Y 换流变零序电流的一半，在故障发生前后及故障被切除后，一直未超过零序过电流保护的动作门槛值。因此，Y/△换流变零序过电流保护不会动作。该仿真结果也验证了前面理论分析的结论。

4.4　基于相空间重构原理的换流变零序过电流保护闭锁判据

根据本章前述分析，在励磁涌流和恢复性涌流工况下，零序电流为三相涌流所合成，其波形中具有部分涌流波形特性，如图 4.15（a）和（b）所示；而区内不对称接地故障时，零序电流应为较为规则的正弦波形，如图 4.15（c）所示。因此，可采用波形特征提取和识别的方法对涌流工况和故障工况下换流变零序电流特征进行判别。相空间重构能反应系统运行过程中每个可能状态对应在相空间的轨迹，对采样点序列进行相空间重构，可以保持原系统的完整信息。有研究对传统涌流相空间轨迹进行分析，发现励磁涌流相空间轨迹图与故障电流相空间轨迹图有着显著差异[10]。而且，励磁涌流经相空间重构后，对间断角区域特征有放大作用。鉴于此，设计利用相空间重构法将换流变中性线零序电流映射至相空间，对其在涌流工况下的非故障电流特征进行放大，并对特征进行提取和量化，进一步形成可靠的闭锁判据。

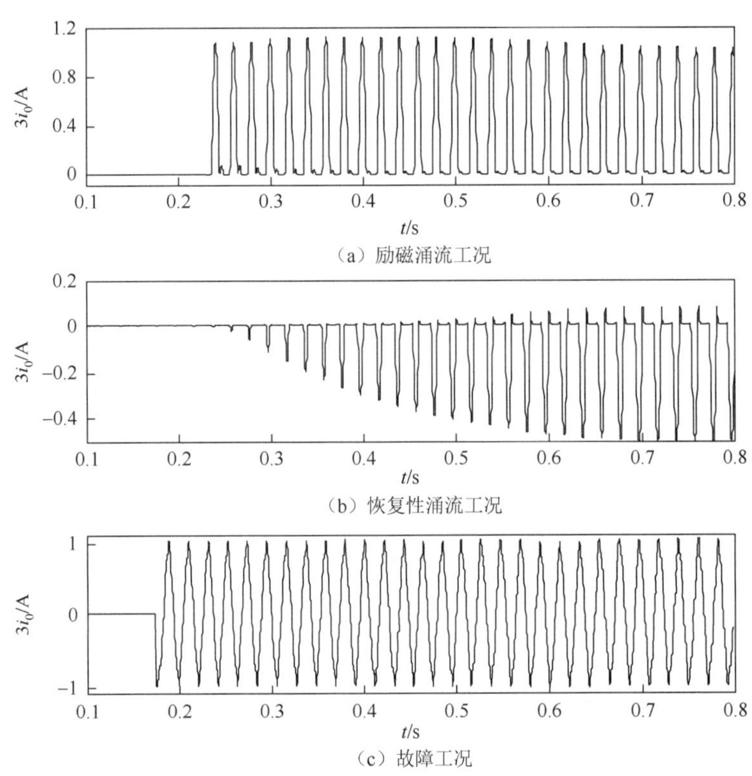

图 4.15　不同工况下换流变零序电流波形

4.4.1　相空间重构的基本原理

相空间是动力系统中由坐标为状态变量或状态相量的分量组成的空间，相空间的点一一对应于系统中的每个可能的状态。将系统中不同时刻的状态所对应的点，在相空间中按照一定的时间顺序连接形成一条曲线，这条曲线就是系统运行过程对应于相空间的轨迹。在具有 n 个状态变量的系统中，其状态方程的 n 个解表示系统的 n 个状态变量随时间变化的动态特性，在某个固定的时刻，状态方程的这 n 个解就表示该时刻系统在 n 维空间的一个点。若将时间作为一个渐变量，将这些点依次连接，就可构成该系统在 n 维空间中的相空间轨迹。

相空间重构法认为，系统中任一状态变量的变化都是由与之相互作用着的其他分量所决定的，因此其他相关状态变量的信息就隐含在这一分量的变化过程中，可以从这一分量的时间序列中提取原系统的信息并重构一个等价的状态空间，该状态变量的选取具有任意性。

嵌入定理即塔肯斯（Takens）定理从理论上证明了相空间重构的可行性[10]。由塔肯斯定理可以看出，d 维时间序列可以在 $d_E(d_E\geqslant 2d+1)$维状态空间映射出其完整流形，并保证在重构后的相空间所观察出的状态特征与原 d 维时间序列的状态特征完全相符。

若观测序列为某动力学变量的一个标量 $k(s)$（k 被称为测量函数），时间序列的延迟用正数 τ_d 表示，状态变量 s 在时间 t 的演变由函数 $F_{\tau_d}(s_t)=s_{t+\tau_d}$ 表示，则将标量转化为重构相空间内的矢量为

$$\varphi(k,F)=\{k(s_t),k(F_{\tau_d}(s_t)),\cdots,k(F_{(d_E-1)\tau_d}(s))\}=\{k(s_t),k(s_{t+\tau_d}),\cdots,k(s_{t+(d_E-1)\tau_d})\} \tag{4.7}$$

式中：d_E 为嵌入维数。

假设需要进行相空间重构的序列为一段时间窗内保护装置的电流采样值，标记为 $I=\{I_1,I_2,\cdots,I_M\}$（M 为该时间窗内电流采样值点数），则该序列在 d_E 维相空间延迟 τ_d 后可以构建矩阵

$$\boldsymbol{\Theta}=\begin{bmatrix}\boldsymbol{I}_1\\ \boldsymbol{I}_2\\ \vdots\\ \boldsymbol{I}_M\end{bmatrix}=\begin{bmatrix}I_1 & I_{1+\tau_d} & \cdots & I_{1+(d_E-1)\tau_d}\\ I_2 & I_{2+\tau_d} & \cdots & I_{2+(d_E-1)\tau_d}\\ \vdots & \vdots & & \vdots\\ I_M & I_{M+\tau_d} & \cdots & I_{M+(d_E-1)\tau_d}\end{bmatrix} \tag{4.8}$$

式中：$\boldsymbol{\Theta}$ 为一个 $M\times d_E$ 的矩阵。据此，可将原始电流采样值序列中每个采样点值（标量）重构至 d_E 相空间中，形成 d_E 维矢量。M 个电流采样值随时间变化的波形也相应重构至 d_E 相空间形成映射轨迹。

4.4.2　基于相空间重构技术构造换流变零序过电流保护闭锁判据

1. 零序电流相空间重构及其轨迹特征

根据相空间重构原理可知，嵌入维数 d_E 和延迟时间 τ_d 是有效构造相空间的关键因素。塔肯斯定理表明，嵌入维数 d_E 选取越大，重构后相空间轨迹所包含的系统信息越全面，但是得到一个时间窗的相空间轨迹所需的时间也会相应增多，计算量也会成倍增加。并且，当 $d_E>2$ 时，电流采样序列映射至相空间变为高纬度矢量，对于保护判据形成可量化的判据指标带来难度。综合以上考虑，本小节重构相空间嵌入维数选取 $d_E=2$，其可行性在后面的仿真中加以验证。

大量非线性系统研究表明：重构相空间时，延迟时间 τ_d 的取值不同只会影响相空间轨迹的欧几里得几何形状，并不影响其与原系统同胚的性质。τ_d 若选取太小，则映射至相空间的矢量中的任意两个分量在数值上非常接近，以至于无法区分，从而无法提供两个独立的坐标分量；但 τ_d 若选取太大，则两个坐标分量在统计意义上又可能是完全独立的，原时间序列轨迹在两方向上的投影可能毫无相关性可言。本小节在二维相空间中，选取延迟时间为 1/4 周波（即系统频率为 50 Hz 时为 5 ms）[11]，对零序电流进行相空间重构。

为能在统一尺度下度量，应剔除零序电流序列幅值的影响，对零序电流序列进行归一化处理，即在确定的时间窗内提取零序电流采样值的最大值和最小值，以此为基准，对序列中各采样点进行幅值压缩，获得归一化后的零序电流序列，使零序电流序列各点落在[−1, 1]的变化范围内。设重构后的二维相空间分别存在 x 轴和 y 轴，在归一化零序电流序列中按顺序取一采样点作为 x 轴坐标，取该点延迟 1/4 周波后的对应采样点作为 y 轴坐标，取遍 1 周波时间窗内每个采样点，完成归一化零序电流序列在相空间内的重构，并随之可作出其在相空间中的轨迹。

据此，零序电流序列在二维相空间的重构步骤如下。

（1）在一定采样率下获取换流变中性线 CT 测量的零序电流序列 $3I_0$，在 1 周波时间窗内，采样点数为 N，则有 $3I_0=\{3I_{01},3I_{02},\cdots,3I_{0n},\cdots,3I_{0N}\}(n=1,2,\cdots,N)$。

（2）对 $3I_0$ 进行归一化处理，在时间窗内提取序列中最大值和最小值，分别记为 $\max(3I_0)$ 和 $\min(3I_0)$，对序列中采样点 $3I_{0n}$ 按式（4.9）进行压缩，得到 $3I'_{0n}$：

$$3I'_{0n}=2\times\frac{3I_{0n}-\min(3I_0)}{\max(3I_0)-3I_{0n}}-1 \tag{4.9}$$

对时间窗中每个点依次进行压缩后，得到归一化零序电流序列 $3I'_0=\{3I'_{01},3I'_{02},\cdots,3I'_{0n},\cdots,3I'_{0N}\}$ $(n=1,2,\cdots,N)$。

（3）对于重构后的二维相空间中第 n 个数据点，其 x 轴坐标为 $3I'_{0n}$ 的幅值，y 轴坐标取 $3I'_0$ 中延迟于 $3I'_{0n}$ 后 $N/4$ 个点，即 $3I'_{0(n+N/4)}$ 的幅值，该操作的表达式为

$$3\boldsymbol{I}'_{0n}=3I'_{0n}\times\boldsymbol{x}+3I'_{0(n+N/4)}\times\boldsymbol{y}\quad(n=p,p+1,\cdots,p+N-1) \tag{4.10}$$

式中：$\boldsymbol{x}$ 和 $\boldsymbol{y}$ 分别为坐标轴 x 轴和 y 轴正方向的单位向量；p 为计算开始对应的起始采样点的序号。取遍 N 个采样点，便得到 1 周波个时间窗内零序电流序列在重构后的相空间的轨迹分布。

根据上述步骤，将换流变经历空载合闸励磁涌流、外部故障切除恢复性涌流和内部故障三种工况下，1 周波时间窗内零序电流采样序列重构至二维相空间。进一步对其轨迹特征进行对比分析，零序电流采样频率采用 4 kHz，即每周波 80 个采样点（$N=80$），$\tau_d=5$ ms 对应 20 个采样点，重构后的零序电流相空间轨迹如图 4.16 所示。

结合图 4.15 所示三种工况下零序电流波形与图 4.16 所示其在相空间的轨迹，可以得出以下三条结论。

（1）空载合闸时零序电流为三相涌流之和，存在一定大小的间断角，如图 4.15（a）所示。在 1 周波内，处于间断角期间的采样电流很小，甚至为 0；映射到相空间轨迹中即为分布在坐标轴上或其附近的特征点。轨迹的形状与零序电流的间断角位置、大小和期间电流值相关：当间断角位置变化时，位于坐标轴附近的轨迹会平行于坐标轴移动；间断角的大小影响轨迹中集中分布在坐标轴上及其附近的特征点个数，间断角越大，此类特征点越多；间断角期间电流值的大小影响坐标轴附近部分轨迹与坐标轴之间的距离，该值越大则两者之间距离越大。根据式（4.10），$3I'_{0n}$ 和 $3I'_{0(n+N/4)}$ 中任意一点处于间断角期间，构造的相空间特征点都会落入横、纵坐标上或坐标轴附近。因此，相对于电流原始波形中处于间断角部分采样点所占整个周期内采样点的比例，映射至相空间后集中分布在坐标轴上及其附近的特征点所占整个周期内特征点的比例有大幅度增加，也就是说，相空间重构后形成的轨迹对涌流特征有放大作用。总之，归一化后 1 周波内零序电流采样序列在二维相空间重构轨迹中存在大量特征点分布在横、纵坐标轴上或其附近，如图 4.16（a）所示。

（2）外部故障切除恢复性涌流工况下零序电流波形与上述空载合闸励磁涌流工况下零序电流波形有相似特征，如图 4.15（b）所示。该工况下，零序电流采样序列在二维相空间重构轨迹的特征与上述励磁涌流工况下相似，也存在大量特征点分布在横纵坐标轴上或其附近，如图 4.16（b）所示。

（3）内部故障时，零序电流趋近稳态的正弦波形，如图 4.15（c）所示。不考虑谐波成分影响，归一化后的零序电流波形即为标准正弦波，记为 $3I'_0=\sin(2\pi ft+\alpha)$（$f$ 为系统频率；α 为电源初相角）。根据前述相空间重构步骤对该电流进行重构，则其在二维相空间中横坐标 $3I'_{0x}$ 和纵坐标 $3I'_{0y}$ 的表达式分别为

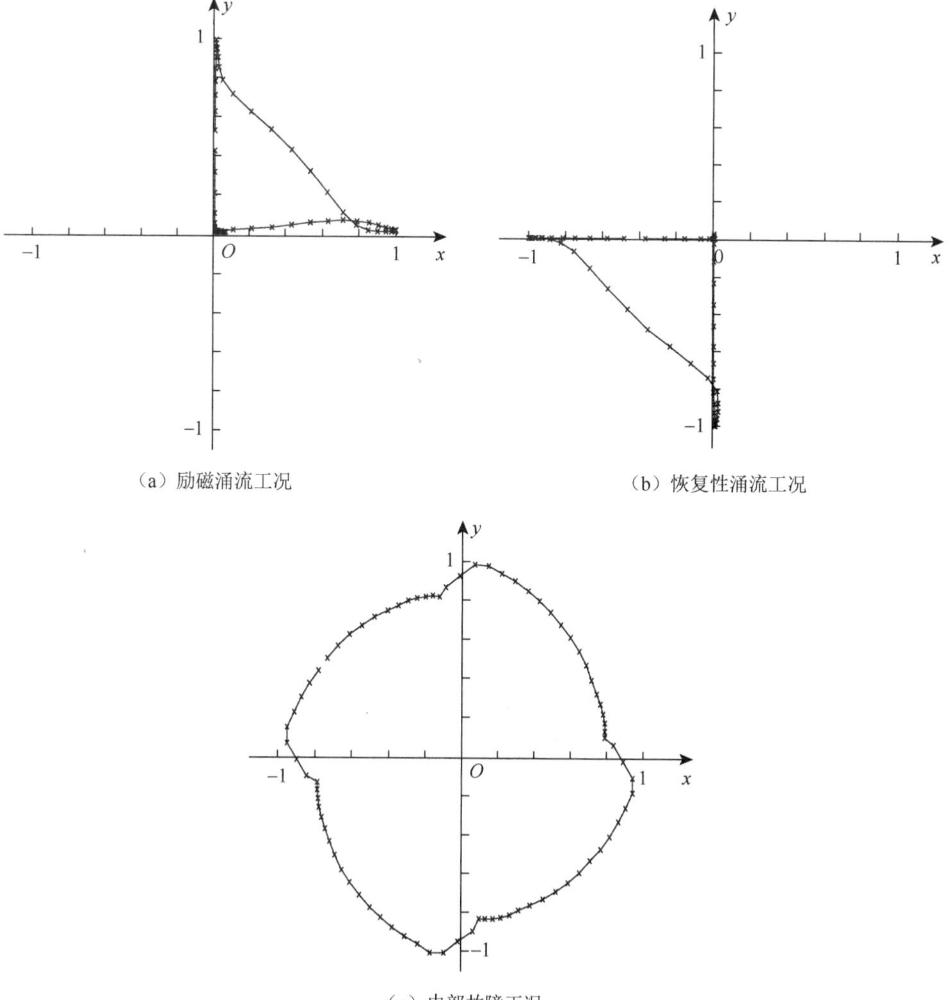

图 4.16　三种工况下的 1 周波时间窗内零序电流相空间轨迹

$$3I'_{0x} = \sin(2\pi ft + \alpha) \tag{4.11}$$

$$3I'_{0y} = \sin\left[2\pi f\left(t + \frac{T}{4}\right) + \alpha\right] = \sin\left(2\pi ft + \alpha + \frac{\pi}{2}\right) = \cos(2\pi ft + \alpha) \tag{4.12}$$

式中：T 为系统周期，$T = 1/f$。结合式（4.11）和式（4.12），有 $(3I'_{0x})^2 + (3I'_{0y})^2 = 1$。因此，可以看到，内部故障下，归一化零序电流序列在重构相空间中轨迹大致为半径为 1、圆心在坐标原点的圆，图 4.16（c）所示的相空间重构轨迹图也验证了该结论。

2. 零序过电流保护闭锁判据的设计

为避免换流变零序过电流保护因励磁涌流和恢复性涌流而导致误动，对原有零序过电流保护补充闭锁判据。由前面的分析结果可知：励磁涌流和恢复性涌流工况下，换流变零序电流在相空间的轨迹有大量特征点位于坐标轴上或其附近；内部故障时轨迹大致为圆形。为量化零序电流在各种工况下相空间的轨迹特征，以形成可用的零序过电流保护闭锁判据，进一步对各工况下零序电流每周波相空间轨迹的重心分布情况进行分析，如图 4.17 所示。

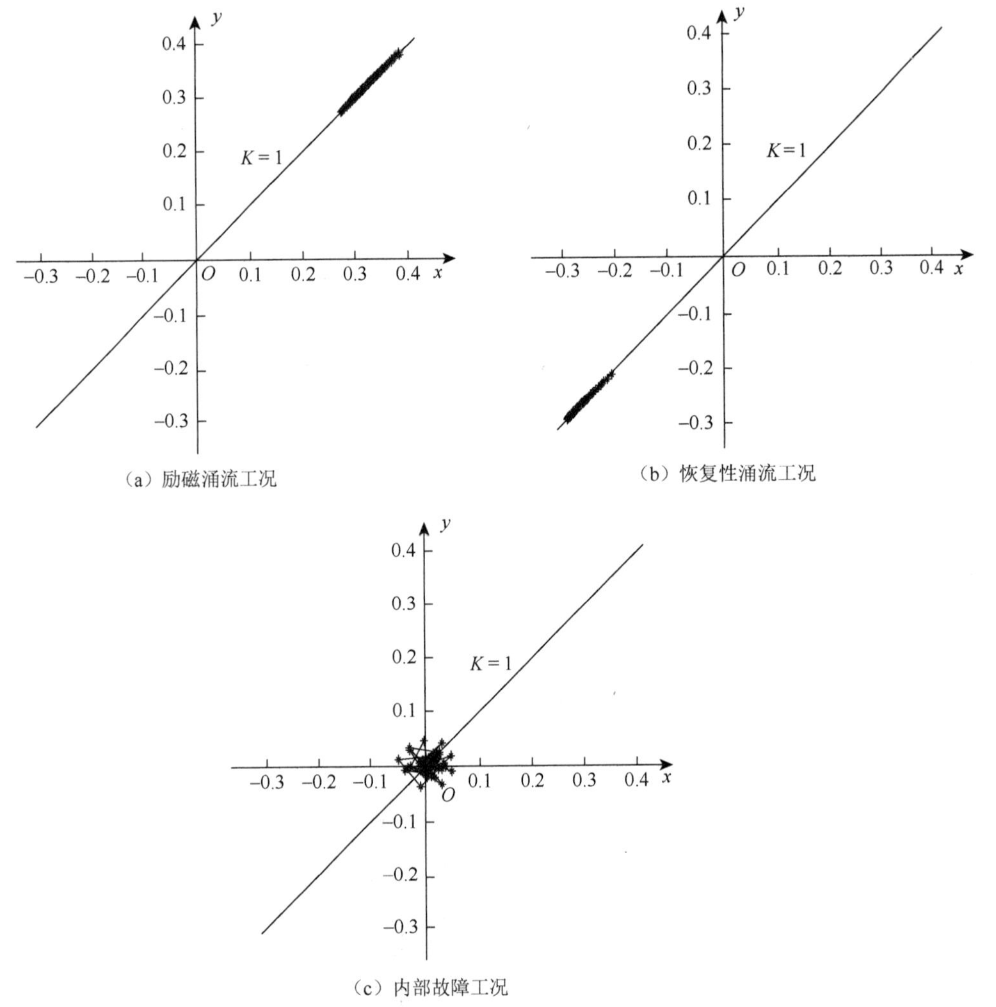

图 4.17　6 s 内三种工况下零序电流相空间轨迹重心分布

可以看到：涌流工况下，归一化后零序电流相空间轨迹存在大量特征点分布在横、纵坐标轴附近，每周波内相空间轨迹的重心基本落在斜率为 1 的直线上，如图 4.17（a）和（b）所示；内部故障工况下，归一化后的零序电流相空间轨迹大致为半径为 1、圆心在坐标圆点的圆，每周波内相空间轨迹重心落在坐标原点附近，如图 4.17（c）所示。根据这种差异，以归一化后零序电流相空间轨迹重心到坐标原点的距离 r 为量化零序电流相空间轨迹特征的指标，将 r 与某一设定的阈值进行比较，作为零序过电流保护是否被闭锁的依据，提出闭锁判据如下：

$$r > r_{set} \tag{4.13}$$

r_{set} 选取太大或太小都会导致涌流与内部故障工况下的区分不明显，易导致保护被误闭锁。通过大量仿真验证，当 $r_{set} = 0.25$ 时可较准确地区分内部故障与涌流工况，且不影响保护原有的灵敏性和可靠性。

若满足闭锁判据（4.13），则判定为涌流工况，闭锁保护；反之，则判定为内部故障，解除闭锁，开放保护。

根据 4.2 节和 4.3 节的分析，在一组换流变中，Y/Y 换流变零序过电流保护在涌流工况下的误动概率远大于 Y/△换流变，为避免 Y/Y 换流变零序过电流保护误动和保证 Y/△换流变零序过电流保护的灵敏性，只对原有的 Y/Y 换流变零序过电流保护附加闭锁判据，使得其既能在涌流工况下可靠闭锁保护，又可在发生内部不对称接地故障时，正确开放保护，维持原有零序过电流保护灵敏性。

如此，Y/Y 换流变零序过电流保护判据为

$$\begin{cases} \text{启动判据}: 3I_0 > I_{set} \\ \text{附加闭锁判据}: r > r_{set} = 0.25 \\ \text{保护延时}: t > t_{set} = 6\ \text{s} \end{cases} \tag{4.14}$$

当保护启动判据满足时，零序过电流保护启动，同时启动附加闭锁判据，对换流变零序电流采样序列进行归一化处理，实时形成相空间轨迹，以 1 周波时间窗，同步计算出 r 值进行判别。若满足附加闭锁判据，则判定为涌流，持续闭锁保护；若闭锁条件未得到满足，则不闭锁保护，采用原判据进行判别，即延时达到时保护动作。

具体的保护附加闭锁判据流程如图 4.18 所示。

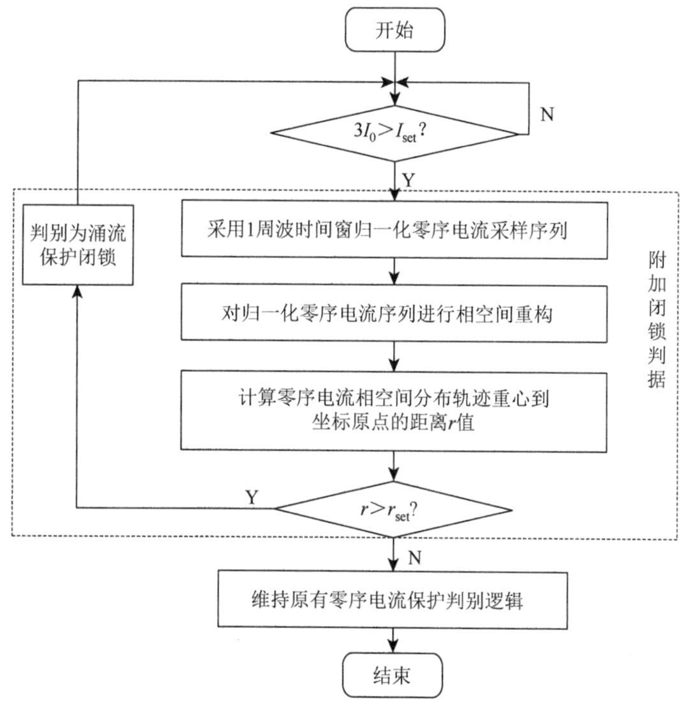

图 4.18　保护附加闭锁判据流程图

4.4.3　换流变零序过电流保护附加闭锁判据动作性能仿真验证

在前述模型基础上，本小节分别对换流变有剩磁的空载合闸励磁涌流、外部故障切除恢复性涌流，以及区内不对称接地故障工况下，上述附加闭锁判据的动作性能进行仿真分析。

1. 空载合闸励磁涌流工况

算例 4.4　对 4.3 节换流变具有初始剩磁进行空载合闸工况下原有零序过电流保护误动的算例 4.2 进行验证。在换流变空载合闸后附加闭锁判据启动到仿真结束 7 s 内，对换流变零序电流进行相空间重构，进一步计算其每个周期 r 值的变化趋势，如图 4.19 所示。

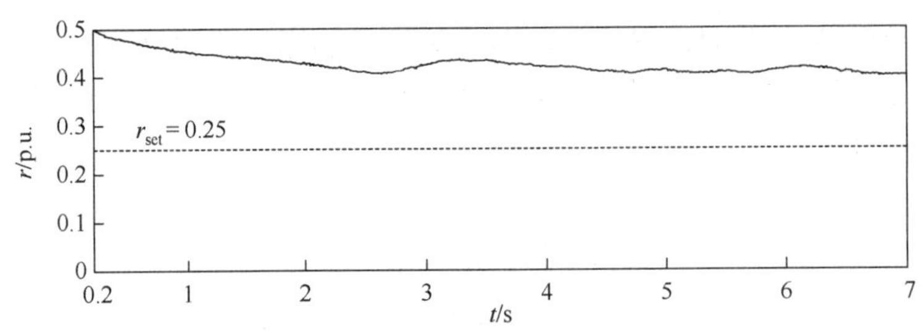

图 4.19 延时 6 s 内 r 计算值的变化趋势图（算例 4.4）

根据算例 4.2（图 4.10）中对换流变零序电流幅值分析可知，当 6 s 延时达到时，Y/Y 换流变零序电流幅值仍然大于动作门槛值，若不采取闭锁措施，换流变零序过电流保护将误动。而由图 4.19 可以看到，随着时间的变化，零序电流相空间重构轨迹的重心离原点的距离值 r 虽有波动，但一直大于 0.25 的门槛值，即 $r>r_{set}$ 得到满足，因此能有效闭锁保护，即使在仿真结束时，该闭锁判据仍能可靠闭锁保护，防止零序过电流保护误动。

为进一步评估该闭锁判据的可靠性，分别在换流变 A 相剩磁为 0.2 p.u.和 0.8 p.u.的情况下，改变合闸角，计算启动闭锁判据到保护延迟时间达到内的 r 值。表 4.1 和表 4.2 分别列出了两种剩磁情况下，判据启动后第 1 周波（r 下标 0.2）、延时时间达到 6 s 后的 1 个周波（r 下标 6.2）和仿真结束 7 s（r 下标 7）时的 r 计算值。

表 4.1 Y/Y 换流变 A 相剩磁为 0.2 时改变合闸角闭锁判据动作情况

合闸角/(°)	$r_{0.2}$	$r_{6.2}$	r_7	r_{set}	闭锁判据动作结果
0	0.50	0.40	0.40	0.25	闭锁保护
60	0.42	0.32	0.34	0.25	闭锁保护
120	0.45	0.38	0.37	0.25	闭锁保护
180	0.40	0.32	0.34	0.25	闭锁保护

表 4.2 Y/Y 换流变 A 相剩磁为 0.8 时改变合闸角闭锁判据动作情况

合闸角/(°)	$r_{0.2}$	$r_{6.2}$	r_7	r_{set}	闭锁判据动作结果
0	0.53	0.49	0.50	0.25	闭锁保护
60	0.50	0.45	0.44	0.25	闭锁保护
120	0.49	0.46	0.47	0.25	闭锁保护
180	0.47	0.44	0.45	0.25	闭锁保护

根据上述结果可知，虽然零序电流波形会随换流变初始剩磁和合闸角不同而有所变化，但其经过相空间重构后的轨迹仍然维持大量特征点集中分布于相空间中 x 轴和 y 轴附近的特点。因此，相空间轨迹每周波的重心幅值 r 虽有变化，但一直高于闭锁判据门槛值，能可靠闭锁零序过电流保护，防止其误动。

2. 外部故障切除恢复性涌流工况

算例 4.5 对 4.3 节换流变经历外部故障切除工况下原有零序过电流保护误动的算例 4.3 进行验证。在外部故障切除后附加闭锁判据启动到仿真结束 7 s 内，对换流变零序电流进行相空间重构，进一步计算其每个周期 r 值的变化趋势，如图 4.20 所示。

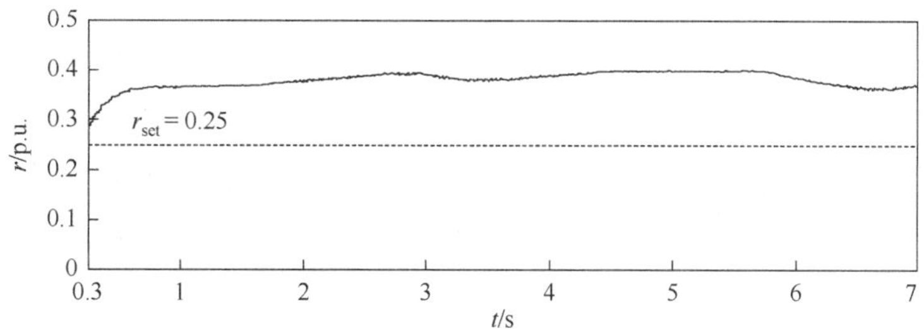

图 4.20 延时 6 s 内 r 计算值的变化趋势图（算例 4.5）

可以看到，同前面提到的空载合闸励磁涌流工况一样，在外部故障切除引起的恢复性涌流工况下，该附加闭锁判据 r 值一直维持高于 r_{set}，也能可靠闭锁零序过电流保护，防止其误动。

3. 区内不对称接地故障工况

以区内 A 相接地故障为例，采用两个算例分别验证中性线上零序 CT 不饱和及饱和情况下，所提附加闭锁判据的动作情况。

算例 4.6 Y/Y 换流变在 0.2 s 发生内部 A 相接地故障，仿真持续时间 7 s，中性线上零序 CT 未发生饱和能够保持正确传变。零序电流归一化后的波形如图 4.21 所示，从闭锁判据启动到仿真时间结束内每个周期 r 值的变化如图 4.22 所示。

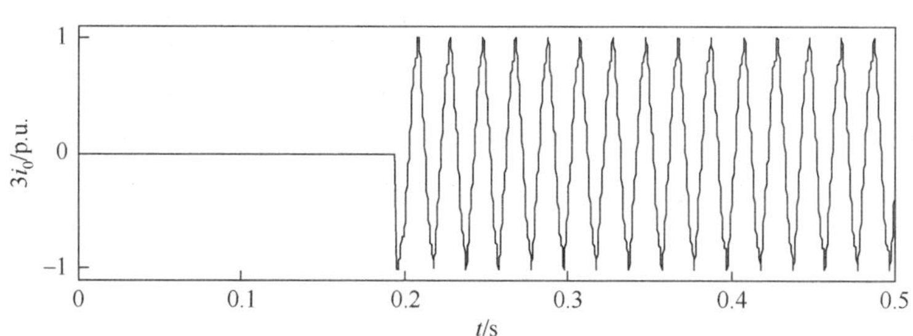

图 4.21 内部故障中性线 CT 正确传变时归一化零序电流波形（算例 4.6）

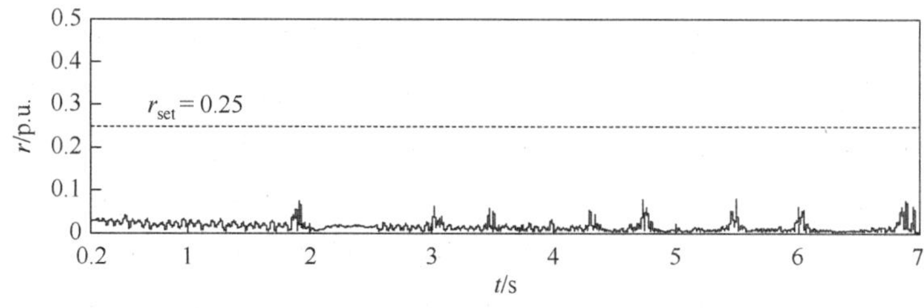

图 4.22 r 计算值的变化趋势（算例 4.6）

由图 4.22 可以看到，发生内部故障时，r 始终低于 0.25 的门槛值，$r>r_{set}$ 得不到满足，因此该闭锁判据不会闭锁保护，零序过电流保护能够按原判据逻辑进行判别并正确动作。

算例 4.7 Y/Y 换流变在 0.2 s 发生内部 A 相接地故障，持续时间 7 s，中性线上零序 CT 发生饱和。零序电流归一后的波形图，以及从闭锁判据启动到仿真时间结束内每个周期 r 值的变化分别如图 4.23 和图 4.24 所示。

由图 4.23 可以看到，中性线 CT 发生饱和，传变特性劣化，使得传变后的零序电流波形发生畸变，在 CT 饱和段，部分电流采样点较小，重构至二维相空间，将表现为对应的特征点

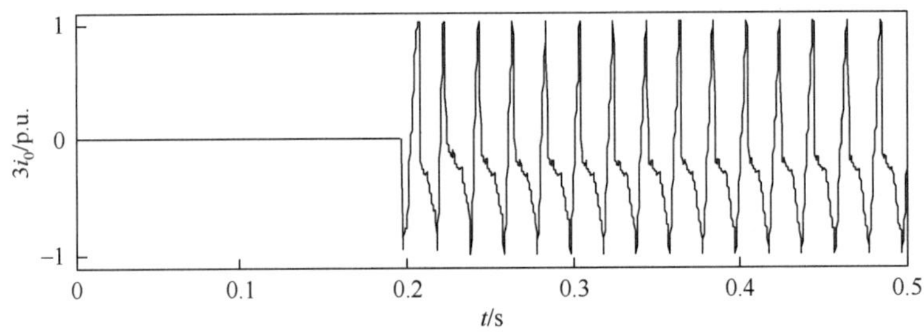

图 4.23 内部故障伴随中性线 CT 饱和时归一化零序电流波形（算例 4.7）

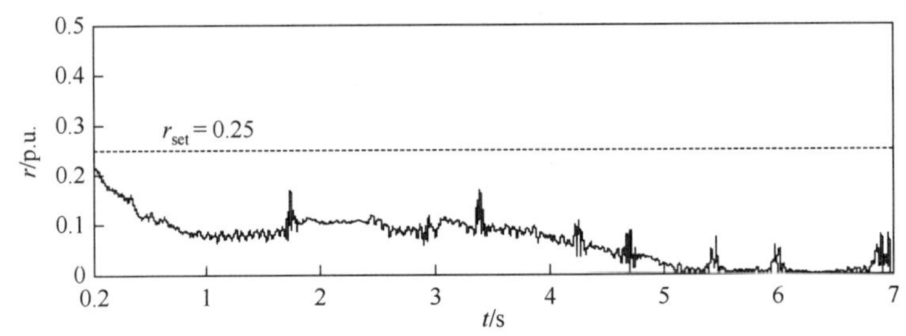

图 4.24 算例 4.7 中 r 计算值的变化趋势（算例 4.7）

在 x 轴和 y 轴附近，会使得原本应为圆形的轨迹发生部分变形，进而使得轨迹重心发生偏移，因此 r 值将较之 CT 未饱和情况时有所增大，但仍然低于 $r_{set}=0.25$ 的闭锁门槛，如图 4.24 所示。并且，随着故障电流中非周期分量的衰减，CT 逐渐从饱和状态恢复至非饱和状态，传变后的电流又恢复至较为规整的正弦波，重构至二维相空间的轨迹也随之呈现出较为规整的圆形，重心接近坐标原点，r 计算值随之降低到接近于 0。因此，在本算例所示区内故障伴随中性线 CT 饱和工况下，附加闭锁判据仍然可以正确判别，不会误闭锁保护。

4.5 本章小结

换流变空载合闸及外部故障切除引发的涌流现象时常造成换流变零序过电流保护误动。本章从理论上分析了换流变空载合闸以及外部故障发生和切除时换流变零序电流的变化特点，并揭示了由其引起换流变零序过电流保护误动的机理。根据分析发现，换流变经历空载合闸和外部故障切除工况时，由于三相涌流存在较大差异且幅值较大，同时因磁链累积效应涌流衰减较为缓慢，三相涌流合成的零序电流具有涌流特征，幅值可观且持续时间较长，满足零序过电流保护动作条件，造成换流变零序过电流保护误动。本章借助相空间重构技术对涌流特征的放大作用，通过对不同工况下零序电流采样序列进行相空间重构发现：涌流工况下，零序电流相空间重构后的轨迹存在大量特征点分布在相空间横、纵坐标轴上或其附近，其重心主要分布在斜率为 1、通过原点的直线上；而内部故障时轨迹基本上是以坐标原点为圆心、半径为 1 的圆，其重心分布在相空间原点周围，据此提出了利用换流变零序电流相空间重构轨迹重心距原点的距离变化值进行故障和涌流工况的判别，形成了换流变零序过电流保护附加闭锁判据，并仿真验证了判据的有效性。

本章参考文献

[1] 冯国东. 一种换流变压器零序过流保护改进方案[J]. 电气自动化，2016，38（6）：5-7.

[2] 张侃君，戚宣威，胡伟，等. YD 型换流变三角形绕组 CT 饱和对直流保护的影响及对策[J]. 电力系统保护与控制，2016，44（20）：99-105.

[3] 谷永刚，齐卫东，韩彦华，等. 换流变压器充电时开关跳闸的原因分析[J]. 陕西电力，2011，39（9）：52-54.

[4] 江志波，何润华. 几起零序过流保护动作事故分析及改进措施探讨[J]. 山东工业技术，2014，（15）：100-102.

[5] 刘家军，罗明亮，徐玉洁. 直流输电中换流变压器零序过流保护的探讨[J]. 中国电力，2014，47（6）：22-25.

[6] 朱韬析，王超. 天广直流输电换流变压器保护系统存在的问题[J]. 广东电力，2008，21（1）：7-10，26.

[7] 刘涛，高晓辉，柳震. 一起变压器后备零序保护越级跳闸事故的分析[J]. 电力学报，2013，28（4）：309-312.

[8] 刘中平，陆于平，袁宇波. 变压器外部故障切除后恢复性涌流的研究[J]. 电力系统自动化，2005，29（8）：41-44，95.

[9] ZI Q，HANSONG T，ZHIHAO R，et al. A discussion on the existence of the inrush current after the clearance of a transformer external fault//Proceedings of IEEE Russia Power Tech[C]. Petersburg：IEEE Computer Society，2005.

[10] 刘世明，许志成，李森林，等. 基于相空间的励磁涌流新特征分析[J]. 电力系统自动化，2012，36（18）：134-138.

[11] BEJMERT D，REBIZANT W，SCHIEL L. Transformer differential protection with fuzzy logic based inrush stabilization[J]. International Journal of Electrical Power and Energy Systems，2014，63（Dec.）：51-63.

第 5 章

换流器桥差保护异常动作行为分析及对策研究

换流器桥差保护作为后备保护，在换流桥发生阀换相故障或触发故障时跳开网侧断路器以保护直流系统。换流变在空载合闸及外部故障切除复电过程中，容易产生严重且具有非常规特征的涌流。严重涌流的频发与新特征可能导致换流器桥差保护误动[1-4]。针对此类换流器桥差保护误动问题，目前主要根据误动现象提出了一些诸如提高保护定值或增加延时等较为被动的对策，但该类对策可能会降低换流器桥差保护在区内故障时的灵敏性或者造成动作延时等其他问题。

本章将对换流器桥差保护在涌流工况下发生误动的机理进行研究，揭示桥差保护误动的原因；并利用互近似熵算法在波形相似度识别上的优势，构造新型桥差保护防误动闭锁方案。

5.1 换流变空载合闸励磁涌流对换流器桥差保护的影响

3.1 节中利用单相变压器空载合闸等效模型（图 3.3）分析了换流变空载合闸时励磁涌流的特征。本节将在此基础上分析励磁涌流特征对换流变三角侧绕组 CT 传变特性的影响，并进一步揭示其引发换流器桥差保护误动的原因。

二次侧空载的换流变在一次侧合闸时，基于 Y/Y 换流变的接线方式，其二次侧中不存在零序环流 i_D；但 Y/△换流变二次侧为三角形接线，在其三角环内存在零序环流 i_D，且有

$$i_D = -(i_{mA} + i_{mB} + i_{mC}) \cdot \frac{Z_{ss} + Z_{0s}}{6Z_{ss} + 3Z_{0s}} \tag{5.1}$$

式中：i_{mA}、i_{mB} 和 i_{mC} 为换流变三相励磁支路电流；Z_{0s} 为系统侧等值零序阻抗；Z_{ss} 为变压器二次侧漏阻抗。假设忽略电源内阻抗，即 $Z_{0\,s} = 0$，则 Y/△换流变的零序环流可表示为

$$i_D = -\frac{1}{6}(i_{mA} + i_{mB} + i_{mC}) \tag{5.2}$$

可见，Y/△换流变的零序环流与三相励磁支路电流有关，正常情况下，当励磁支路电流很小或三相励磁支路电流对称性好时，i_D 也较小。

根据 1.1.5 小节桥差保护接线方式（图 1.6）以及桥差保护判据公式（1.10）～（1.13），Y/Y 换流变桥差保护所用的电流量即为其二次侧三相电流，在理想情况下，换流变空载合闸时，Y/Y 换流变二次侧没有电流通过，二次侧三相电流为 0，因此对应有保护用电流量 $i_{aY} = i_{bY} = i_{cY} = 0$，相应幅值有 $I_{aY} = I_{bY} = I_{cY} = 0$。而对于 Y/△换流变，基于其二次侧三角形接线方式和绕组 CT 安装位置的特殊性，桥差保护采集的电流为 Y/△换流变三角侧绕组环内电流。在理想情况下，三相绕组 CT 测量的为同一个电流，即零序环流 i_D，若三相绕组 CT 均能正常传变，则有 $i_{22a} = i_{22b} = i_{22c}$，经过式（1.13）转换得到保护用电流，即 $i_{aD} = i_{22a} - i_{22b} = 0$，$i_{bD} = i_{22b} - i_{22c}$，$i_{cD} = i_{22c} - i_{22a} = 0$，因此对应桥差保护所用的电流量幅值有 $I_{aD} = I_{bD} = I_{cD} = 0$。根据式（1.11）和式（1.10）可知，用于保护判据进行判别的电流量幅值均为 0，不存在差值，即 $I_{acY} = I_{acD} = 0$，$I_{ac} = 0$。因此，$\Delta I_Y = I_{ac} - I_{acY} = 0$ 且 $\Delta I_D = I_{ac} - I_{acD} = 0$，即 Y 桥幅值判据和 D 桥幅值判据均不满足动作条件，桥差保护不会动作。

而在实际情况中，换流变空载合闸可能产生幅值较高且差异较大的三相励磁支路电流，即 i_{mA}、i_{mB} 和 i_{mC} 三者不平衡度大，根据式（5.2）可知，这将会在 Y/△换流变三角侧环内产生幅值较大的零序环流 i_D，流经三角侧三相绕组 CT，若同时某相绕组 CT 本身存在较大剩磁，则该相 CT 易发生饱和。假设当 A 相绕组 CT 发生饱和使该相绕组电流传变出现误差，则有 $i_{22a} \neq i_{22b}$，$i_{22c} \neq i_{22a}$，$i_{22b} = i_{22c}$。根据桥差保护用电流量幅值计算式（1.13）可知，$I_{aD} \neq 0$，$I_{cD} \neq 0$，$I_{bD} = 0$，而 Y/Y 换流变保护用电流量仍然为 0，即 $I_{aY} = I_{bY} = I_{cY} = 0$，则根据式（1.11）和式（1.10）可知，用于保护判据进行判别的电流量幅值之间出现差值，即 $I_{acY} = 0$，$I_{acD} \neq 0$，$I_{ac} = I_{acD} \neq 0$。因此，$\Delta I_D = I_{ac} - I_{acD} = 0$，而 $\Delta I_Y = I_{ac} - I_{acY} \neq 0$，当 Y 桥幅值判据 $\Delta I_Y > I_{set}$ 得到满足，且持续时间超过设定的 200 ms 保护延时后，Y 桥桥差保护将会误动。

5.2 外部故障切除恢复性涌流对换流器桥差保护的影响

在发生外部不对称接地故障期间，Y/△换流变三角侧环内会存在较大的零序环流，某相绕组 CT 若因自身有较大剩磁而发生饱和，经其传变后的电流波形会出现明显畸变，导致产生测

量误差，这会在 Y/Y 换流变和 Y/△换流变桥差保护用电流量幅值之间引入虚假差值，使得 Y 桥或 D 桥动作量判据得到满足。但是，由于桥差保护延时未到，保护将暂时不会动作。

根据 3.2 节对外部故障被切除后换流变磁链特性的分析，受不同故障严重程度、故障切除角及故障发生时刻电源相角的影响，在恢复性涌流期间换流变三相铁芯的饱和程度可能存在较大不一致，三相磁链不对称，相应产生的三相恢复性涌流也将明显不对称（图 3.10 和图 3.11）。且在实际情况中，非周期性磁链虽逐渐衰减，但衰减较慢，相应产生的恢复性涌流也衰减缓慢，这与空载合闸产生的励磁涌流特征相似。

与空载合闸不同的是，外部故障发生和切除时，换流变二次侧绕组一直存在电流，但零序电流由三相电流相加所得，三相电流稳态部分相量和为 0，所以合成的零序电流主要由不对称的三相恢复性涌流所决定。因此，即使此时故障已经被切除，一次电流恢复，但流经 Y/△换流变三角侧绕组 CT 的电流中仍然叠加了幅值可观且衰减缓慢的零序环流。而外部故障存续期间已经饱和的某相绕组 CT 受该零序环流的影响，可能将持续处于饱和状态，无法恢复正常传变，导致由其传变后的二次电流波形发生畸变，产生测量误差。与此同时，若其他两相绕组 CT 在外部故障存续期间和切除后，均能正常传变电流，则与空载合闸时工况类似，Y/Y 换流变与 Y/△换流变桥差保护用电流量幅值之间可能出现虚假差值，使得 Y 桥或 D 桥幅值判据得以满足，持续时间超过保护设定延时，引发桥差保护误动。

5.3 换流器桥差保护误动分析

本节仍采用 2.2 节中介绍的特高压直流输电系统仿真模型，以图 2.5 中站 1 极 I 高端一组 Y/△换流变和 Y/Y 换流变为对象，仿真分析换流变经历空载合闸和外部故障切除工况时，换流器桥差保护的动作情况。根据 1.1.5 小节介绍的换流器桥差保护原理建立保护判据逻辑。结合图 1.6 所示的换流器桥差保护接线图，由于 Y/△换流变绕组 CT 安装位置的特殊性，根据式（1.13）将 Y/△换流变绕组 CT 测量的电流量变换为保护用电流，如图 5.1 所示。图中：$i_{22\text{A}}$、$i_{22\text{B}}$和 $i_{22\text{C}}$ 分别为 Y/△换流变三角侧三相绕组一次电流。利用两换流变测量得到保护用电流量，根据式（1.11）和式（1.10）实现换流器桥差保护判据的仿真逻辑，如图 5.2 所示。

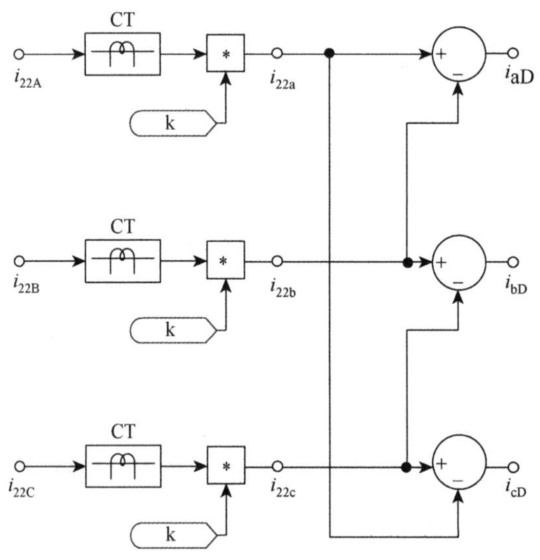

图 5.1 Y/△换流变三角侧保护用电流生成逻辑

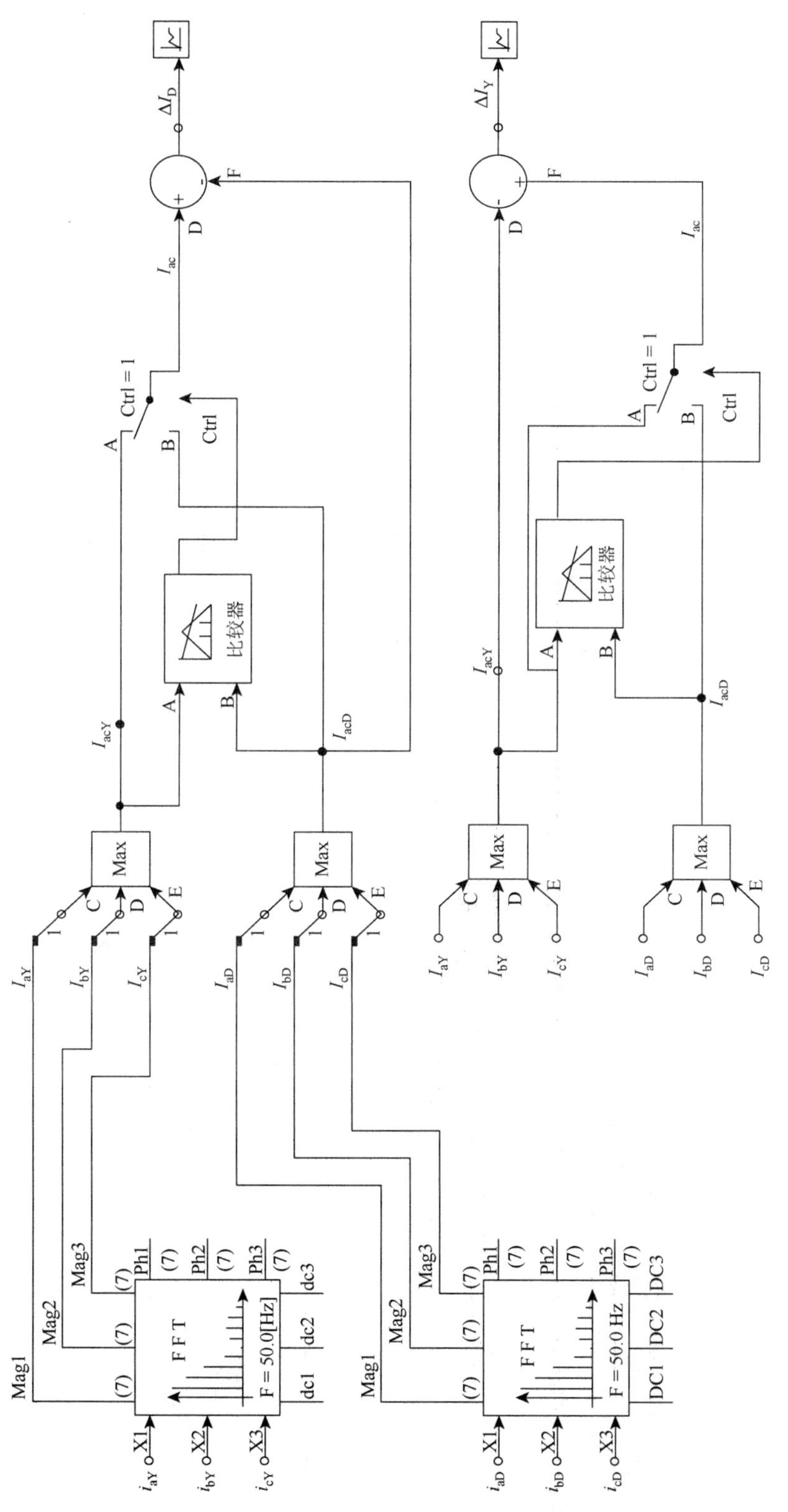

图 5.2　换流器桥差保护判据仿真逻辑

5.3.1 励磁涌流引起换流器桥差保护误动分析

根据相关现场案例报道，在投单极换流变时换流器桥差保护多次发生误动情况，本小节针对该现象进行仿真分析。仿真设置换流变在 $t = 0.1$ s 时刻空载合闸，由于桥差保护动作条件之一为满足差流幅值越限持续时间超过 200 ms，将算例仿真总时长设置为 0.4 s。幅值判据门槛值 I_{set} 取为一般的整定值，如 0.07 p.u.。仿真过程中 Y/△换流变三角侧 A 相绕组 CT 剩磁设定为 0.7 p.u.，其他相绕组 CT 和 Y/Y 换流变二次侧三相 CT 剩磁均为 0。

换流变空载合闸时，受三相不对称励磁支路电流影响，在 Y/△换流变三角侧绕组内产生较大的零序环流，如图 5.3（a）所示。Y/△换流变三角侧 CT 装于三相绕组上，因此通过 CT 的一次电流即为该零序环流，并且根据调查发现，换流变的 CT 经常同时用在测量回路和保护回路中，为了使得测量精度提高，一般牺牲抗饱和特性。Y/△换流变 A 相绕组 CT 存在大量剩磁，传变该零序环流过程中发生饱和，使得 A 相绕组电流经 CT 传变后的波形发生畸变，图 5.3（b）所示为 Y/△换流变三角侧 A 相绕组 CT 一、二次电流以及两者之间的差流。B 相和 C 相绕组 CT 因无剩磁未发生饱和保持线性传变，三相绕组 CT 一次侧电流及经 CT 传变后的二次侧电流分别如图 5.3（c）和（d）所示。对比如图 5.3（c）和（d）可以发现：流经 Y/△换流变三角侧三相绕组的一次电流同为零序环流，波形一致；但经三相绕组 CT 传变后，A 相二次电流因 CT 饱和而发生波形畸变，B 相和 C 相电流波形仍与传变前保持一致。

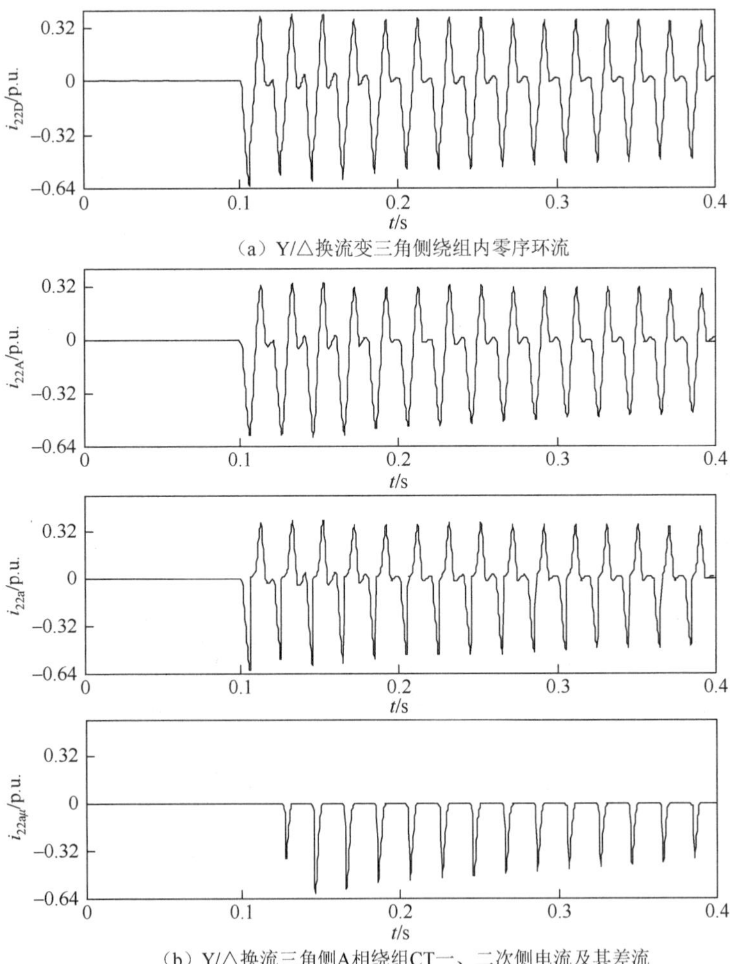

（a）Y/△换流变三角侧绕组内零序环流

（b）Y/△换流三角侧A相绕组CT一、二次侧电流及其差流

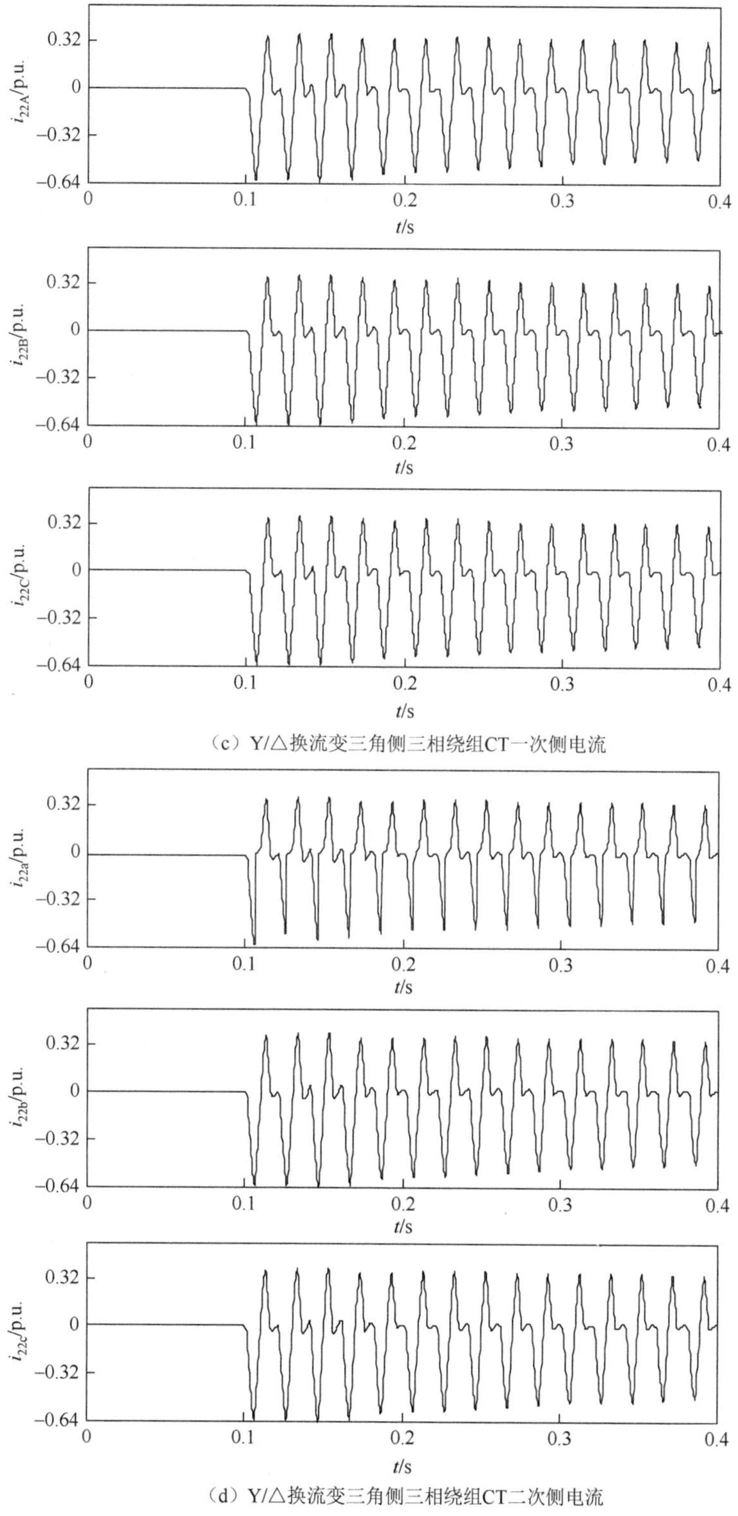

（c）Y/△换流变三角侧三相绕组CT一次侧电流

（d）Y/△换流变三角侧三相绕组CT二次侧电流

图 5.3 励磁涌流工况下 Y/△换流变电流波形

由于 A 相绕组 CT 饱和导致 i_{22a} 波形畸变，与 i_{22b} 和 i_{22c} 之间存在差流，根据 $i_{aD}=i_{22a}-i_{22b}$，$i_{bD}=i_{22b}-i_{22c}$，$i_{cD}=i_{22c}-i_{22a}$ 形成 Y/△换流变保护用三相电流量，如图 5.4（a）所示。可以看

到，i_{22a}的波形畸变，最终影响到i_{aD}和i_{cD}，使得该两相保护用电流量不为0。同时，Y/Y换流变二次侧三相电流基本为0，如图5.4（b）所示。

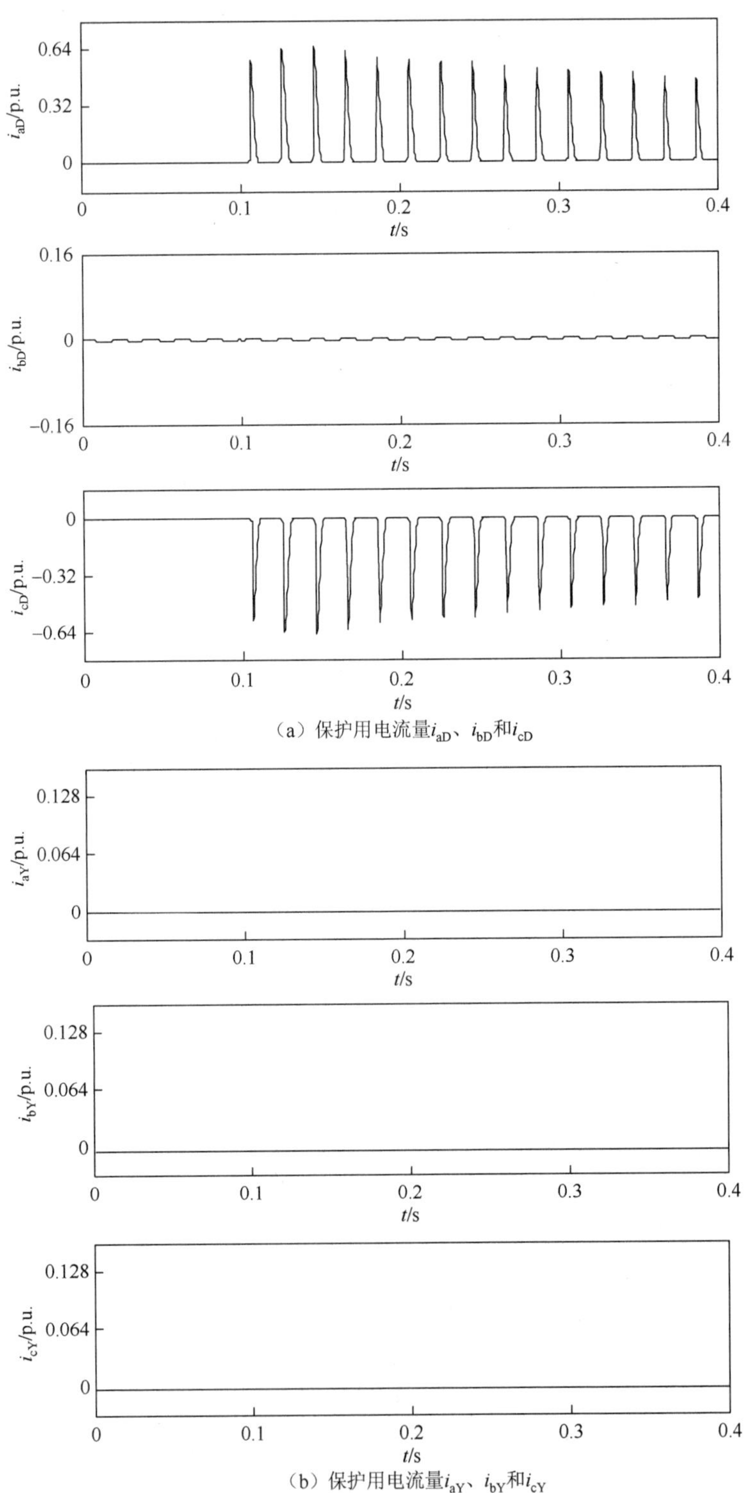

（a）保护用电流量i_{aD}、i_{bD}和i_{cD}

（b）保护用电流量i_{aY}、i_{bY}和i_{cY}

图5.4 励磁涌流工况下Y/△换流变和Y/Y换流变保护用电流量

进一步对上述 Y/△换流变和 Y/Y 换流变保护用电流量幅值进行分析，如图 5.5 所示。由图 5.5（a）和（b）可以看到，Y/△换流变保护用电流量 i_{aD} 和 i_{cD} 的幅值 I_{aD} 和 I_{cD} 较大，而 Y/Y 换流变保护用三相电流量幅值皆基本为 0。根据 $I_{acD}=\max\{I_{aD},I_{bD},I_{cD}\}$，$I_{acY}=\max\{I_{aY},I_{bY},I_{cY}\}$，$I_{ac}=\max\{I_{acY},I_{acD}\}$，可得保护判据用电流量幅值 I_{acD}、I_{acY} 和 I_{ac}，如图 5.5（c）所示。很明显，Y/△换流变和 Y/Y 换流变保护用电流量幅值 I_{acD} 与 I_{acY} 之间不再平衡，出现可观差值。

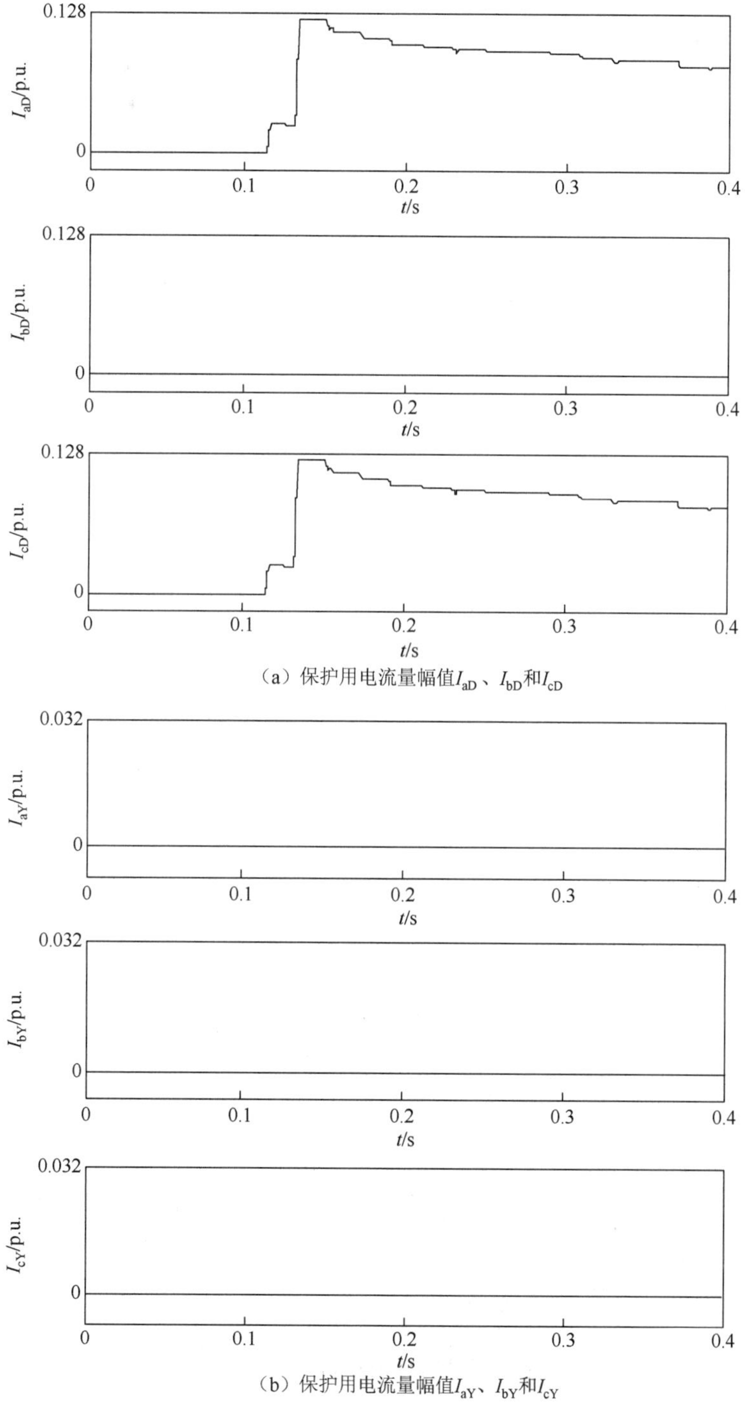

（a）保护用电流量幅值 I_{aD}、I_{bD} 和 I_{cD}

（b）保护用电流量幅值 I_{aY}、I_{bY} 和 I_{cY}

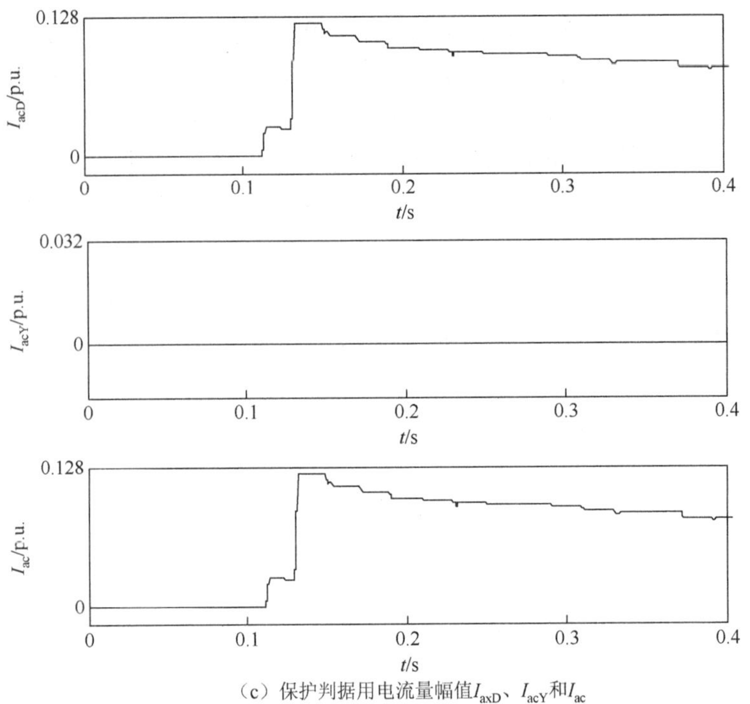

（c）保护判据用电流量幅值I_{axD}、I_{acY}和I_{ac}

图 5.5 励磁涌流工况下 Y/△换流变和 Y/Y 换流变保护用电流量幅值

根据图 5.5（c）电流量幅值进行换流器桥差保护判据动作量计算，即 $\Delta I_Y = I_{ac} - I_{acY}$，$\Delta I_D = I_{ac} - I_{acD}$，其结果如图 5.6 所示。可以看到，Y 桥幅值判据 $\Delta I_Y > I_{set}$ 已经得到满足，当持续时间大于 200 ms 时，桥差保护将不可避免发生误动。

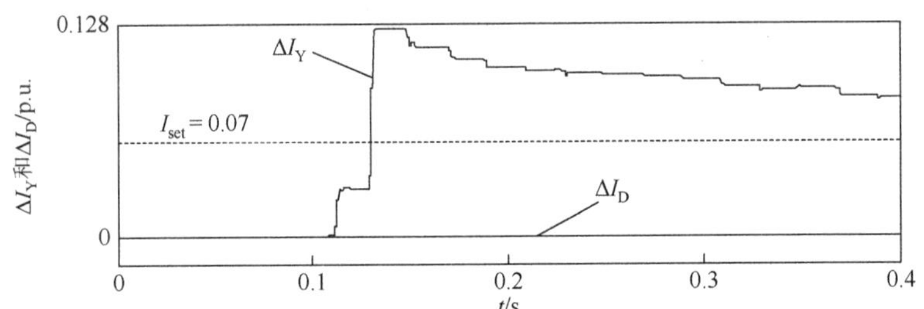

图 5.6 励磁涌流工况下换流器桥差保护幅值判据判别结果

5.3.2 恢复性涌流引起换流器桥差保护误动分析

据报道，贵广直流二回工程在进行逆变站网侧单相金属接地故障（故障持续时间 100 ms）试验时，在切除故障后，直流系统多次因逆变侧桥差保护误动而停运。本小节针对该种工况进行仿真分析。仿真总时长设置为 0.4 s，在 $t=0.1$ s 时刻网侧发生 A 相接地故障（AG），故障持续时间为 0.1 s，即故障在 $t=0.2$ s 时刻被切除。同样地，只设置 Y/△换流变三角侧 A 相绕组 CT 剩磁为 0.7 p.u.，其他相绕组 CT 和 Y/Y 换流变各相 CT 剩磁均为 0。

外部故障存续期间，Y/△换流变三角侧绕组内存在较大的零序环流，外部故障被切除后，受到不对称的三相恢复性涌流影响，Y/△换流变三角侧仍存在幅值可观的零序环流，如图 5.7（a）所示。图 5.7（b）所示为 Y/△换流变 A 相绕组 CT 一、二次侧电流以及两者之间的差流。可以看到：在外部故障期间，A 相绕组 CT 因有较大剩磁发生饱和，传变特性劣化，CT 二次侧电流波形出现明显畸变；而外部故障被切除后，A 相 CT 仍处于饱和状态，即使外部故障已经被切除，一次电流恢复，该 CT 仍存在传变误差。同时，B 相和 C 相绕组 CT 在外部故障存续期间和切除后均保持线性传变。三相绕组 CT 一次侧电流以及经 CT 传变后的二次侧电流分别如图 5.7（c）和（d）所示。对比图 5.7（c）和（d）可以看到，经三相绕组 CT 传变后，A 相二次侧电流因 CT 饱和而发生波形畸变，B 相和 C 相电流波形仍与传变前保持一致。

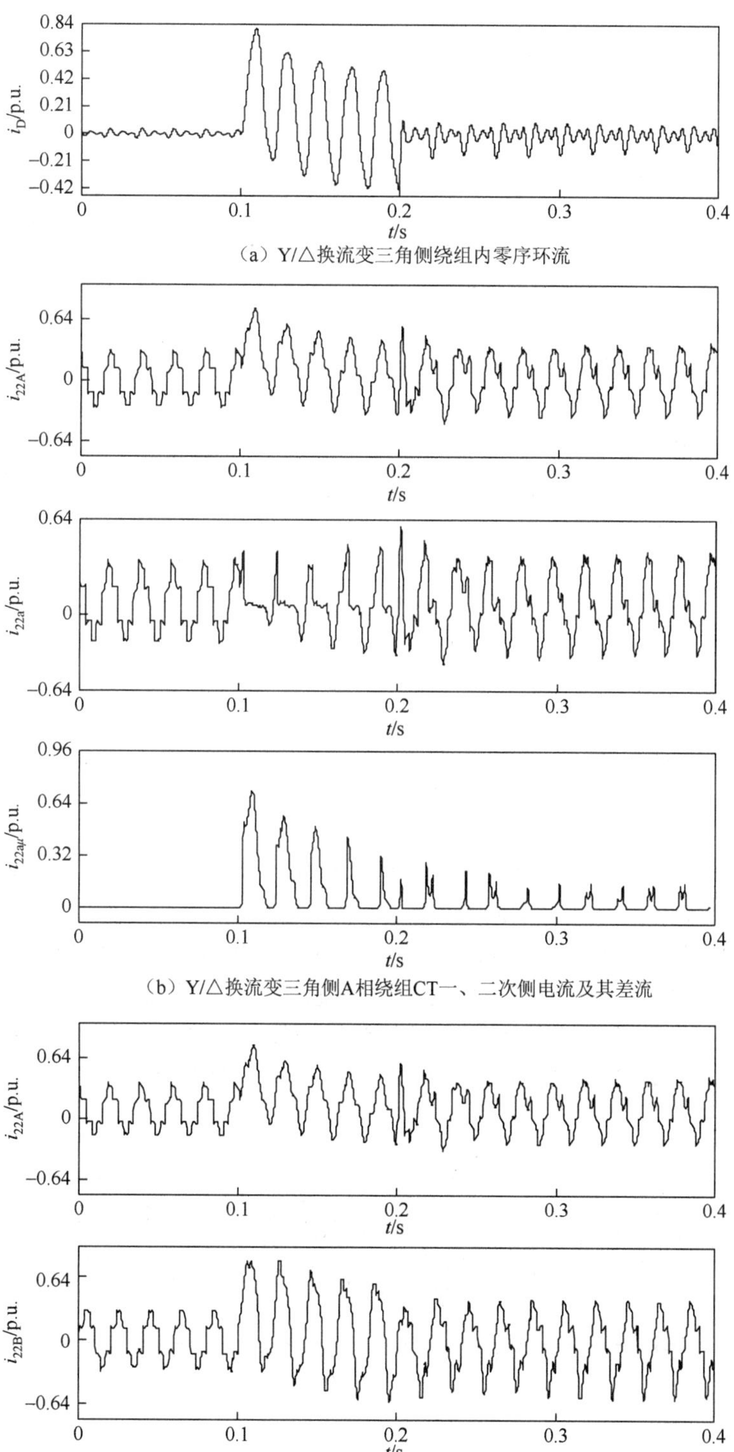

（a）Y/△换流变三角侧绕组内零序环流

（b）Y/△换流变三角侧A相绕组CT一、二次侧电流及其差流

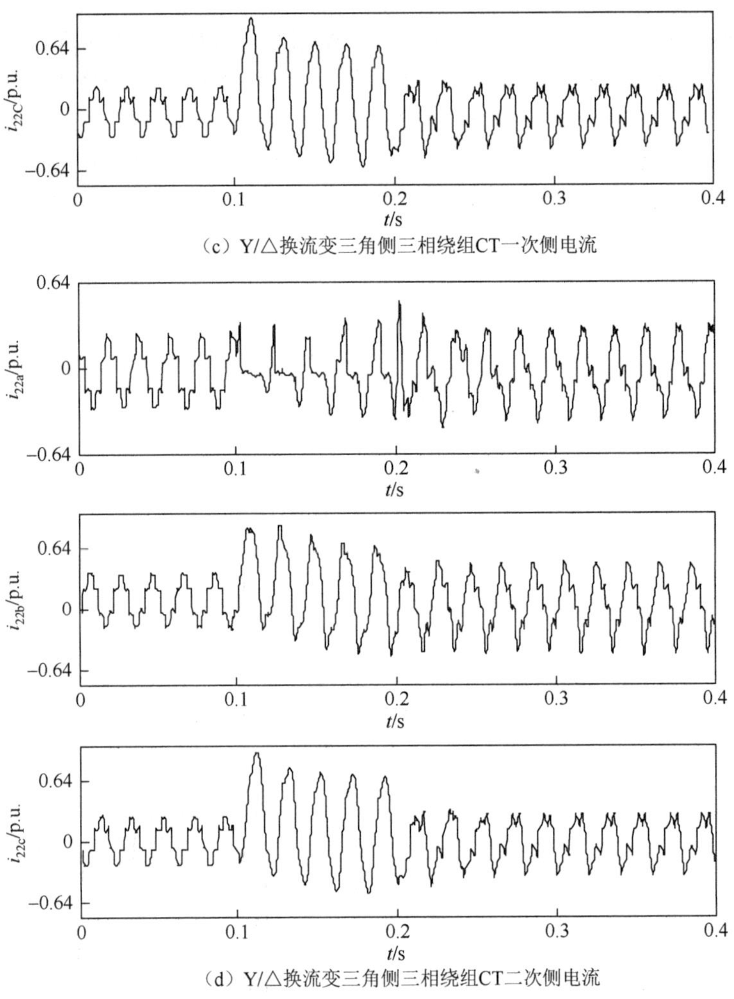

（c）Y/△换流变三角侧三相绕组CT一次侧电流

（d）Y/△换流变三角侧三相绕组CT二次侧电流

图 5.7 恢复性涌流工况下 Y/△换流变电流波形

与空载合闸励磁涌流工况类似，由于 Y/△换流变三角侧 A 相绕组 CT 饱和，电流 i_{22a} 波形出现畸变，造成测量误差，根据 $i_{aD}=i_{22a}-i_{22b}$，$i_{bD}=i_{22b}-i_{22c}$，$i_{cD}=i_{22c}-i_{22a}$ 形成 Y/△换流变保护用三相电流量，如图 5.8（a）所示。同时，Y/Y 换流变各相绕组 CT 正常传变，三相电流未出现传变误差，经 CT 传变后的三相电流即为 Y/Y 换流变保护用三相电流量，波形如图 5.8（b）所示。值得注意的是，由于外部故障发生和切除期间，换流变二次侧与换流阀相连，电流受到直流系统谐波影响，波形实际上并不是光滑正弦波，其对 CT 传变特性影响甚微。

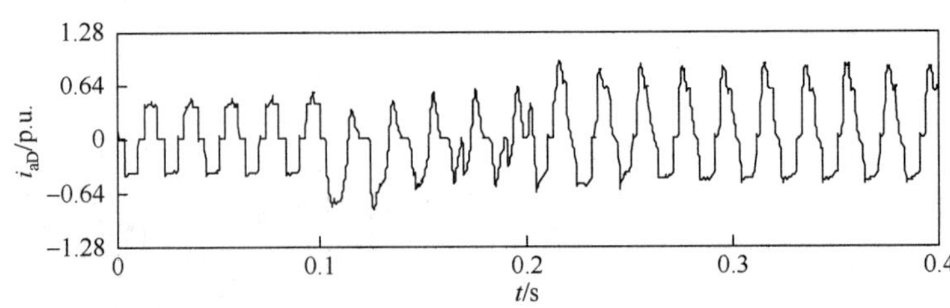

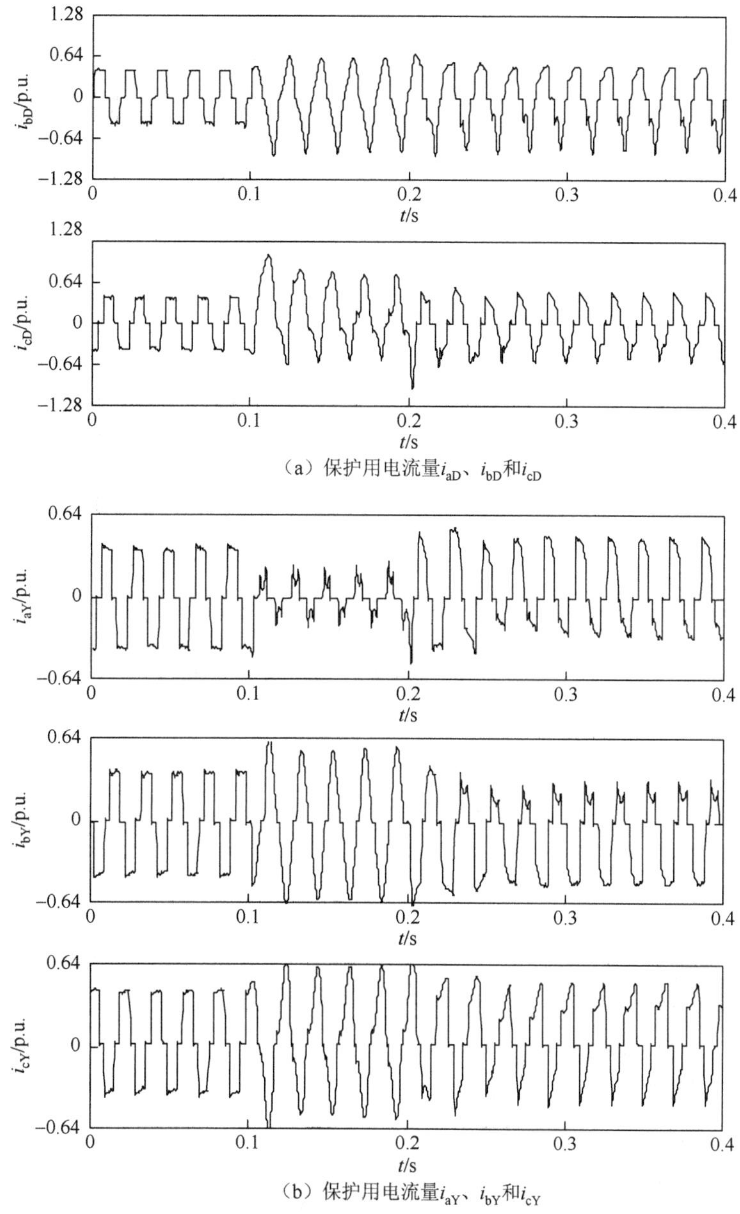

（a）保护用电流量i_{aD}、i_{bD}和i_{cD}

（b）保护用电流量i_{aY}、i_{bY}和i_{cY}

图 5.8 恢复性涌流工况下 Y/△换流变和 Y/Y 换流变保护用电流量

进一步对上述 Y/△换流变和 Y/Y 换流变保护用电流量幅值进行分析，如图 5.9 所示。由图 5.9（a）和（b）可以看到：故障发生前，Y/△换流变和 Y/Y 换流变保护用电流量即为各自阀侧三相电流量，幅值基本相同；若不发生 CT 饱和，在外部故障期间，Y/△换流变和 Y/Y 换流变二次侧三相电流幅值特征应较为一致，即 A 相电流幅值减小，而 B 相和 C 相电流幅值增大；故障被切除后，Y/△换流变和 Y/Y 换流变各自阀侧三相电流又恢复为故障前状态，幅值仍然基本相同。那么，根据 $I_{acD}=\max\{I_{aD},I_{bD},I_{cD}\}$，$I_{acY}=\max\{I_{aY},I_{bY},I_{cY}\}$ 可知，在故障发生期间和切除后，保护判据用电流量幅值有 $I_{acD}=I_{acY}$，即 Y/△换流变与 Y/Y 换流变保护用电流量幅值之间相互平衡，不存在明显差值，桥差保护不会动作。

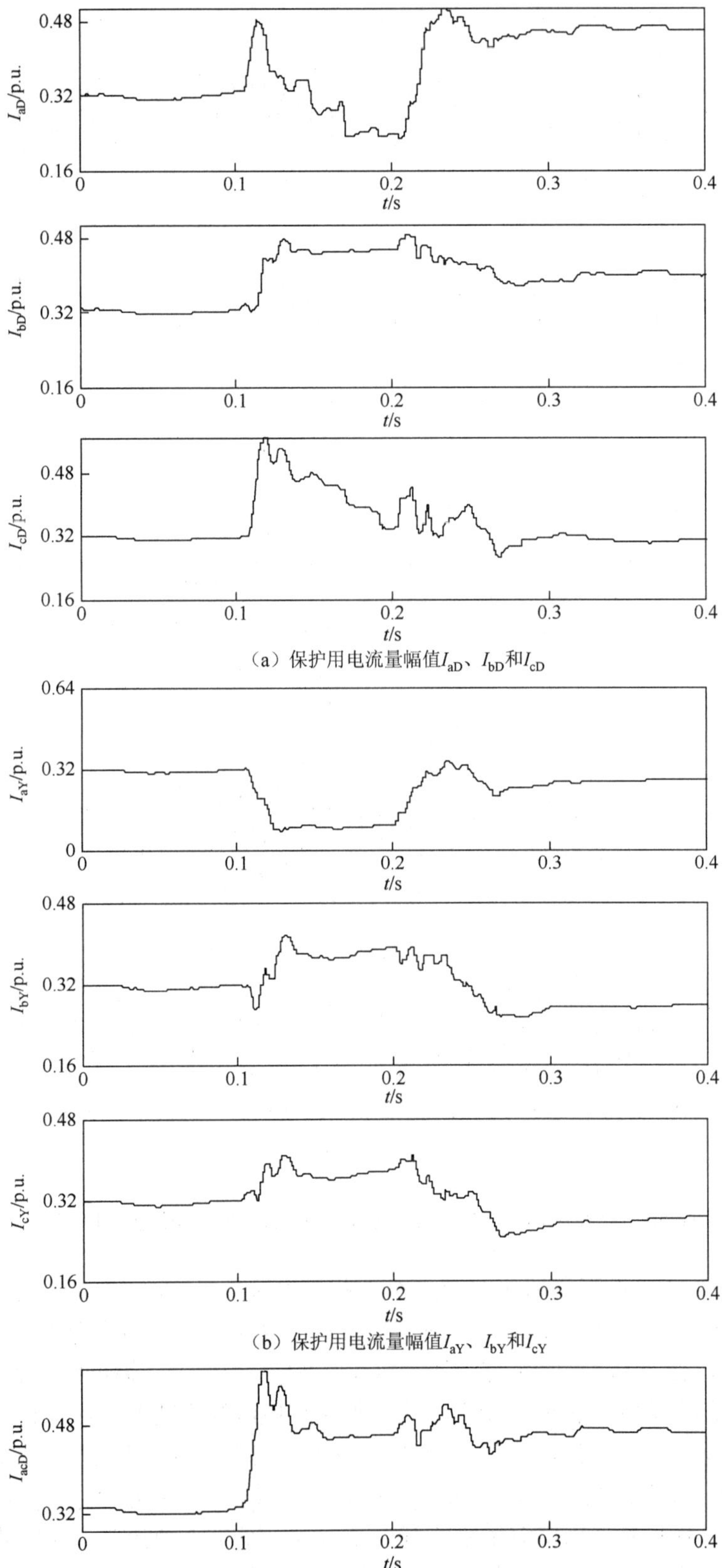

（a）保护用电流量幅值I_{aD}、I_{bD}和I_{cD}

（b）保护用电流量幅值I_{aY}、I_{bY}和I_{cY}

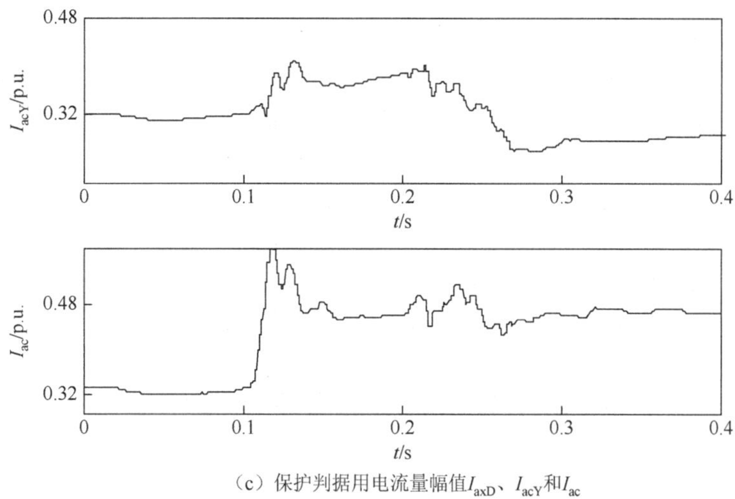

（c）保护判据用电流量幅值I_{axD}、I_{acY}和I_{ac}

图 5.9 恢复性涌流工况下 Y/△换流变和 Y/Y 换流变保护用电流量幅值

但是，根据前述分析，外部故障发生后，Y/△换流变三角侧 A 相绕组 CT 受剩磁和较大零序环流影响而发生饱和，因此造成该相绕组电流 i_{22a} 出现测量误差，进而导致 Y/△换流变保护用电流量 $i_{aD}(i_{aD} = i_{22a} - i_{22b})$和 $i_{cD}(i_{cD} = i_{22c} - i_{22a})$的幅值 I_{aD} 和 I_{cD}，与 Y/Y 换流变保护用电流量幅值 I_{aY} 和 I_{cY} 不再相等。并进一步导致 $I_{acD} \neq I_{acY}$，即 Y/△换流变与 Y/Y 换流变保护用电流量幅值之间不再平衡，出现虚假差值。故障被切除后，虽然一次电流已经恢复，但 Y/△换流变三角侧 A 相绕组 CT 仍然处于饱和状态，这使得 Y/△换流变与 Y/Y 换流变保护用电流量幅值之间持续不平衡，仍然存在虚假差值。外部故障发生和切除后，桥差保护判据用电流量幅值 I_{acD}、I_{acY} 和 I_{ac} 的变化如图 5.9（c）所示。很明显，故障发生后，持续有 $I_{acD} > I_{acY}$，根据 $I_{ac} = \max\{I_{acY}, I_{acD}\}$，有 $I_{ac} = I_{acD}$。

根据图 5.9（c）电流量幅值进行换流器桥差保护判据动作量计算，即 $\Delta I_{Y} = I_{ac} - I_{acY}$，$\Delta I_{D} = I_{ac} - I_{acD}$，其结果如图 5.10 所示。可以看到，在发生网侧外部单相接地故障期间，虽然 Y 桥幅值判据 $\Delta I_{Y} > I_{set}$ 已经得到满足，但是由于未达到延时时间条件（200 ms），桥差保护暂时不会动作。但在外部故障被切除后，$\Delta I_{Y} > I_{set}$ 仍然满足，结合故障存续的时间，总持续时间达到 200 ms 后，桥差保护将发生误动。

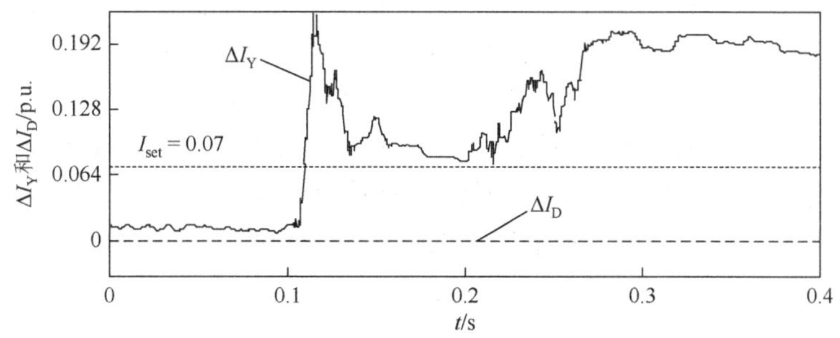

图 5.10 恢复性涌流工况下换流器桥差保护幅值判据判别结果

根据以上分析，桥差保护在涌流工况下发生误动的主要原因是：Y/△换流变三角侧绕组 CT 在自身剩磁和含有较大非周期分量的零序环流的影响下发生饱和，在保护用电流量中产生测量误差，使得 Y/△换流变和 Y/Y 换流变保护用电流量幅值之间不平衡，出现虚假差值，造成 Y 桥幅值量判据 $\Delta I_{Y} > I_{set}$ 得到满足，并达到保护设定的延时后，桥差保护误动。

除上述分析的励磁涌流和恢复性涌流工况下，桥差保护出现误动情况外，也有文献报道换流站一极换流变充电过程中产生的和应涌流导致处于闭锁状态的另一极换流器桥差保护误动的案例，并对误动原因进行了分析[5]。分析发现，换流站一极换流变充电时，在并联的另一极换流变原边中产生了较大的和应涌流，且三相和应涌流差异较大。该和应涌流不能通过 Y/Y 换流变传至其二次侧，所以 Y/Y 换流变保护用电流量幅值 I_{acY} 很小；但三相和应涌流合成后可以通过 Y/△换流变传至其二次侧绕组，在其二次侧三角形环内形成很大的零序环流，该零序环流存在较大的非周期分量并衰减很慢，导致 Y/△换流变三角侧绕组 CT 严重饱和并经过一段时间才能恢复，电流量采样失真，从而引起桥差保护误动。

5.4 基于互近似熵算法的换流器桥差保护防误动闭锁方案

根据前面章节的分析，桥差保护在各种复杂涌流工况下发生误动的原因相似，即三相不对称的涌流在 Y/△换流变三角侧环内形成幅值较大衰减缓慢的零序环流，引发绕组 CT 饱和，使得 Y/△换流变保护用电流量出现测量误差，造成 I_{acD} 与 I_{acY} 之间出现不平衡，存在较大差值，最终导致桥差保护误动。

有技术人员提出了一些应对方案来防止该类桥差保护误动，如更换暂态特性更优的 CT、展宽桥差保护延时判据、提高桥差保护幅值判据整定值、换流变空投时闭锁相关的保护，以及将 Y/△换流变三角侧零序环流引入启动判据作为制动量等。这些方法虽然能够在一定程度上防止桥差保护误动，但是在应用中却存在一些问题：更换 CT 会增加投资成本，并且容易受到安装位置的限制，增加二次系统的施工与检修难度；展宽延时判据和提高幅值判据整定值会降低桥差保护在区内故障时的灵敏性和速动性；空投期间闭锁保护并不能防止交流系统发生故障所导致的桥差保护误动；将 Y/△换流变三角侧零序环流引入启动判据作为制动量，虽然能提高保护的可靠性，但灵敏性和速动性降低。因此，还需要从桥差保护误动的根本原因出发探究有效的防误动策略。根据本章前述分析，造成桥差保护误动的原因主要是绕组 CT 发生饱和，而 CT 正常运行与饱和状态下二次侧电流在波形相似程度上存在明显的差异，可采用波形相似度比较的方式来识别 CT 饱和，构成防误动闭锁方案。

在第 2 章和第 3 章分别介绍过两种性能较好的时间序列相似性度量算法，第 2 章采用豪斯多夫距离算法构造了换流变大差保护判据，第 3 章采用 DTW 距离算法设计了换流变零序差动保护辅助判据。本节将介绍另一种区分信号相似程度差异的算法——互近似熵算法。该算法已被应用于生物学领域研究生物性时间序列，如心率信号、血压信号等。机械领域也将该算法使用在机械设备状态监测和故障诊断方面。由于保护所用的电流采样序列与生物性信号和机械领域故障信号在特征提取方面存在相似和相通的地方，可利用互近似熵算法对时间序列相似性判别的优势，构造基于互近似熵算法的换流器桥差保护防误动闭锁方案，以此提高桥差保护可靠性。

5.4.1 互近似熵算法的基本原理和计算步骤

近似熵（approximate entropy，ApEn）算法是 1991 年由 Pincus[6]提出的衡量信号序列复杂性的算法，它是一种表征信号特征的无量纲指标。信号序列越复杂，用近似熵表示就表现为相应的熵值越大，即用非负数表示某信号序列的不规律性。当序列复杂度增加时，近似熵值也相应变大。近似熵算法广泛使用在生物性时间序列的复杂性研究中，如心率信号、血压信号[7-10]。

而后机械领域研究人员将该算法使用在机械设备状态监测和故障诊断方面[11]，探讨了其在工程方面的应用。

在电气工程领域，已有研究人员将近似熵算法引入电力系统故障信号的分析中，如将近似熵算法应用于电力系统故障信号的提取仿真，探讨该算法应用在电力系统故障诊断领域的可行性[12]。近似熵算法也常与其他算法结合使用，如与局域均值分解算法结合，根据信号的复杂程度对模拟电路故障进行判别[13]。

同时，随着近似熵的广泛应用，有学者进一步提出了互近似熵算法。近似熵是描述时间序列曲线自身的复杂性和规律性，而互近似熵则是描述两条时间序列的相似性，两条曲线的相似性越低，互近似熵值越大。互近似熵算法也被引入解决一些电气领域的工程问题，如利用互近似熵算法构造小电流接地系统故障选线方案、微电网同步并网检测方案和电能质量扰动识别方案等[14-16]。

互近似熵算法用于表示两个序列的相似程度，即寻找两个序列的相似模式，互相似熵值定义为

$$\mathrm{CApEn}(m,r,N)=-\frac{1}{N-m}\sum_{i=1}^{N-m}\ln P_i(B\mid A) \tag{5.3}$$

式中：m 为模式维数；r 为相似容限；N 为样本长度；A 和 B 分别为两序列采样值在容限 r 的相近性，记为事件 A 和 B；$P_i(B\mid A)$ 为在容限 r 意义下的相似概率。

由式（5.3）可以看出，互近似熵值与 m 和 r 有关。相似容限 r 即为相似比较阈值，若 r 取得很小，则满足相似条件的值将会很少；若 r 取得很大，则会将不满足相似条件的信息也包括在内，从而损失细节。为了避免干扰信号对互近似熵值的影响，在实际应用中 r 一般取相互比较序列协方差的 20%。模式维数 m 取得越大，需要的数据点就越多，同样需要更大的相似容限来满足对 $P_i(B\mid A)$ 的估计，而 r 和 N 均不可能太大，故在实际应用中常取 $m=2$。

假设有两个长度为 N 的电流采样序列，分别记为 $i_x=\{i_x(n)\}$ 和 $i_y=\{i_y(n)\}(n=1,2,\cdots,N)$。设计按以下步骤计算这两个电流采样序列的互近似熵值。

（1）依次将上述两个电流采样序列分别按下式进行 m 维向量重构，分别记为 $I_x(j)$ 和 $I_y(k)$，即

$$I_x(j)=[i_x(j),i_x(i+1),\cdots,i_x(j+m-1)]\quad(j=1,2,\cdots,N-m+1) \tag{5.4}$$

$$I_y(k)=[i_y(k),i_y(k+1),\cdots,i_y(k+m-1)]\quad(k=1,2,\cdots,N-m+1) \tag{5.5}$$

式（5.4）中：j 为电流序列 I_x 的编号；$i_x(j)$ 和 $i_x(j+m-1)$ 分别为电流序列 i_x 中第 j 个点和第 $j+m-1$ 个点；$I_x(j)$ 为第 j 个 m 维向量。式（5.5）中：k 为电流序列 I_y 的编号；$i_y(k)$ 和 $i_y(k+m-1)$ 分别为电流序列 i_y 中第 k 个点和第 $k+m-1$ 个点；$I_y(k)$ 为第 k 个 m 维向量。

当电流采样序列 i_x 与 i_y 幅值相差较大时，一般将两序列中元素按照下式进行标准化处理，分别记为 $i_x^*(n)$ 和 $i_y^*(n)$，即

$$i_x^*(n)=\frac{i_x(n)-\mathrm{mean}(i_x)}{\mathrm{SD}(i_x)}\quad(n=1,2,\cdots,N) \tag{5.6}$$

$$i_y^*(n)=\frac{i_y(n)-\mathrm{mean}(i_y)}{\mathrm{SD}(i_y)}\quad(n=1,2,\cdots,N) \tag{5.7}$$

式中：SD 为序列的标准差；mean 为序列的平均值[17]。

（2）根据两组电流序列，计算相似容限，r 取电流序列 i_x 和 i_y 协方差的 20%，即 $r=0.2\times\mathrm{cov}(i_x,i_y)$。

（3）定义两个重构后的电流向量 $I_x(j)$ 与 $I_y(k)$ 的距离为其各自对应元素差值绝对值的最大值，表达式为

$$d(I_x(j), I_y(k)) = \max|i_x(j+p) - i_y(k+q)| \quad (p = 0,1,2,\cdots,m-1; q = 0,1,2,\cdots,m-1) \tag{5.8}$$

根据设定的相似容限的 r 值，对每个 j 统计 $d(I_x(j), I_y(k))(k = 1, 2, \cdots, N-m+1)$ 中小于 r 的个数，并计算其占总矢量个数 $N-m+1$ 的比值，记为 $C_{j,m,r}$，该值为两序列中 m 维模式在相似容限 r 条件的接近概率，具体表达式为

$$C_{j,m,r}(d(I_x(j), I_y(k))) = \frac{d(I_x(j), I_y(k)) < r\text{的个数}}{N-m+1} \quad (j = 1,2,\cdots,N-m+1) \tag{5.9}$$

结合图 5.11 给出该步骤的具体解释。假设两电流序列长度为 12，即 $N = 12$。当 $m = 2$ 时，向量 $I_x(j) = [i_x(j), i_x(j+1)]$，$I_y(k) = [i_y(k), i_y(k+1)](j,k = 1,2,\cdots,11)$，即分别为图 5.11（a）和（b）中相邻两点数据连成的线段。当 $j = 4$ 时，以 $I_x(4)$ 为例，对于设定的相似容限 r，若 $I_y(k)$ 的任意收尾两点对应落在 $I_x(4)\pm r$ 和 $I_x(5)\pm r$ 的区域中（即图中虚线内灰色部分），则表示它们在相似容限 r 的意义下与 $I_x(4)$ 相似，该段向量成为入选模式，如图 5.11（b）所示的 $I_y(4)$、$I_y(7)$ 和 $I_y(11)$，此时满足条件 $d(I_x(4), I_y(k)) < r$ 的个数为 3，相应地，$C_{4,2,r} = 3/11$。

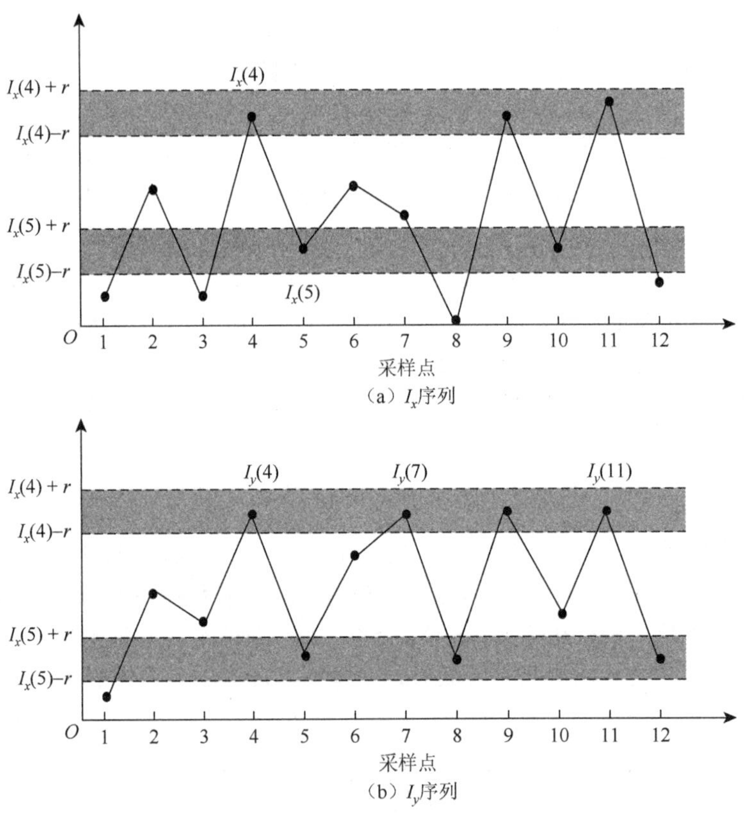

图 5.11 互近似熵原理说明

（4）对 $C_{j,m,r}$ 求对数，进而求其对所有 j 的平均值，即可获得两电流序列的互相关程度，记为 $T_{m,r}(d(I_x(j), I_y(k)))$，具体表达式为

$$T_{m,r}(d(I_x(j), I_y(k))) = \frac{1}{N-m+1}\sum_{j=1}^{N-m+1} \ln C_{j,m,r}(d(I_x(j), I_y(k))) \tag{5.10}$$

（5）当嵌入维度变为 $m+1$ 时，重复步骤（1）～（4），得到 $m+1$ 维数时的 $T_{m+1,r}(d(I_x(j),I_y(k)))$，将 $T_{m,r}(d(I_x(j),I_y(k)))$ 和 $T_{m+1,r}(d(I_x(j),I_y(k)))$ 作差，即可得到两电流序列最终的互近似熵值，表达式为

$$\mathrm{CApEn}(m,r,N)=T_{m,r}(d(I_x(j),I_y(k)))-T_{m+1,r}(d(I_x(j),I_y(k))) \tag{5.11}$$

根据算法数学本质的分析，互近似熵算法具有较好的抗噪能力，能够应对偶尔产生的强干扰，无须描述信号序列的全貌，仅从统计学的角度描述序列的相似性，因此时间窗选取灵活，用较少数据即可求出稳定的统计值。这些特点都对继电保护具有很好的适应性。

5.4.2　换流器桥差保护防误动闭锁方案

针对上述步骤进行分析发现，若两序列相似程度较高，即模式相似，则根据式（5.11）可得互近似熵值几乎为 0；若不相似，则互近似熵值较大，互近似熵计算值范围为 $\mathrm{CApEn}(m,r,N)\in[0,+\infty)$。但是，该值范围太过宽泛，不利于形成有效的保护判据整定值来对两个电流序列波形的相似性进行判断。因此，对互近似熵计算值做进一步处理。根据 $y=\mathrm{e}^{-x}$ 的特性可知，当 $x\in[0,+\infty)$ 时，$y\in(0,1]$，故采用 CA 值作为电流序列波形相似度的判别值，其公式为

$$CA=\mathrm{e}^{-\mathrm{CApEn}(m,r,N)} \tag{5.12}$$

理想情况下，当两时间序列模式相似时，互近似熵 CApEn 值为 0，根据式（5.12）可求得 $CA=1$；当两时间序列模式存在一定程度的不一致时，对应的 CA 值减小，甚至趋近于 0。因此，由互近似熵值换算后的 CA 值应落在区间[0, 1)上。

根据实际智能变电站的运行情况，电流量的采样频率一般较高（如 4 kHz，即每周波采集 80 个点）。本小节以 4 kHz 采样率为例，采用 1 周波数据窗长度进行运算，即 $N=80$。值得指出的是，基于互近似熵算法的原理和计算公式，在该采样率和数据窗长度下，1 个数据窗内算法计算大约需要执行 13 000 次加、减和除的简单运算，对于目前功能强大的微机保护而言，所耗时间微乎其微，不会对桥差保护的判别造成附加的延时。

以前述空载合闸 Y/△换流变三角侧三相绕组电流为对象，对互近似熵算法的应用进行说明，并制定出合理的整定原则。图 5.12（a）为空载合闸情况下 A 相与 B 相绕组电流 i_{22a} 与 i_{22b} 的比较，图 5.12（b）为空载合闸情况下 B 相与 C 相绕组电流 i_{22b} 与 i_{22c} 的比较。根据前述章节的分析可知，A 相绕组 CT 饱和，而 B 相和 C 相 CT 未饱和，因此，图 5.12（a）所示 i_{22a} 与 i_{22b} 波形相似程度较低，而图 5.12（b）所示 i_{22b} 与 i_{22c} 即为同一个电流，因此两者波形相似度高。

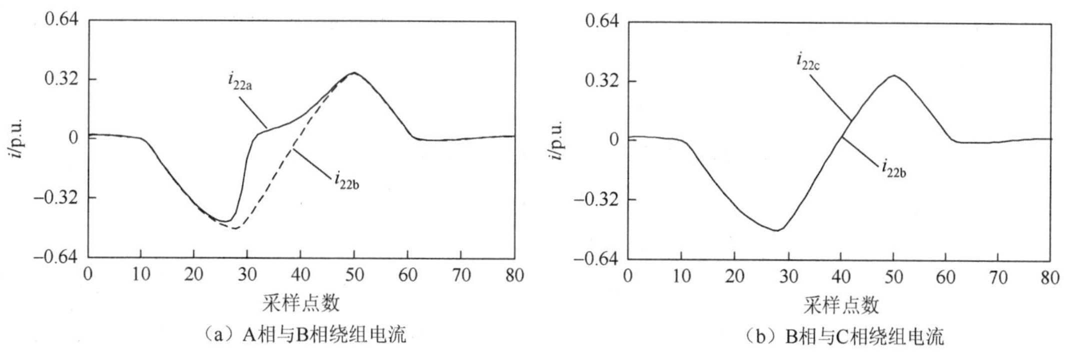

图 5.12　空载合闸三相绕组 1 周波的电流波形比较

根据图 5.12 所示两组 1 周波电流序列进行互近似熵计算，按照式（5.12）计算出相应的 CA 值，其结果列于表 5.1 中。可以看到，空载合闸情况下，对于相似度较低的 i_{22a} 与 i_{22b}，其 CA 值较小，为 0.456 6；而相似度很高的 i_{22b} 与 i_{22c}，其 CA 值较大，为 0.902 1。

表 5.1　空载合闸饱和 CT 与非饱和 CT 二次电流 *CA* 值比较

二次电流	*CA* 值
空载合闸 A 相与 B 相绕组电流（饱和 CT 与非饱和 CT）	0.456 6
空载合闸 B 相与 C 相绕组电流（非饱和 CT 与非饱和 CT）	0.902 1

根据上述示例可知，互近似熵算法能够对两个电流序列的相似模式进行识别。而本章前述分析的桥差保护误动原因是：Y/△换流变三角侧三相绕组电流本应相同，但因某一相 CT 饱和，导致三相绕组电流不一致。故提出检测三相绕组 CT 二次电流的相似程度来判别是否发生绕组 CT 饱和，将 CA 值作为相似程度的特征指标，并将两相绕组 CT 二次电流计算的 CA 值与某一阈值进行比较，作为是否闭锁桥差保护的依据。构造闭锁判据如下：

$$CA < CA_{set} \tag{5.13}$$

CA_{set} 选取太大或太小都会影响电流序列相似程度的正确判别，易导致保护被误闭锁。通过上述空载合闸工况下，非饱和两相 CT 二次电流在 1 个周波内计算 CA 值可知：理想情况下，当两相波形非常相似时，CA 值接近 0.9，考虑一定裕度，取 $CA_{theory} = 0.85$；在具体判别时，还应考虑保护的灵敏性和可靠性，引入可靠系数 K_{rel}，一般取 1.15～1.3，这里取 $K_{rel} = 1.3$，则 $CA_{set} = CA_{theory}/K_{rel} = 0.65$。

互近似熵算法是将一个序列的每二维和三维数据与另一个序列的每二维和三维数据分段化依次进行比较，即计算两者存在相同模式的概率。互近似熵算法对序列在时间轴上的分布不敏感，但对出现新模式较为敏感，因此即使相位存在差别，但当变化趋势稳定一致时，相位差不会影响相似性的判别，不需对三相绕组电流进行相位补偿。当两序列在幅值上相差较大时，应先将序列进行标准化处理以消除幅值相差过大对计算结果的影响。当换流变空载合闸时，Y/△换流变三角侧三相绕组电流幅值基本相同，可直接进行计算；而对于换流变在运行中发生扰动的情况，三相绕组电流幅值可能相差较大，需先根据 5.4.1 小节介绍的互近似熵计算步骤（1）将电流序列进行标准化处理，再进行 CA 值的计算。

根据 5.4.1 小节介绍的互近似熵计算步骤，对 Y/△换流变三角侧三相绕组 CT 传变后的二次电流分别进行两两对比求取 CA 值，当其中某相 CT 饱和时，其二次电流将与其他两相 CT 二次电流存在差异，因此会有两个 CA 值较小。若有两个 CA 值满足 $CA < CA_{set}$，则判定为发生 CT 饱和，闭锁桥差保护；否则，开放桥差保护。据此，增加防误动闭判据后，换流器桥差保护判据为

$$\begin{cases} \text{Y桥幅值判据：}\Delta I_{Y} = I_{ac} - I_{acY} > I_{set} \\ \text{D桥幅值判据：}\Delta I_{D} = I_{ac} - I_{acD} > I_{set} \\ \text{防误动闭锁判据：两个或两个以上}CA < CA_{set} \\ \text{保护延时：}t > 200\ \text{ms} \end{cases} \tag{5.14}$$

该桥差保护防误动闭锁方案的实现步骤为：在桥差保护幅值判据满足后，首先判别是否为换流变空载合闸工况。若是，则直接以 1 周波数据窗分别计算 Y/△换流变三角侧三相绕组电流两两之间的 CA 值并进行判别。当满足闭锁条件时，闭锁桥差保护；当不满足闭锁条件时，

等待延时按照原判据动作。若不是空载合闸工况，则对 Y/△换流变三角侧三相绕组电流进行标准化处理，然后进行两两之间 *CA* 值计算并进行判别。当满足闭锁条件时，闭锁桥差保护；当不满足闭锁条件时，等待延时按原判据动作。判据具体流程如图 5.13 所示。

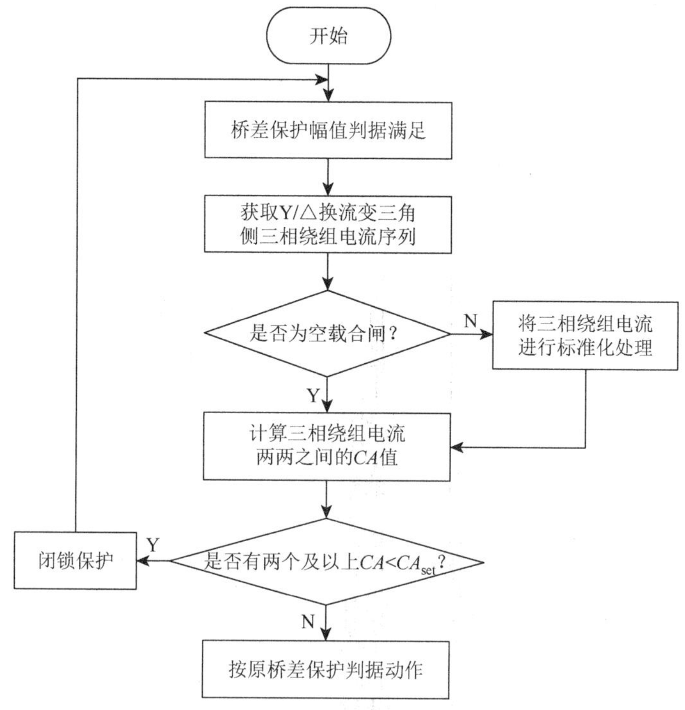

图 5.13　桥差保护防误动闭锁方案判据流程图

5.4.3　换流器桥差保护防误动闭锁方案动作性能仿真验证

本小节对换流变经历前述空载合闸、外部故障发生和切除，以及区内故障工况下，换流器桥差保护防误动闭锁方案的有效性进行仿真算例验证。

1. 空载合闸励磁涌流工况

针对 5.3.1 小节的换流变空载合闸仿真分析案例，根据桥差保护防误动闭锁方案的判别流程，当桥差保护幅值判据满足时，首先判别是否为换流变空载合闸情况，此时有空载合闸控制字输入，直接对 Y/△换流变三角侧三相绕组电流（经 CT 传变后）进行两两之间的 *CA* 值计算，其结果如图 5.14 所示。为能清楚显示 *CA* 值变化趋势，将桥差保护幅值动作判据满足之前的 *CA* 值置 1（下同）。可以看到，i_{22a} 与 i_{22b} 以及 i_{22a} 与 i_{22c} 之间的 *CA* 值一直小于 0.65，而 i_{22b} 与 i_{22c} 之间的 *CA* 值大于 0.65，对比分析可知，此时 i_{22a} 与 i_{22b} 和 i_{22c} 之间差别较大，判断 A 相绕组 CT 发生了饱和。根据防误动闭锁方案逻辑，判据可靠闭锁桥差保护，防止桥差保护误动。

根据 5.3.1 小节的换流变空载合闸情况下原桥差保护幅值判据的判别结果（图 5.6）和上述三组 *CA* 值的判别结果，可作出换流变空载合闸时桥差保护各判据动作量输出结果，如图 5.15 所示。若幅值判据满足，则动作量输出为 1；否则为 0。若两个及两个以上 *CA* 值满足 $CA < CA_{set}$，则防误动闭锁判据动作量输出为 0；否则为 1。若幅值动作判据动作量和闭锁判据动作量同为 1，则桥差保护动作。可以看到，在该工况下，即使幅值判据满足动作条件输出为 1，但防误动闭锁判据输出持续为 0，能可靠闭锁桥差保护，防止保护误动。

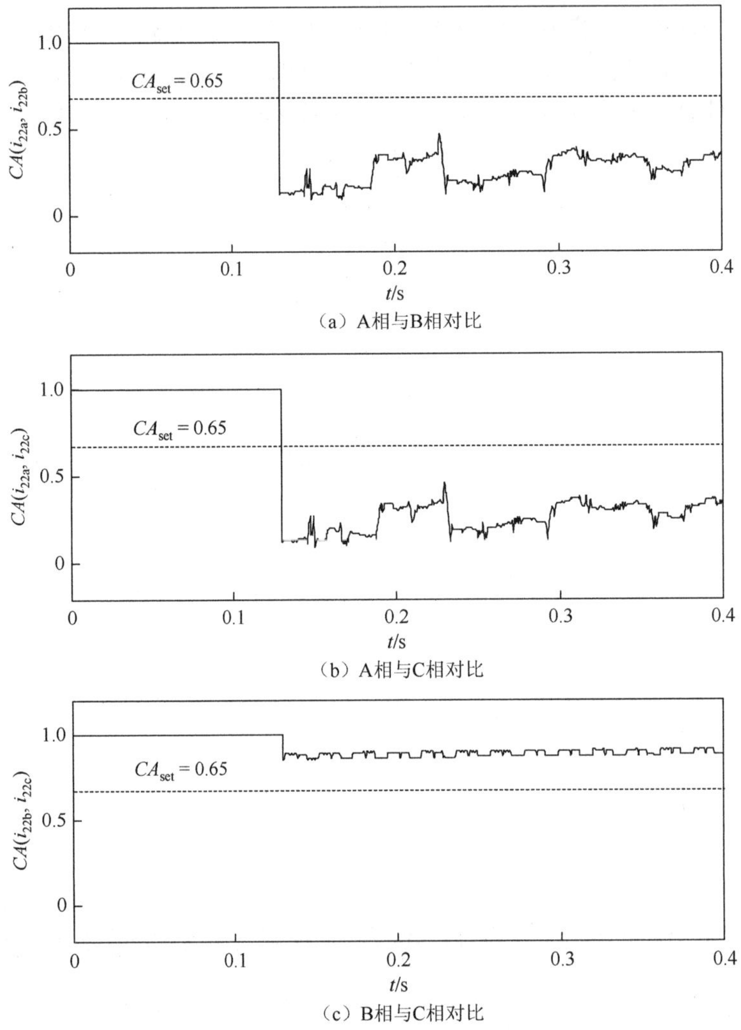

（a）A相与B相对比

$CA_{set}=0.65$
$CA(i_{22a}, i_{22c})$
t/s

（b）A相与C相对比

$CA_{set}=0.65$
$CA(i_{22b}, i_{22c})$
t/s

（c）B相与C相对比

图 5.14　空载合闸工况下三相绕组电流两两相比较的 CA 值

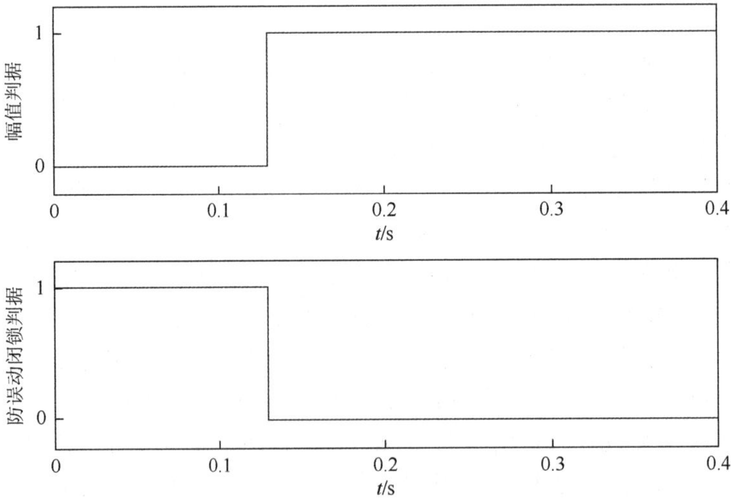

图 5.15　空载合闸工况下桥差保护判据动作量输出

2. 外部故障发生和切除工况

同样地，针对 5.3.2 小节换流变经历外部故障切除工况的案例，当桥差保护启动后，首先判别是否为空载合闸工况，此时判别为非空载合闸工况，因此需对 Y/△换流变三角侧三相绕组 CT 二次电流进行标准化处理后，再进行两两之间 *CA* 值计算，其结果如图 5.16～图 5.18 所示。

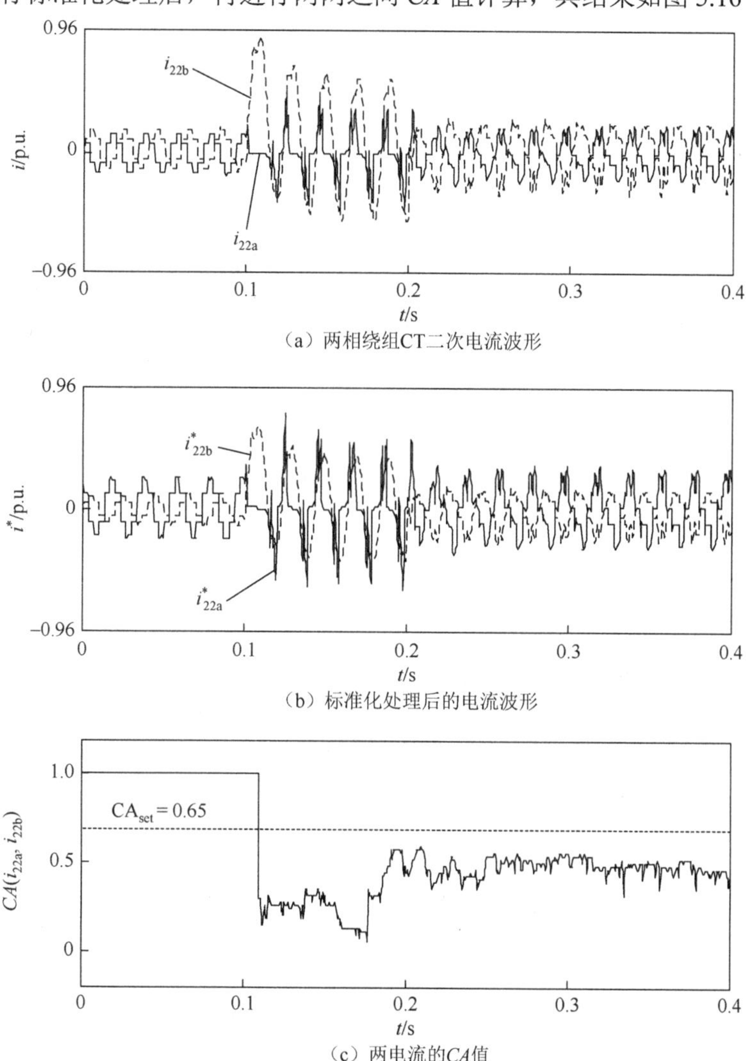

（a）两相绕组CT二次电流波形

（b）标准化处理后的电流波形

（c）两电流的*CA*值

图 5.16 外部故障发生和切除工况下防误动闭锁判据 A 相和 B 相判别结果

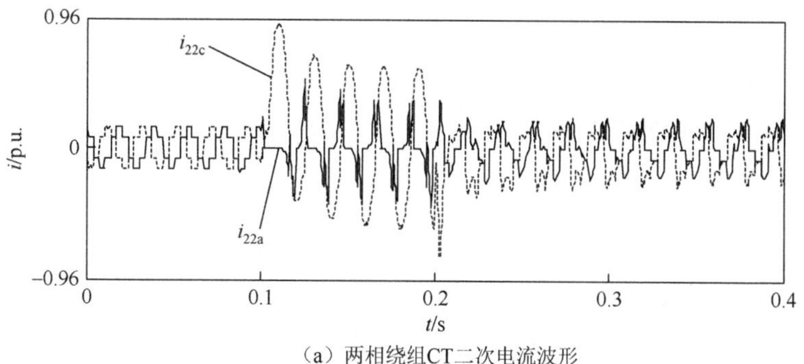

（a）两相绕组CT二次电流波形

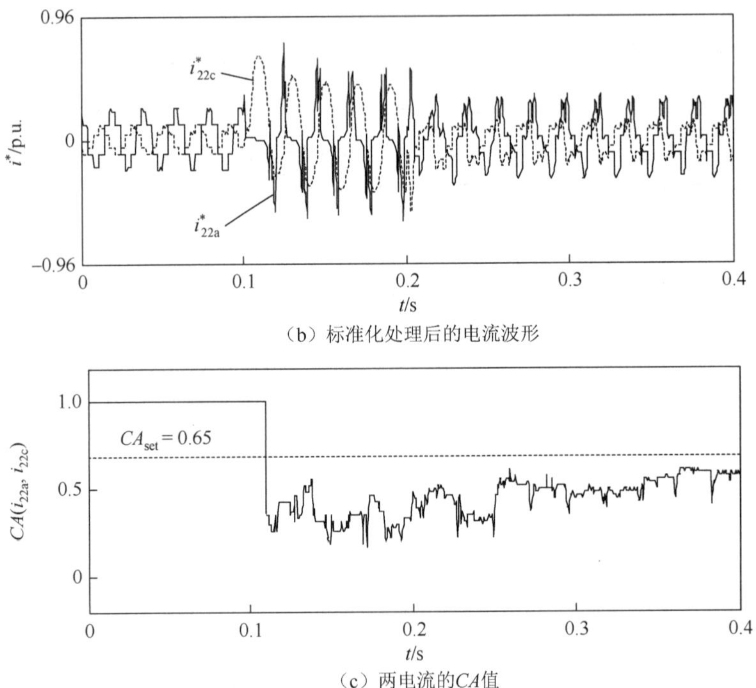

（b）标准化处理后的电流波形

（c）两电流的CA值

图 5.17　外部故障发生和切除工况下防误动闭锁判据 A 相和 C 相判别结果

由图 5.16 和图 5.17 可以看到，在外部故障发生后，由于 A 相绕组 CT 饱和，i_{22a}波形发生较为严重的畸变，与 i_{22b} 和 i_{22c} 之间存在较大差异；对比图 5.18 所示 B 相和 C 相电流可以看到，i_{22b} 与 i_{22c} 波形较为规整，变化模式趋同。在外部故障发生和切除并伴随 CT 饱和的工况下，A 相与 B 相、A 相与 C 相之间 CA 值都持续小于 0.65，而 B 相与 C 相之间的 CA 值基本大于 0.65，满足桥差保护防误动闭锁判据的闭锁条件，桥差保护将被可靠闭锁。

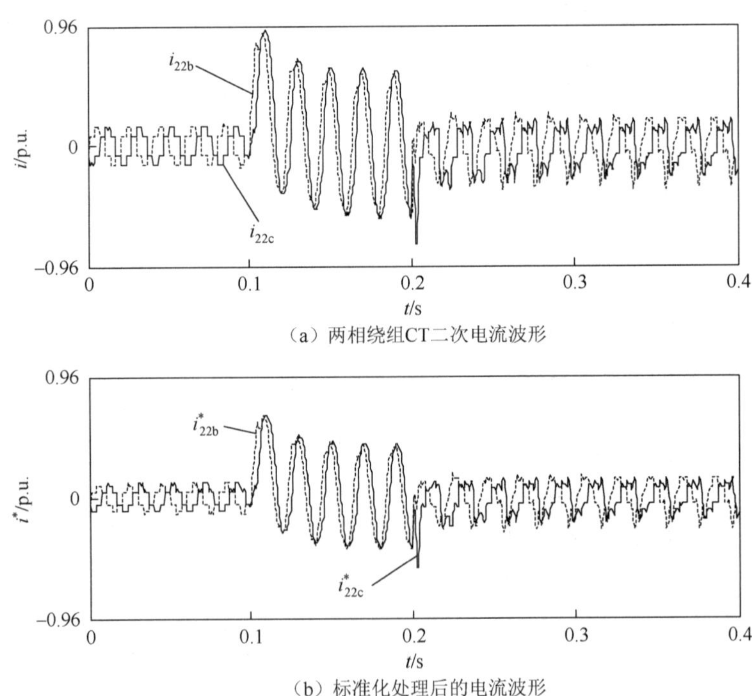

（a）两相绕组CT二次电流波形

（b）标准化处理后的电流波形

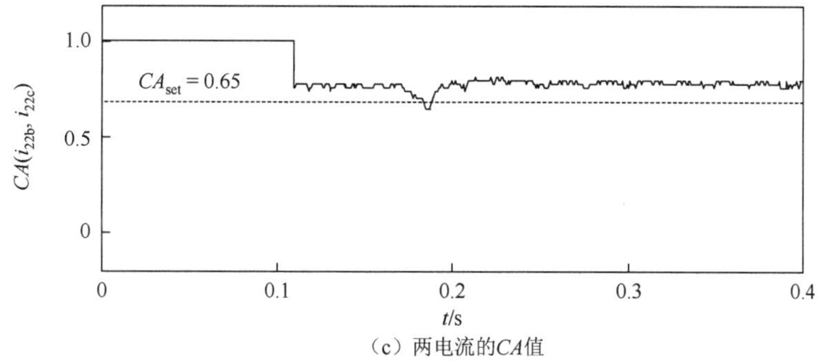

（c）两电流的CA值

图 5.18 外部故障发生和切除工况下防误动闭锁判据 B 相和 C 相判别结果

根据 5.3.2 小节分析的该工况下原桥差保护幅值判据的判别结果（图 5.10）和上述三组 CA 值的判别结果，作出换流变经历外部故障发生和切除工况下桥差保护各判据动作量输出情况，如图 5.19 所示。可以看到，与空载合闸工况下类似，在外部故障发生和切除并伴随绕组 CT 饱和的工况下，即使幅值判据满足动作条件输出为 1，但防误动闭锁判据输出持续为 0，能可靠闭锁桥差保护，有效防止保护误动。

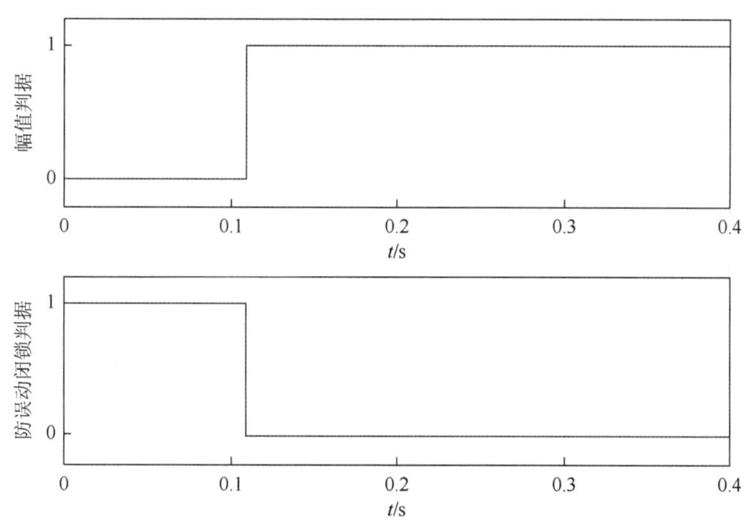

图 5.19 外部故障发生和切除工况下桥差保护判据动作量输出

3. 区内故障工况

下面以 Y/△换流变三角侧发生 A、B 两相短路故障工况为例，对防误动闭锁方案在区内故障时的有效性进行仿真验证。设置故障发生时刻为 $t=0.1$ s，为验证桥差保护作为后备保护的动作性能，将故障时间设置为持续到仿真结束。

图 5.20 所示为原桥差保护电流幅值判据的判别结果。可以看到，内部故障时，两个换流变的桥差保护判据电流量幅值差值很大，使得 Y 桥幅值判据 $\Delta I_Y > I_{set}$ 很快得到满足。

根据所提出的换流器桥差保护防误动闭锁方案，首先判别为非换流变空载合闸工况，对 Y/△换流变三角侧三相绕组 CT 的二次电流进行标准化处理后，进行两两之间 CA 值的计算，其结果如图 5.21～图 5.23 所示。

由图 5.21～图 5.23 所示的三相绕组电流波形可以看到，Y/△换流变三角侧发生 A、B 相短路故障后，三组电流序列两两之间模式特征较为相似，根据三组电流序列计算的 CA 值都大于

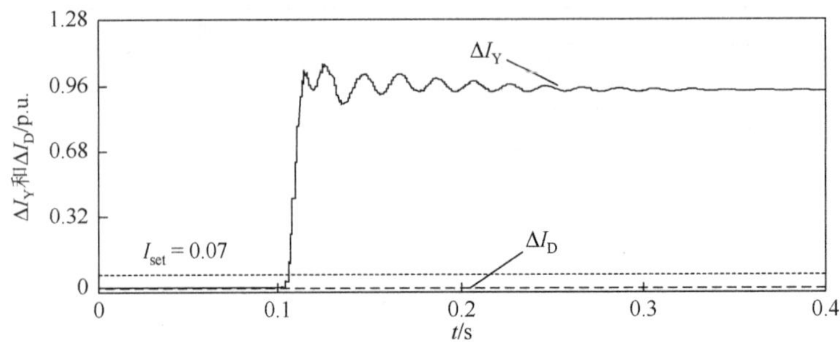

图 5.20　Y/△换流变三角侧 A、B 相短路故障时原桥差保护幅值判据判别结果

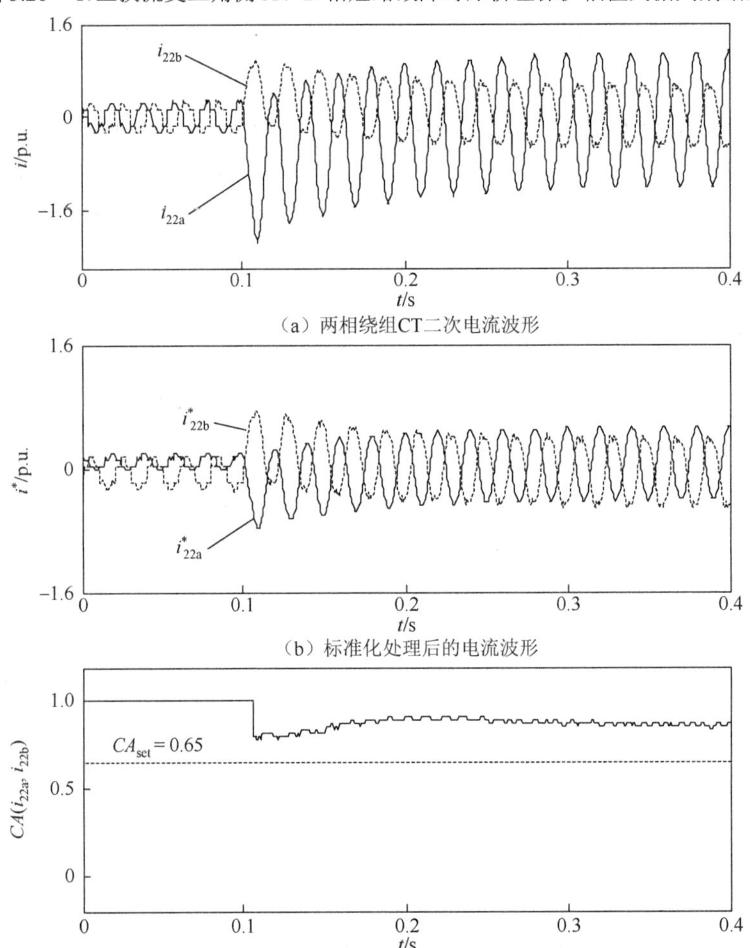

（a）两相绕组CT二次电流波形

（b）标准化处理后的电流波形

（c）两电流的CA值

图 5.21　内部故障工况下防误动闭锁判据 A 相和 B 相判别结果

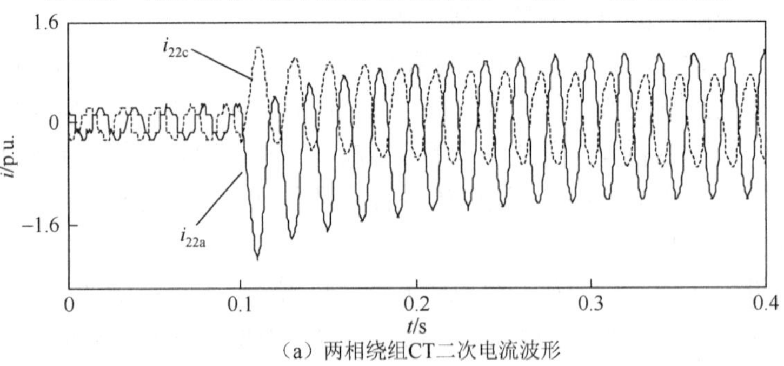

（a）两相绕组CT二次电流波形

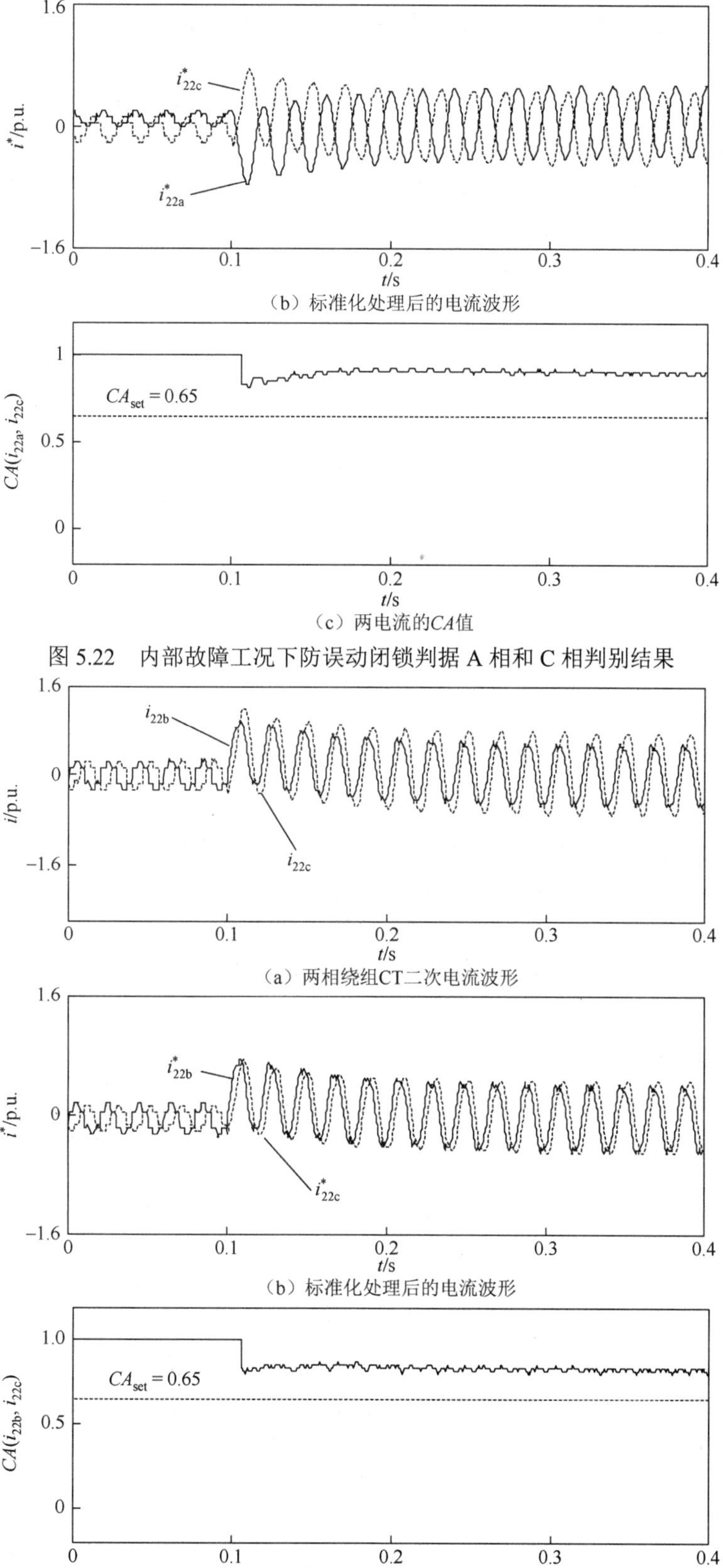

（b）标准化处理后的电流波形

（c）两电流的CA值

图 5.22 内部故障工况下防误动闭锁判据 A 相和 C 相判别结果

（a）两相绕组CT二次电流波形

（b）标准化处理后的电流波形

（c）两电流的CA值

图 5.23 内部故障工况下防误动闭锁判据 B 相和 C 相判别结果

0.65，不满足所提方案的闭锁条件，换流器桥差保护按原判据判别。在原幅值判据满足持续时间大于 200 ms 后，桥差保护将动作。

根据原桥差保护幅值判据的判别结果（图 5.20）和上述三组 *CA* 值的判断结果，作出该故障工况下桥差保护各判据动作量输出情况，如图 5.24 所示。可以看到，故障发生后幅值判据动作量很快输出为 1，而所提防误动闭锁判据的动作量输出持续为 1，在这种情况下，防误动闭锁方案能够开放桥差保护，使其正确动作。

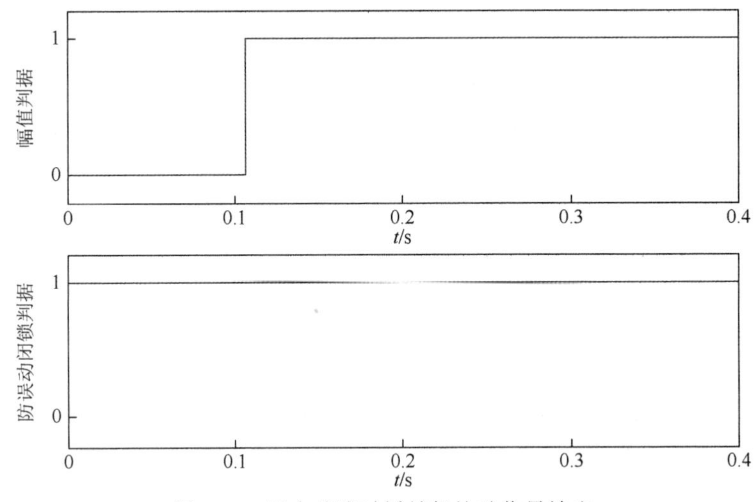

图 5.24 区内故障时桥差保护动作量输出

为进一步分析所提防误动闭锁方案在区内故障伴随绕组 CT 饱和工况下的动作性能，在 Y/△换流变三角侧发生 A、B 两相短路故障工况时，设置 Y/△换流变三角侧 A 相绕组 CT 剩磁为 0.7 p.u.，其他相绕组 CT 剩磁及 Y/Y 换流变各相 CT 剩磁均为 0。

图 5.25 为该故障工况下，Y/△换流变三角侧 A 相绕组 CT 的一、二次侧电流和两电流之间的差流波形。可以看到，在剩磁的影响下，A 相绕组 CT 发生了饱和，经 CT 传变后的二次电流波形出现一定程度的畸变。

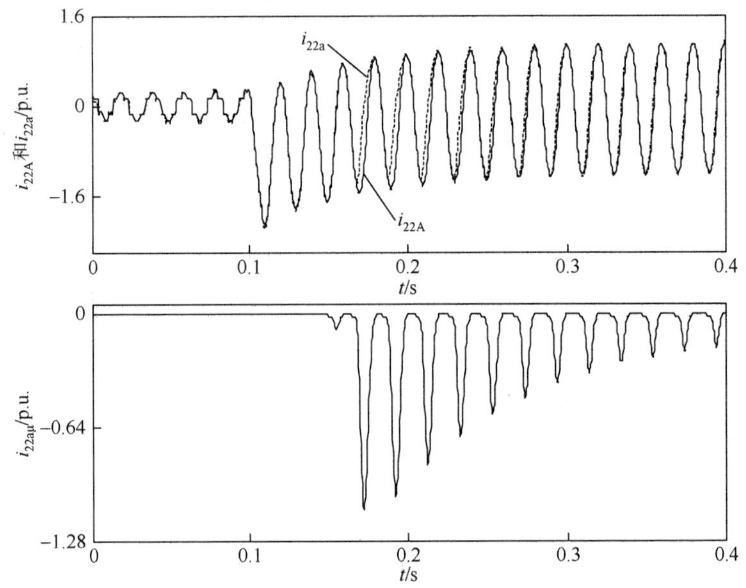

图 5.25 区内故障伴随 A 相绕组 CT 饱和时 A 相绕组 CT 传变特性

图 5.26 为该故障工况下原桥差保护电流幅值判据的判别结果。可以看到，对比 CT 未发生饱和时的情况（图 5.20），CT 发生饱和后，Y 桥保护用电流量幅值稍有减小，但$\Delta I_Y > I_{set}$仍然很快得到满足，桥差保护将要动作。

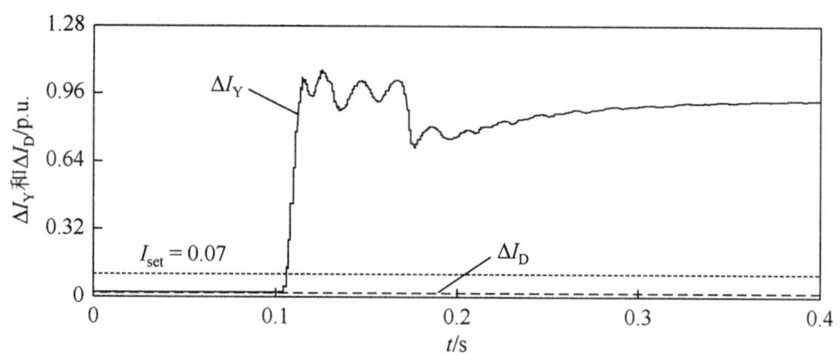

图 5.26　区内故障伴随 A 相绕组 CT 饱和时原桥差保护电流幅值判别结果

根据所提出的换流器桥差保护防误动闭锁方案，首先判别为非换流变空载合闸工况，对 Y/△换流变三角侧三相绕组 CT 的二次电流进行标准化处理后，进行两两之间 *CA* 值的计算，其结果如图 5.27～图 5.29 所示。图 5.30 所示为该故障工况下桥差保护各判据动作量输出情况。

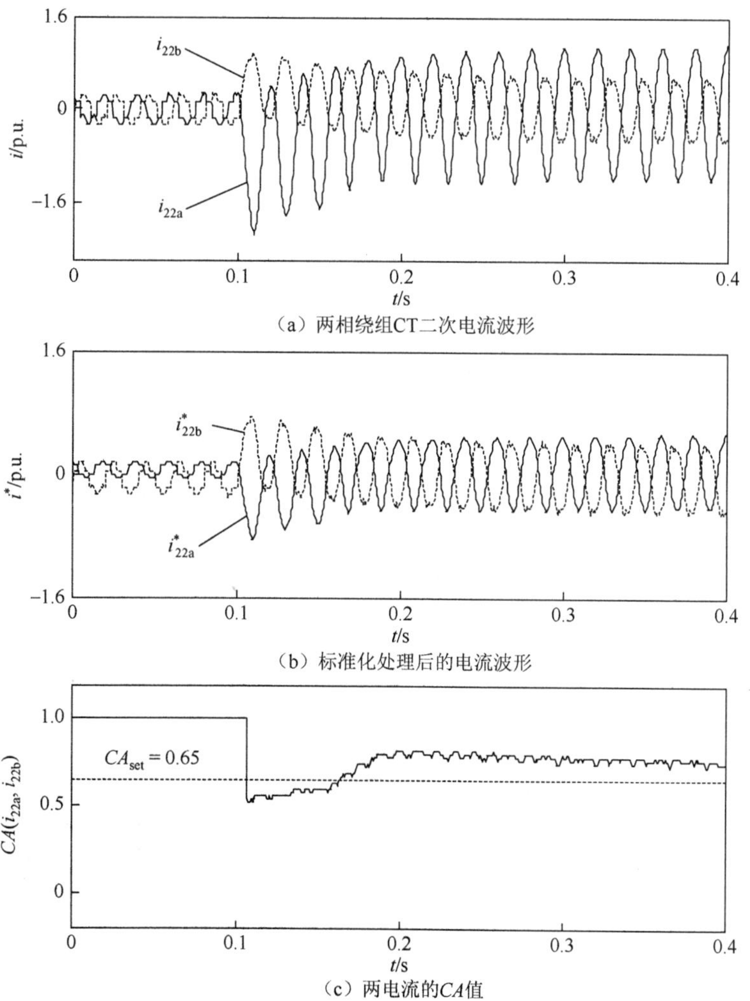

图 5.27　区内故障伴随 A 相绕组 CT 饱和工况下防误动闭锁判据 A 相和 B 相判别结果

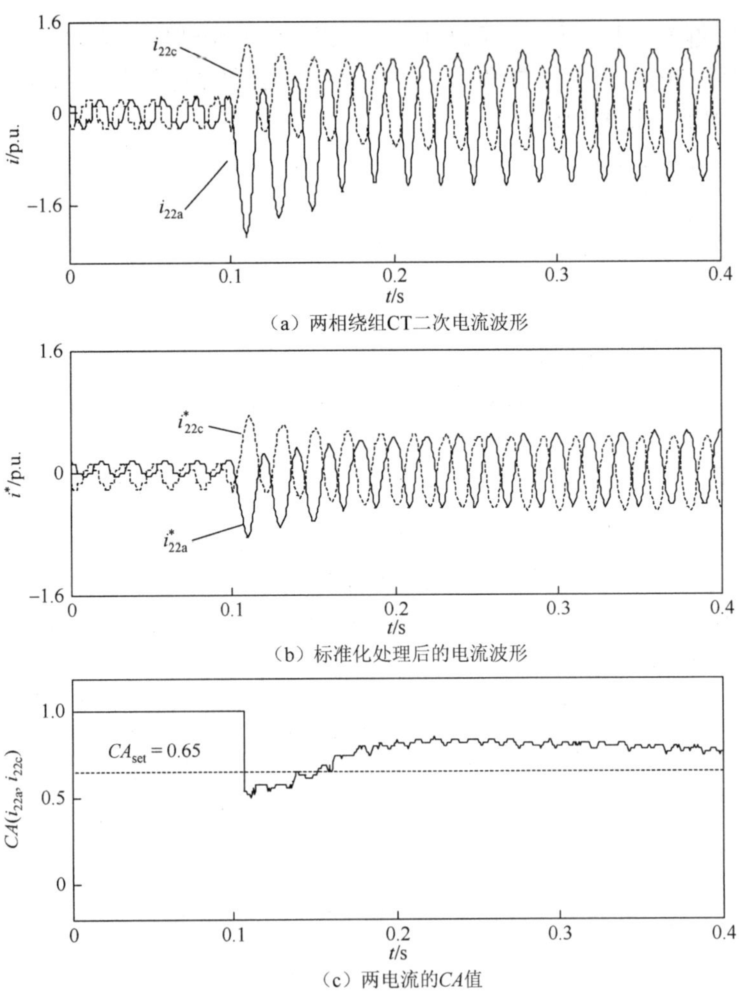

（a）两相绕组CT二次电流波形

（b）标准化处理后的电流波形

（c）两电流的CA值

图 5.28　区内故障伴随 A 相绕组 CT 饱和工况下防误动闭锁判据 A 相和 C 相判别结果

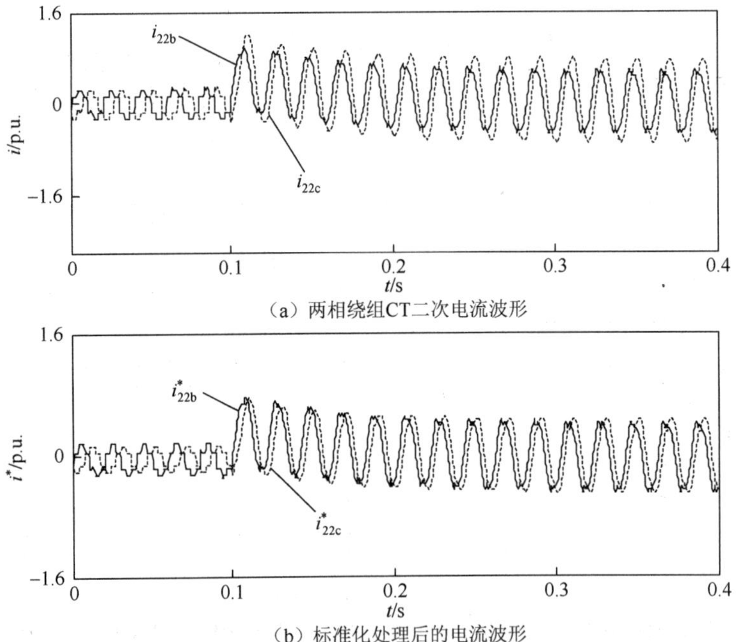

（a）两相绕组CT二次电流波形

（b）标准化处理后的电流波形

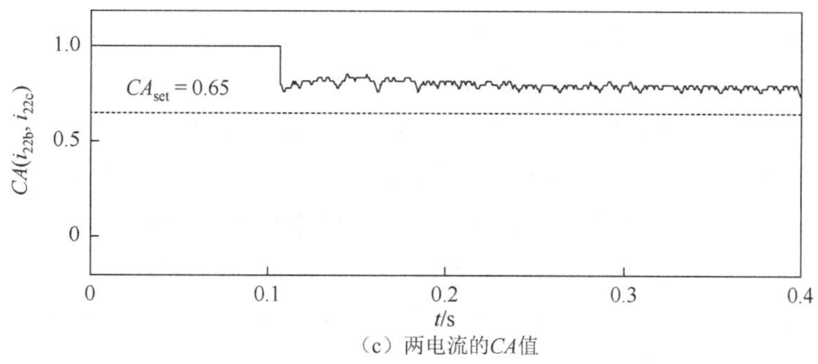

（c）两电流的CA值

图 5.29　区内故障伴随 A 相绕组 CT 饱和工况下防误动闭锁判据 B 相和 C 相判别结果

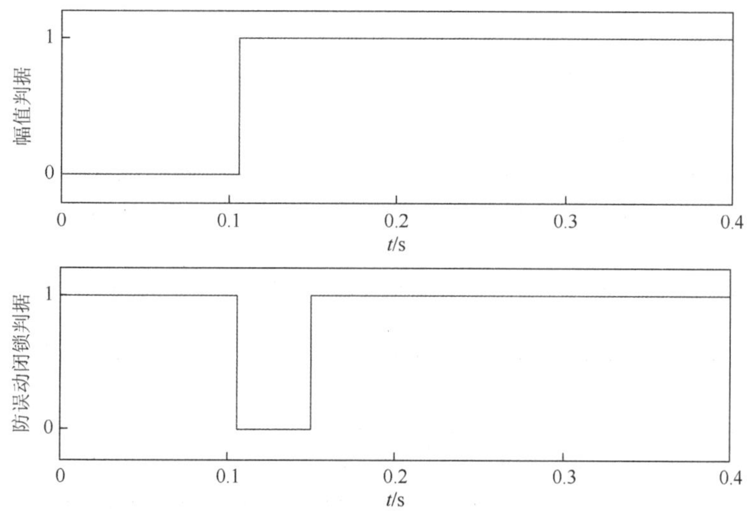

图 5.30　区内故障伴随 A 相绕组 CT 饱和时桥差保护动作量输出

可以看到，i_{22a} 波形在故障发生后 A 相绕组 CT 开始饱和工况下发生畸变，使其在该阶段的模式特征与 i_{22b} 和 i_{22c} 之间出现差异。因此，A 相与 B 相、A 相与 C 相之间 *CA* 值在 CT 饱和开始阶段减小至稍小于 0.65 的门槛值，桥差保护暂时被闭锁。随着 CT 饱和逐渐恢复，三相绕组 CT 二次电流呈现较为一致的模式特征，相应两个 *CA* 值很快（经 100 ms）又上升至 0.65 门槛值以上。虽然 CT 饱和导致防误动闭锁判据短暂闭锁保护，但桥差保护动作判据本身需满足延时 200 ms，因此并不会影响最终桥差保护的正确动作。当防误动闭锁判据开放保护时，换流器桥差保护按原判据判别，如图 5.30 所示，该故障工况下所提防误动闭锁方案能开放桥差保护，使桥差保护正确动作。

由本小节仿真算例的分析结果可知，基于互近似熵算法的桥差保护防误动闭锁方案能够在空载合闸以及外故障发生和切除后实现对保护的可靠闭锁，并且在发生内部故障时能够正确开放保护使其动作。

5.5 本章小结

实际运行中曾出现过在换流变空载合闸和外部故障切除情况下换流器桥差保护误动的情况。本章分析了在换流变经历空载合闸及外部故障发生和切除工况下，Y/△换流变三角侧绕组零序环流的产生及其变化特征，结合剩磁对绕组 CT 饱和特性的影响，揭示了励磁涌流和恢复性涌流引起换流器桥差保护误动的原因。根据分析发现，Y/△换流变三角侧某相绕组 CT 在幅值可观衰减缓慢的零序环流和自身较大剩磁共同影响下，发生饱和，造成其传变的二次电流出现测量误差，在 Y/△换流变和 Y/Y 换流变桥差保护用电流量幅值中引入虚假差流，使得 Y 桥幅值判据满足动作条件，最终导致桥差保护误动。基于桥差保护误动原因为绕组 CT 饱和引起的波形畸变，考虑到 CT 正常传变与 CT 饱和后传变电流存在的波形相似程度上的差异，利用互近似熵算法设计了桥差保护防误动闭锁方案，该方案对 Y/△换流变三角侧三相绕组 CT 二次电流波形进行两两相似性计算，以判别涌流工况下是否发生 CT 饱和并进而判断是否对桥差保护进行闭锁，并仿真验证了该方案的有效性。

本章参考文献

[1] 翁汉琍，李雪华，潘本仁，等. HVDC 换流站换流器桥差保护动作行为的仿真分析[J]. 电力科学与技术学报，2015，30（4）：34-39.

[2] 成敬周，徐政. 换流站内的交流系统故障分析及保护动作特性研究[J]. 中国电机工程学报，2011，31（22）：88-95.

[3] 瞿少君. 励磁涌流导致的换流器桥差保护动作分析[J]. 云南电力技术，2010，38（4）：86，87.

[4] 邱志远，周培，李道豫，等. 高坡换流站桥差保护动作分析及对策研究[J]. 贵州电力技术，2017，20（7）：30-33.

[5] 郑伟，张楠，周全. 和应涌流导致直流闭锁极保护误动作分析[J]. 电力系统自动化，2013，31（11）：119-124.

[6] PINCUS S M. Approximate entropy as a measure of system complexity[J]. Proceedings of the National Academy of Sciences，1991，88（6）：2297-2301.

[7] PINCUS S M，VISCARELLO R R. Approximate entropy：A regularity measure for fetal heart rate analysis[J]. Obstetrics and Gynecology，1992，79（2）：249-255.

[8] BRUHN J，RÖPCKE H，HOEFT A. Approximate entropy as an electroencephalographic measure of anesthetic drug effect during desflurane anesthesia[J]. Anesthesiology，2000，92（3）：715-726.

[9] RICHMAN J S，MOORMAN J R. Physiological time-series analysis，using approximate entropy and sample entropy[J]. American Journal of Physiology-Heart and Circulatory Physiology，2000，278（6）：H2039-H2049.

[10] FLEISHER L A，PINCUS S M，ROSENBAUM S H. Approximate entropy of heart rate as a correlate of postoperative ventricular dysfunction[J]. Anesthesiology，1993，78（4）：683-692.

[11] YAN R Q，GAO R X. Approximate entropy as a diagnostic tool for machine health monitoring[J]. Mechanical Systems and Signal Processing，2007，21（2）：824-839.

[12] 符玲，何正友，麦瑞坤，等. 近似熵算法在电力系统故障信号分析中的应用[J]. 中国电机工程学报，2008，28（28）：68-73.

[13] 单剑锋，万国发. 一种 LMD 和近似熵算法的模拟电路特征提取方法[J]. 机械科学与技术，2018，37（9）：1431-1436.

[14] 刘柱揆，曹敏，董涛. 基于波形相似度的小电流接地故障选线[J]. 电力系统保护与控制，2017，45（21）：89-95.

[15] 沈冰，肖远兴，翁利国. 基于互近似熵的微电网并网同步检测方法[J]. 电力系统保护与控制，2017，45（16）：99-104.

[16] 张淑清，乔永静，姜安琦，等. 基于 CEEMD 和 GG 聚类的电能质量扰动识别[J]. 计量学报，2019，40（1）：49-57.

[17] 洪波，唐庆玉，杨福生，等. 近似熵、互近似熵的性质、快速算法及其在脑电与认知研究中的初步应用[J]. 信号处理，1999，15（2）：100-108.

第 6 章

换相失败对换流变保护动作行为影响分析及对策研究

换相失败作为直流输电系统常见的故障，严重时可能危及系统稳定，特殊情况下换相失败会对换流站内主设备保护产生影响，尤其是与换流阀紧密相连的换流变，其保护所用电流量在换相失败期间将受到直接影响，从而可能引发保护动作行为异常。

发生换相失败期间，系统产生的直流分量和高次谐波分量等多种非工频分量侵入换流变，易使得或加剧换流变铁芯饱和，影响换流变差动保护的动作性能。另外，在系统发生后续换相失败时，所引发的直流输送功率阵发性波动可能在换流变中性点引入低频交变电流，易造成 CT 传变特性劣化，存在导致换流变零序差动保护异常动作的风险。

本章将分析直流输电系统换相失败的影响因素以及发生后续换相失败的场景，研究换流变差动保护和零序差动保护在换相失败场景下存在的误动风险，揭示换流变差动保护和零序差动保护动作行为受换相失败影响的机理；并针对各电气量特征，结合波形识别算法以及电流幅频分析，构造相应的保护方案和策略，以提升换流变差动保护和零序差动保护在应对换相失败影响时的可靠性。

6.1 直流输电系统换相失败及后续换相失败的影响因素

换流器作为HVDC系统中的核心元件，在正常运行时，换流阀会按一定顺序导通及退出。但受某些外界因素的影响，换流器可能在某换流阀退出导通的过程中，由于反向电压作用时间不足，未能恢复阻断能力或者在反向电压期间换相过程未完成。在阀电压变成正向时，被换相的阀向原来预定退出导通的阀倒换相，称为换相失败[1]。

对于直流输电系统而言，每次发生换相失败的时间较短，但引起的功率波动时间较长，本章所指换相失败为因换相失败导致的功率波动过程。而对于多次的换相失败现象有几种不同的定义，如持续换相失败、连续换相失败和后续换相失败。持续换相失败是指在直流系统首次换相失败引起的功率波动过程后，直流系统再次发生一次或多次换相失败故障所引起的一次或多次功率波动过程[2]。在换流阀换相失败后，其相邻换流阀接连发生换相失败，则称为连续换相失败[3]。后续换相失败是指直流系统换相失败后再次发生的一次或多次换相失败，首次换相失败后直流系统调节不当可能引发后续换相失败[4]。本章所要讨论的多次换相失败现象为后续换相失败。

6.1.1 换相失败发生的原因

换相失败往往是由于阀运行中的熄弧角过小而造成的，在系统对称时，熄弧角γ表达式为

$$\gamma = \arccos\left(\frac{\sqrt{2}kI_{\mathrm{d}}X_{\mathrm{c}}}{U_{\mathrm{L}}} + \cos\beta\right) \tag{6.1}$$

式中：k为换流变变比；I_{d}为直流电流；X_{c}为换相电抗；U_{L}为换流母线电压；β为触发超前角。

熄弧角判别法是最常用的判断是否会发生换相失败的方法，它通过比较熄弧角与固有极限熄弧角来进行判断。当$\gamma < \gamma_{\min}$时，认为系统会发生换相失败，$\gamma_{\min}$为熄弧角的极限值，一般取$\gamma_{\min} = 10°$。由式（6.1）可知，换相失败受多种因素的影响。在其他量保持不变的情况下，熄弧角随换流母线电压U_{L}、触发超前角β的减小而减小，随换流变变比k、直流电流I_{d}、换相电抗X_{c}的增大而减小。熄弧角越小越容易发生换相失败。

而在发生不对称性故障时，熄弧角表达式为

$$\gamma = \arccos\left(\frac{\sqrt{2}kI_{\mathrm{d}}X_{\mathrm{c}}}{U_{\mathrm{L}}} + \cos\beta\right) - \theta \tag{6.2}$$

式中：θ为不对称故障引起电压波形相角前移角度[5]；其他参数含义与式（6.1）相同。

在发生故障后，逆变侧交流母线电压会降低，直流电流会增加，并导致换相过程所需的换相时间和关断时间增加，增大换相失败发生的风险；另外，还容易导致电压波形失真，使得自然换相点前移，熄弧角γ减小，换相失败发生的风险进一步增大。而后续换相失败本身为多次换相失败引起的功率持续性波动过程，因此也受到上述因素的影响，但还存在其他因素易导致后续换相失败的发生。

6.1.2 弱交流系统逆变侧故障导致后续换相失败

在HVDC系统中，交流系统发生故障是引起换相失败最常见的故障类型之一。

交流系统作为 HVDC 系统中换相电流的输入电源，其强弱将影响换流母线无功支持的多少，影响故障恢复过程。短路比 λ_{SCR} 作为描述系统强弱的量，其大小表示为

$$\lambda_{SCR}=\frac{S_{AC}}{P_{dN}}=\frac{U_N^2}{Z_{st}\cdot P_{dN}} \tag{6.3}$$

式中：S_{AC} 为交流系统短路容量（M·VA）；P_{dN} 为直流换流器额定功率（MW）；U_N 为额定直流功率下的交流母线电压（kV）；Z_{st} 为交流系统的等效阻抗。

一般情况下，当 λ_{SCR} 大于 3 时，系统被称为强交流系统；弱交流系统通常指 λ_{SCR} 为 2～3 的系统；当 λ_{SCR} 小于 2 时，系统为极弱交流系统[6]。

下面利用国际大电网会议（Conference International des Grands Reseaux Electriques，CIGRE）提出的 HVDC 模型，如图 6.1 所示[7]，对不同强度交流系统逆变侧故障导致的换相失败过程进行分析。

对于 CIGRE_HVDC 测试系统而言，其逆变侧交流系统短路比为 2.5，由式（6.3）可知，通过改变 Z_{st} 的大小，即可改变短路比 λ_{SCR} 的大小。

图 6.2 给出了在同一故障工况下，λ_{SCR} 分别为 2.5、2.0 和 1.7 时，熄弧角 γ 的变化曲线。该故障工况为：逆变侧交流母线在 $t=2$ s 发生单相接地故障，0.05 s 后故障被切除。

可以看到，在交流母线 A 相接地故障被切除后的故障恢复期间，熄弧角存在不稳定性，λ_{SCR} 越小（系统强度越弱），熄弧角越不稳定，越容易低于极限熄弧角，导致换相失败的发生。其中，$\lambda_{SCR}=1.7$ 时，熄弧角在故障切除后未能及时恢复，而是以较低频率周期性波动，即发生了后续换相失败。

单相接地故障的发生，一方面会造成 U_L 的下降以及电压波形的畸变，另一方面又会导致 I_d 的上升。由式（6.2）可知，此时 γ 会下降，当其下降至 γ_{min} 以下时，会导致换相失败的发生。U_L 和 I_d 的大小会受到故障时过渡电阻大小的影响，即故障的程度会影响发生换相失败的次数[8]。

在交流系统 $\lambda_{SCR}=2.0$ 的条件下，设置 $t=2$ s 时刻逆变侧交流母线发生 A 相接地故障，故障持续时间为 1 s，分析在不同过渡电阻 R 下熄弧角的变化情况，结果如图 6.3 所示。

可以看到，在 $R=200\ \Omega$，$R=150\ \Omega$，$R=100\ \Omega$ 的情况下，故障期间系统分别经过了 1 次、4 次和 5 次换相失败才恢复稳定。由此可知，当交流侧发生单相接地故障时，过渡电阻的大小，即故障的严重程度将影响故障期间换相失败的次数。过渡电阻越小，故障越严重，U_L 下降越多，I_d 上升越多，发生后续换相失败的次数也越多。

6.1.3　谐波流入导致后续换相失败

在直流输电系统中，谐波几乎处处可见，其中以 12 k±1 次特征谐波为主，它产生于换流器进行换相的过程中，对直流系统的影响较小。但是，直流系统在运行过程中往往还受到多种非理想因素的影响而产生其他次数的非特征谐波，影响换相过程[9]。例如，故障期间及故障恢复过程中，由于直流电流的变化，容易造成换流变铁芯饱和，进而产生谐波，并与直流输电系统相互间作用造成系统谐波不稳定[10]。

系统中的谐波会导致换流站母线电压发生畸变，改变 U_L 的大小，由式（6.1）可知，最终可能导致 $\gamma<\gamma_{min}$，引起换相失败的发生。换流器在换相过程中需要的换相面积是固定的，当电压发生畸变后，为保持固定的换相面积，换相时间将随之发生变化，即触发超前角 β 与换相角 μ 将发生变化，又由于 $\gamma=\beta-\mu$，结合式（6.1）可知，γ 也会随之发生变化，引发换相失败。

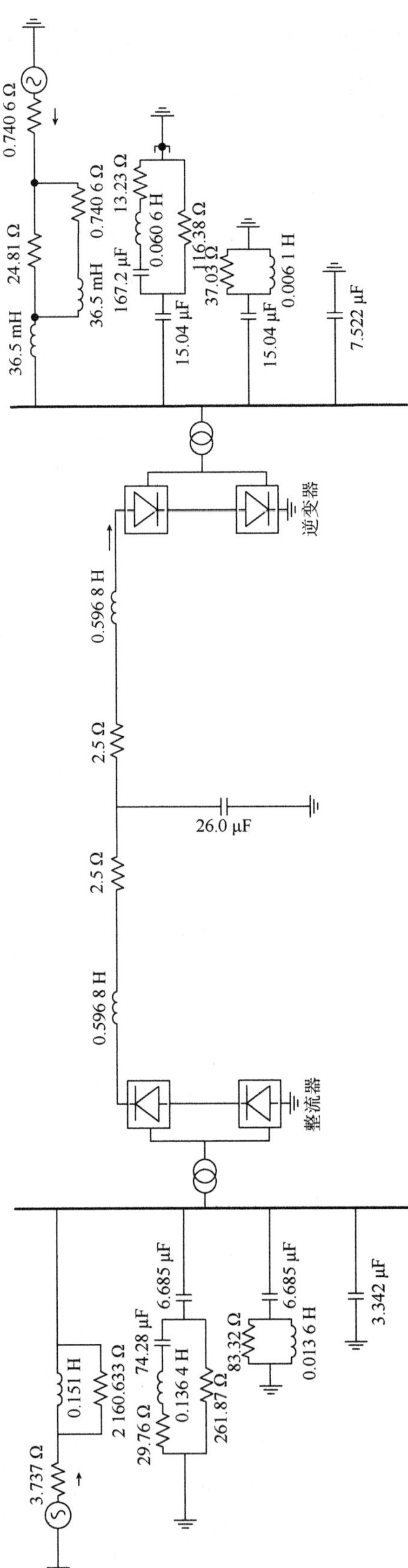

图 6.1 CIGRE_HVDC 仿真模型

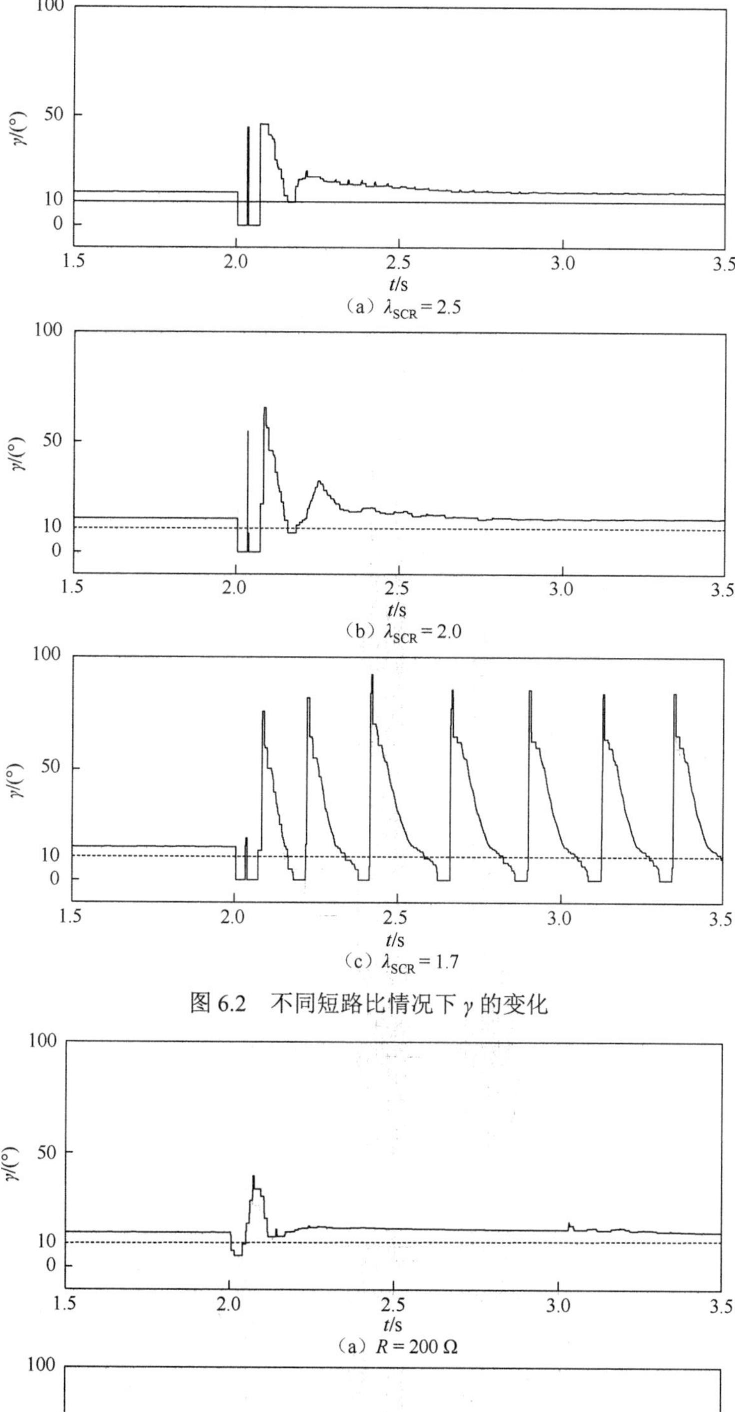

（a）$\lambda_{\mathrm{SCR}}=2.5$

（b）$\lambda_{\mathrm{SCR}}=2.0$

（c）$\lambda_{\mathrm{SCR}}=1.7$

图 6.2　不同短路比情况下 γ 的变化

（a）$R=200\ \Omega$

（b）$R=150\ \Omega$

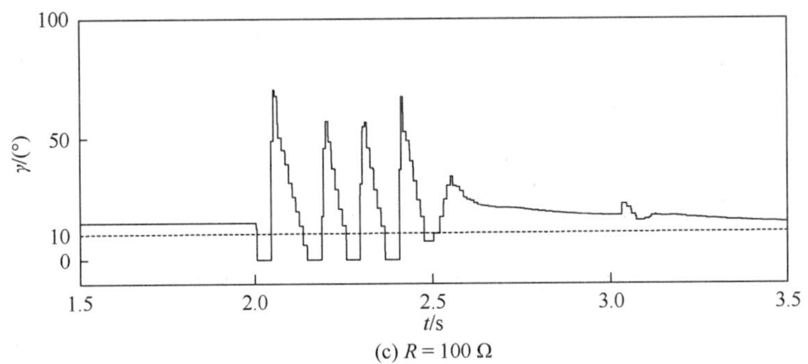

(c) $R = 100\ \Omega$

图 6.3 不同过渡电阻情况下 γ 的变化

为研究谐波对换相失败的影响，本小节采用谐波注入的方法，通过改变注入谐波的次数及大小来分析其对换相失败的影响。

设置 $t = 0.5$ s 时刻，在 CIGRE_HVDC 测试系统直流侧分别注入幅值为 6 kA 的二次、四次和八次谐波，系统逆变侧熄弧角大小变化如图 6.4 所示。

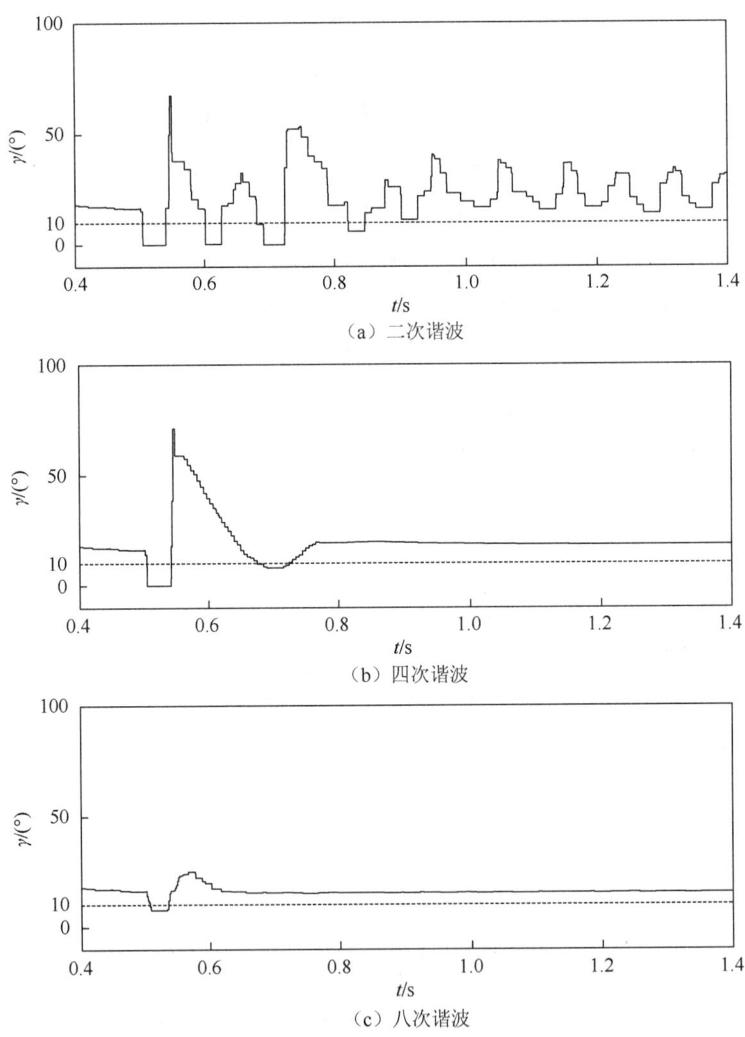

（a）二次谐波

（b）四次谐波

（c）八次谐波

图 6.4 直流注入不同次谐波时 γ 的变化

可以看到，在直流侧分别注入幅值相同的二次、四次和八次谐波后，γ 值均会在一段时间内低于 10°的熄弧角极限值，导致换相失败的发生，且谐波次数越低，发生换相失败的次数越多。

6.1.4 逆变侧变压器合闸导致后续换相失败

在换流变投入充电的过程中，往往会产生含有大量谐波成分的励磁涌流，其谐波成分以二次谐波为主。由 6.1.3 小节分析可知，在励磁涌流发生初期，大量二次谐波的注入将使得系统易发生换相失败；随着励磁涌流幅值的逐渐衰减，二次谐波幅值也随之衰减，换相失败逐渐恢复。

如图 6.5 所示，对 CIGRE_HVDC 测试系统逆变侧交流系统进行部分修改。图中：T_1 为换流变；T_2 为逆变侧同一交流母线上空载投入的站用变压器；S 为合闸断路器。

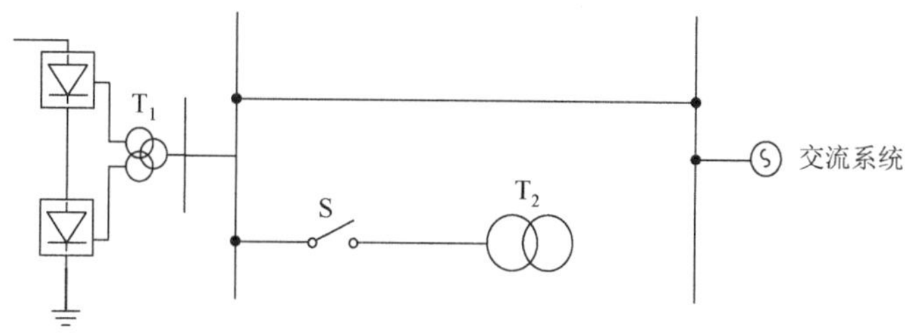

图 6.5 逆变侧交流系统

变压器励磁涌流的大小和方向与其合闸角、剩磁及本身励磁特性等多种因素有关。以 T_2 合闸角为 0°时合闸进行分析，图 6.6 给出了 S 在 $t=1$ s 时合闸情况下，逆变侧熄弧角大小随时间的变化情况。

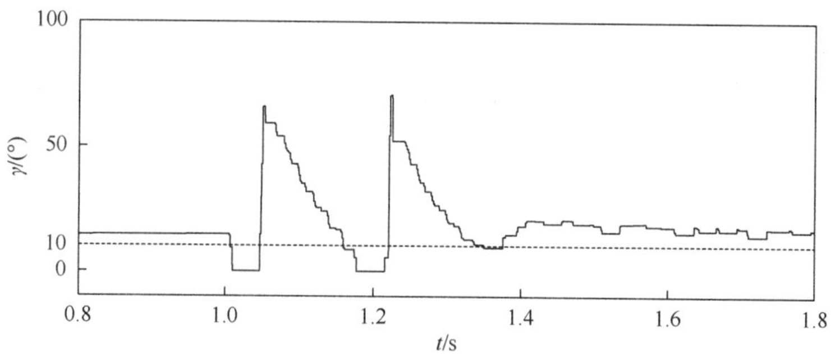

图 6.6 励磁涌流工况下 γ 值的变化

可以看到，在站用变压器空载合闸引发励磁涌流工况期间，γ 值三次低于熄弧角极限值 10°，可认为系统发生了三次连续性的换相失败。随着励磁涌流的衰减，换相失败将不再发生。但若涌流幅值较大且衰减较慢，则后续换相失败现象持续时间将增加。

6.2 换相失败对换流变差动保护的影响及对策

1.1 节中曾介绍，换流站内通常由一台 Y/Y 接线和一台 Y/△接线变压器并联运行形成一组 12 脉动换流变，每组两台换流变总是同时投退。一组换流变配置有该组换流变的大差保护和单台换流变各自的小差保护，差动保护基本仍采用二次谐波制动判据来识别励磁涌流。

在直流输电系统中，逆变侧较整流侧更易发生换相失败，且往往由交流系统故障引起，常发生于故障期间及故障切除后的恢复过程中。一般而言，在经过几次换相失败后系统即可自行恢复至正常换相状态。而在换相失败期间，作为交直流系统连接设备的换流变，其所配置的保护应能保证可靠性。但是，经过分析发现，换相失败期间往往伴随产生非工频分量的电流，易造成换流变铁芯饱和，导致换流变所配置的差动保护存在异常动作的风险。

6.2.1 交流系统外部故障恢复期间换流变差动保护差流波形特征

在直流输电系统中，逆变侧换相失败常伴随于交流系统故障及切除而发生。运行经验表明，在故障恢复过程中，往往需要经历一次或多次换相失败，且经历换相失败的次数与交流侧无功支持的多少有关，即与短路比有关[11]。本小节仍采用图 6.1 所示 CIGRE_HVDC 模型系统进行分析，其中换流变参数如表 6.1 所示。

表 6.1 CIGRE_HVDC 模型系统换流变参数

换流变参数	参数值
容量/MVA	591.79
变比	230∶209
频率/Hz	50
漏抗/p.u.	0.18
铜耗	0

1. 换相失败电流对换流变饱和特性的影响

图 6.7 所示为 $\lambda_{SCR} = 2.5$，$t = 1$ s 时刻逆变侧交流系统发生三相短路故障，0.1 s 后故障被切除的情况下，熄弧角大小、Y/△换流变 A 相励磁电流及磁链的变化情况。

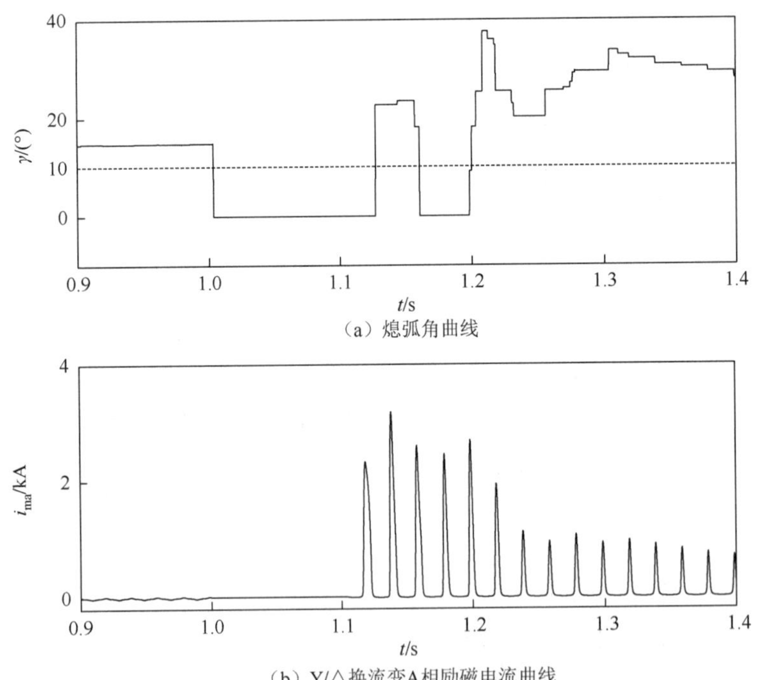

（a）熄弧角曲线

（b）Y/△换流变A相励磁电流曲线

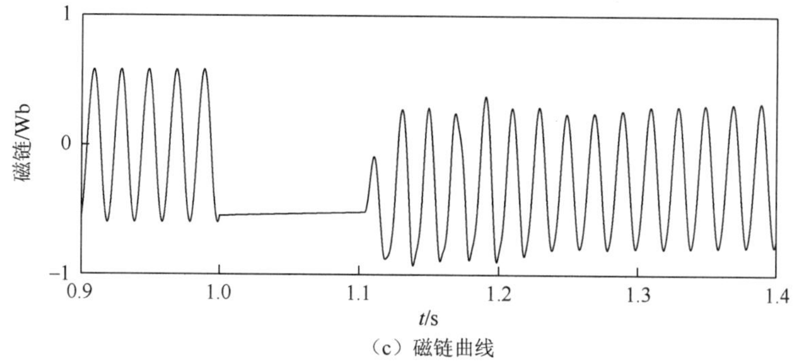

（c）磁链曲线

图 6.7　交流系统三相故障发生和切除工况下熄弧角、Y/△换流变 A 相励磁电流及磁链曲线

可以看到，在故障恢复期间，熄弧角 γ 的值在一段时间内低于 10°的熄弧角极限值，此时发生换相失败；另外，换相失败期间会产生大量非工频分量的电流侵入换流变，导致换流变磁链发生偏移，使得换流变铁芯发生饱和[12, 13]。

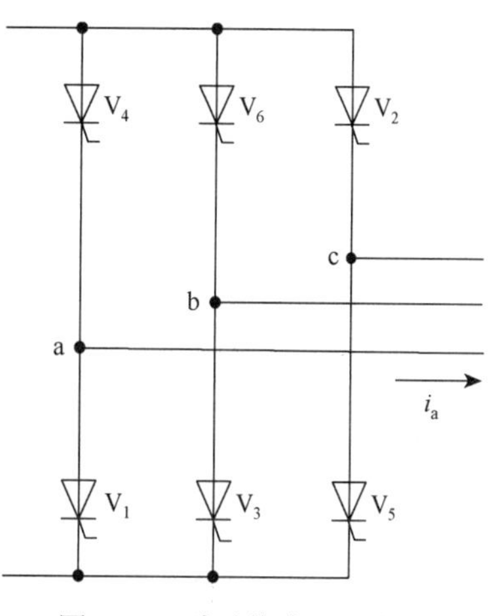

图 6.8　6 脉动换流器示意图

下面对换相失败对换流变铁芯饱和的影响机理进行详细分析。对于图 6.8 所示的 6 脉动换流器示意图，换流阀的导通顺序为 $V_4, V_5 \rightarrow V_5, V_6 \rightarrow V_6, V_1 \rightarrow V_1, V_2 \rightarrow V_2, V_3 \rightarrow V_3, V_4 \rightarrow V_4, V_5$。规定电流流入交流系统方向为正方向。

根据调制理论，换流器交流侧电流可视为换流器对直流侧电流的调制，其表达式为[14]

$$i_\varphi = i_{\mathrm{DC}} \times s_{\mathrm{i}\varphi} \tag{6.4}$$

式中：i_φ 为流入交流系统的电流；φ 表示相序 a、b、c；i_{DC} 为直流侧电流；$s_{\mathrm{i}\varphi}$ 为各相所对应的电流开关函数。

由卷积定理可求得式（6.4）的动态向量表达式为

$$\dot{\boldsymbol{I}}_{\varphi(k)} = \sum_m \dot{\boldsymbol{I}}_{\mathrm{DC}(k-m)} \dot{\boldsymbol{S}}_{\mathrm{i}\varphi(m)} \tag{6.5}$$

式中：k 与 m 为动态向量的阶数。

以 $V_4 \rightarrow V_6$ 发生换相失败时 a 相电流开关函数为例进行分析，在不考虑换相失败对换相角 μ 的影响的情况下，图 6.9（a）～（c）分别给出了正常状态下的电流开关函数、换相失败后的电流开关函数，以及换相失败后相对于正常情况下所需叠加的电流开关函数。

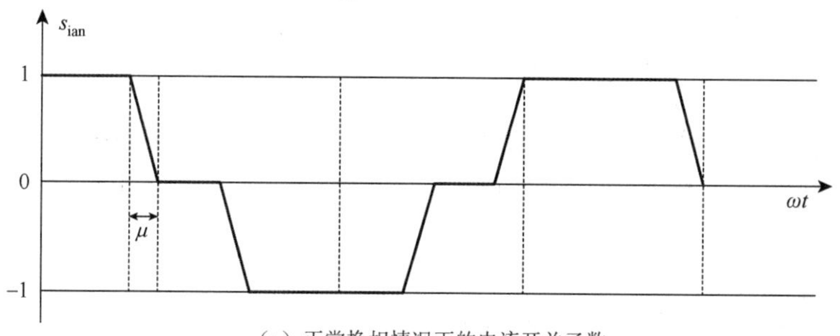

（a）正常换相情况下的电流开关函数

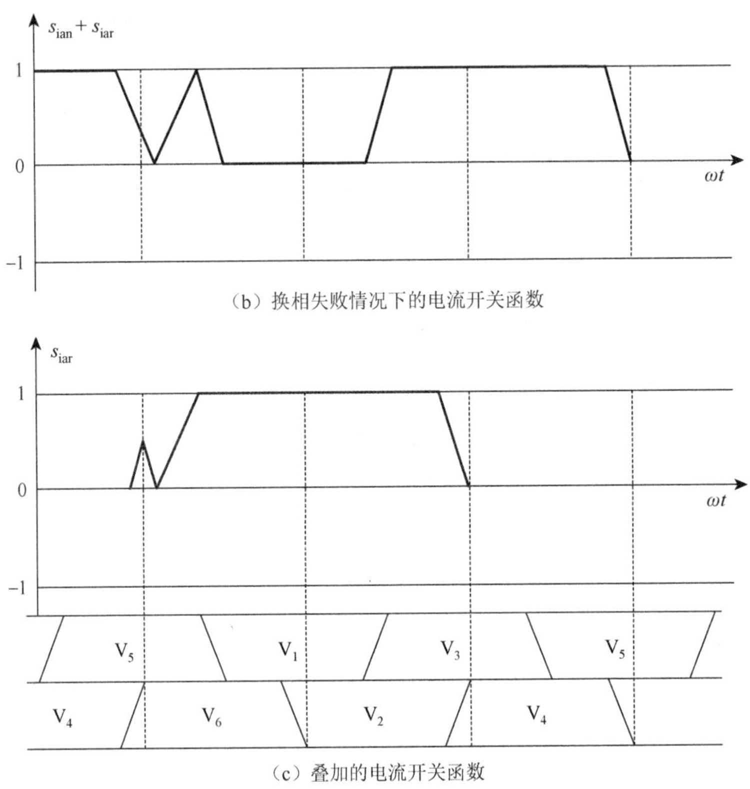

（b）换相失败情况下的电流开关函数

（c）叠加的电流开关函数

图 6.9 电流开关函数示意图

结合式（6.4）和式（6.5）可得，发生换相失败后流入交流系统的电流为

$$i_a=\left(i_{DCn}+\sum_{k=1}^{\infty}i_{DC(k)}\right)\times(s_{ian}+s_{iar}) \tag{6.6}$$

式中：i_{DCn} 为正常时的直流电流；$i_{DC(k)}$为发生换相失败时直流电流中所含的谐波分量；k 为谐波次数；s_{ian} 为正常时的电流开关函数；s_{iar} 为叠加的电流开关函数。

展开式（6.6）可得

$$i_a=i_{DCn}s_{ian}+\sum_{k=1}^{\infty}i_{DC(k)}s_{ian}+i_{DCn}s_{iar}+\sum_{k=1}^{\infty}i_{DC(k)}s_{iar} \tag{6.7}$$

由式（6.7）可知，交流系统电流受到直流电流谐波分量以及叠加的电流开关函数的影响，而由图 6.9（c）可以看到，s_{iar} 经傅里叶变换后必将含有较多的直流分量及谐波分量。即换相失败期间电流存在较多直流分量与非周期分量侵入交流系统，而其含量取决于 $i_{DC(k)}$和 s_{iar} 中各分量的大小。另外，需要指出的是，在发生换相失败期间换相角 μ 也会发生相应变化，但仅影响电流开关函数中换相期间的斜率和时长，对其所含直流分量和非周期分量的影响较小。

图 6.10 所示为换相失败时的电流回路。当 $V_4\rightarrow V_6$ 发生换相失败时，V_4 将持续导通，此时其他共阳极阀（V_6 和 V_2）将持续处于关断状态。而对于共阴极阀而言，当 V_1 导通时，电流将不经过换流变，此阶段直流系统不向交流系统供电，即对交流系统来说相当于“三相断线”状态，此时各相电流为 0；当 V_3 导通时，电流将经 V_4、a 相电流正方向、换流变绕组、b 相电流反方向、V_3 形成回路；同理，当 V_5 导通时，电流将经 V_4、a 相电流正方向、换流变绕组、c 相电流反方向、V_5 形成回路。由于换流阀具有单相导通性，而流经 a 相的电流仅包含正方向电

流，流经 b 相和 c 相的电流仅包含反方向电流，即电流偏于时间轴一侧。因此，三相电流中均包含较大的直流分量，且均会经过换流变绕组流通，即直流分量流入换流变。

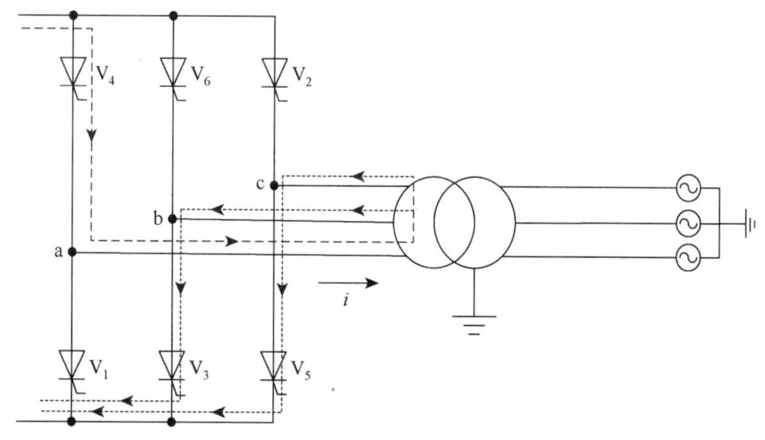

图 6.10　换相失败时的电流回路

根据上述分析，换相失败期间流入交流系统的电流与 $i_{DC(k)}$和 s_{iar} 相关，其中必然包含直流分量和非周期分量，在其侵入换流变时，会导致铁芯磁通发生偏移，进入饱和区，影响换流变的传变特性，使得励磁电流发生畸变。

2. 换相失败电流对恢复性涌流的影响

恢复性涌流时常发生于外部交流系统故障切除后的电压恢复过程中，幅值较大的恢复性涌流会对变压器差动保护产生不利影响。恢复性涌流的幅值大小与变压器铁芯饱和程度有关，而铁芯饱和程度又随入侵电流直流分量的增多而加深。由前面的分析可知，换相失败的发生会向交流系统引入含有较大直流分量等非周期分量的电流。因此，在交流系统故障恢复期间同时伴随发生换相失败时，一方面换流变将经历恢复性涌流，另一方面换相失败引入的电流直流分量会进一步造成换流变铁芯磁链发生偏移，加深其饱和程度，相应地，增大涌流幅值。因此，换相失败对恢复性涌流是有助增作用的，这将加剧其对保护带来的不利影响。

根据前面的分析，在交流系统无功不足的情况下，故障恢复期间容易发生后续换相失败，而短路比 λ_{SCR} 作为衡量交流系统强度的量，其大小决定无功支持的多少。对于直流输电系统而言，λ_{SCR} 越小，交流母线短路容量越小，当发生故障时，由交流系统提供的故障相短路电流就更小。另外，不同 λ_{SCR} 情况下，直流输电系统提供的故障短路电流相差不大，在工程计算中一般可忽略[15]。而在外部故障恢复期间，涌流初始幅值与故障严重程度相关，故障越严重，初始涌流幅值越大；而对于相同故障，λ_{SCR} 越小，故障电流越小，即故障严重程度越低。为此，分别对 $\lambda_{SCR} = 2.0$，$\lambda_{SCR} = 2.5$，$\lambda_{SCR} = 12.4$ 三种不同短路比的情况下发生逆变侧交流系统单相接地故障和三相短路故障的情况进行对比分析。

设置 $t = 1$ s 时刻逆变侧交流系统母线发生 A 相接地故障，0.1 s 后故障被切除。该故障工况下熄弧角的变化、Y/△换流变小差保护 A 相差流的波形及幅值变化，分别如图 6.11～图 6.13 所示。

根据前面的分析，在同样的故障工况下，短路比 λ_{SCR} 越小，故障电流越小，即故障严重程度越低，则在故障恢复初期，涌流初始幅值越小。如图 6.12 和图 6.13 所示，$\lambda_{SCR} = 2.0$ 时恢复性涌流初期幅值最小，$\lambda_{SCR} = 12.4$ 时恢复性涌流初期幅值最大。由图 6.11 可以看到，对于三

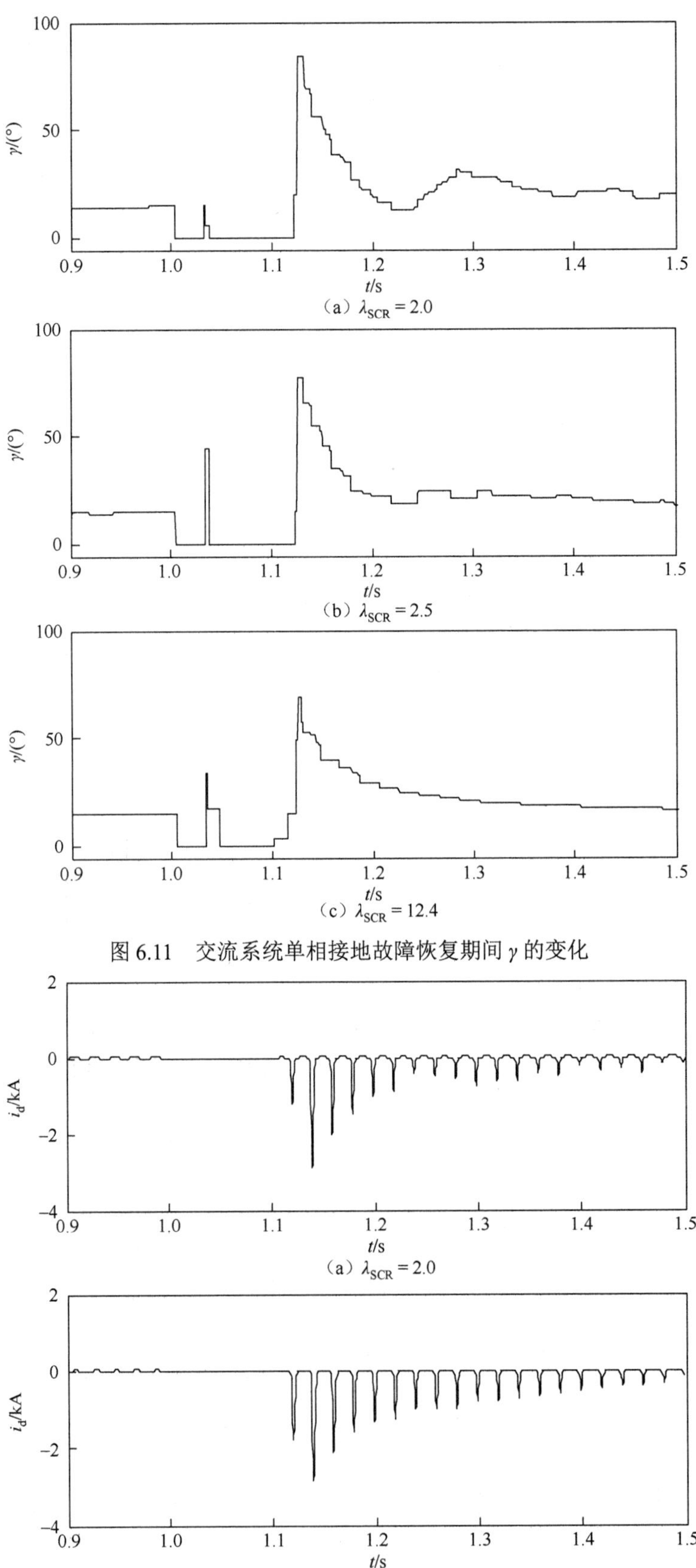

（a）$\lambda_{SCR} = 2.0$

（b）$\lambda_{SCR} = 2.5$

（c）$\lambda_{SCR} = 12.4$

图 6.11　交流系统单相接地故障恢复期间 γ 的变化

（a）$\lambda_{SCR} = 2.0$

（b）$\lambda_{SCR} = 2.5$

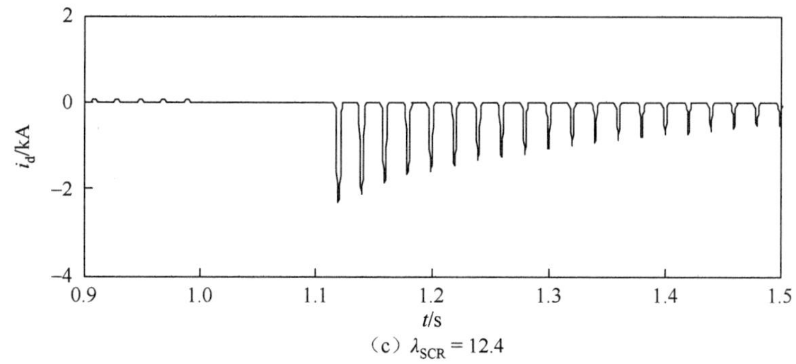

（c）$\lambda_{SCR} = 12.4$

图 6.12　交流系统单相接地故障恢复期间 Y/△换流变小差保护 A 相差流的波形

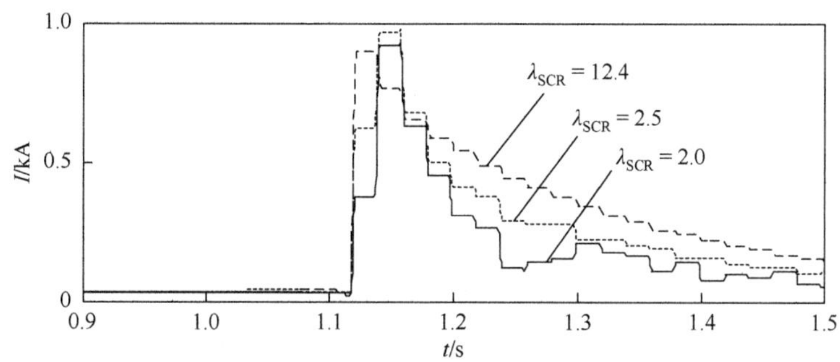

图 6.13　交流系统单相接地故障恢复期间 Y/△换流变小差保护 A 相差流幅值

种短路比 λ_{SCR}，故障恢复期间均未再次发生换相失败，但 λ_{SCR} 较小的情况下，熄弧角波动较大，恢复较慢，在直流控制系统的作用下交直流电流均会随之发生变化，使得后续涌流幅值有所增大。

进一步考虑更为严重的故障工况，设置 $t = 1$ s 时刻逆变侧交流系统母线发生三相短路故障，0.1 s 后故障被切除。该故障工况下的熄弧角变化、Y/△换流变小差保护 A 相差流的波形及幅值变化，分别如图 6.14～图 6.16 所示。与单相接地故障工况相同，在三种短路比下，故障恢复初期，λ_{SCR} 较小的恢复性涌流幅值也较小。但 λ_{SCR} 较小的情况再次发生了换相失败，如图 6.14 所示，当 $\lambda_{SCR} = 2.0$ 和 $\lambda_{SCR} = 2.5$ 时，熄弧角分别在故障恢复后低于熄弧角极限值而发生了换相失败，根据前面的分析，换相失败的发生对恢复性涌流有助增作用。因此，恢复性涌流在后续又有一个增大的过程，幅值也是不减反增；而 $\lambda_{SCR} = 12.4$ 情况下故障被切除后并未再次发生换相失败，因此恢复性涌流持续衰减，如图 6.15 和图 6.16 所示。

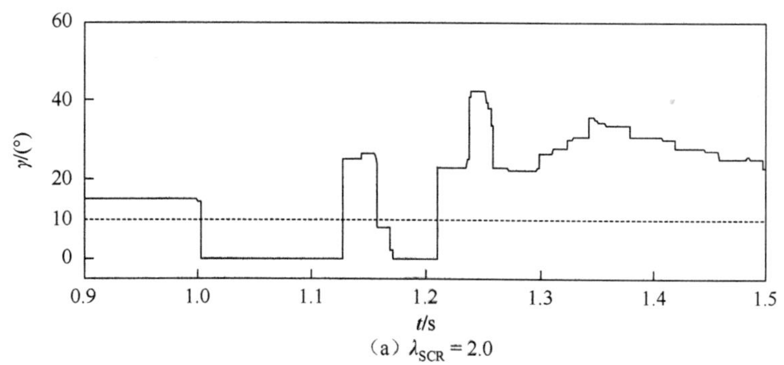

（a）$\lambda_{SCR} = 2.0$

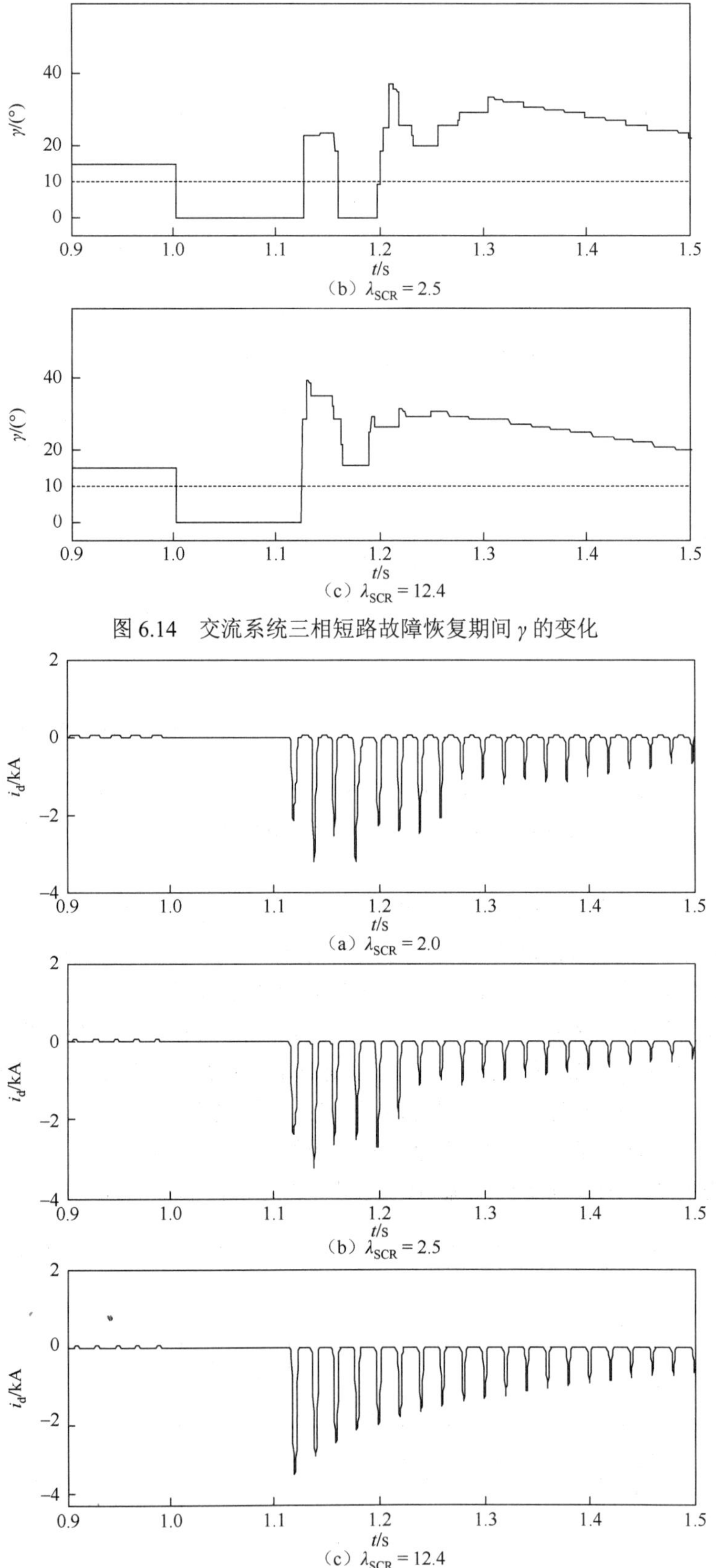

（b）$\lambda_{SCR}=2.5$

（c）$\lambda_{SCR}=12.4$

图 6.14 交流系统三相短路故障恢复期间 γ 的变化

（a）$\lambda_{SCR}=2.0$

（b）$\lambda_{SCR}=2.5$

（c）$\lambda_{SCR}=12.4$

图 6.15 交流系统三相短路故障恢复期间 Y/△换流变小差保护 A 相差流的波形

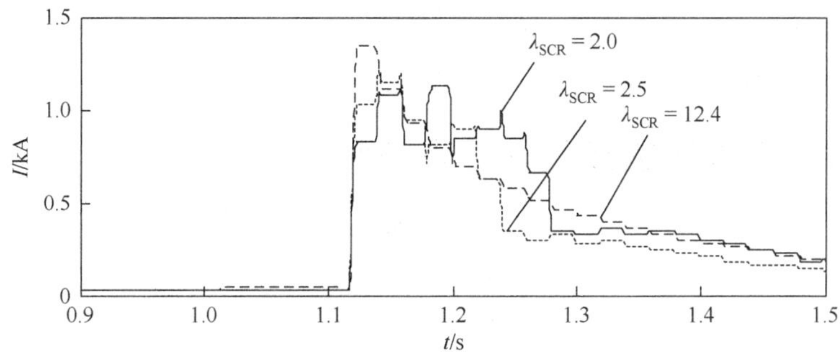

图 6.16 交流系统三相短路故障恢复期间 Y/△换流变小差保护 A 相差流幅值

为更清晰地显示换相失败对恢复性涌流的助增作用，考虑更为极端的工况，即当 $\lambda_{SCR}=1.6$ 时交流系统侧发生三相短路故障且故障随后被切除。在该工况下，熄弧角的变化、换流变大差保护差流的波形及幅值变化如图 6.17 所示。可以看到，在交流系统故障被切除后的 0.3 s 内，熄弧角两次低于熄弧角极限值，即发生了两次换相失败，此时大差保护差流两次出现不减反增的现象，其幅值也随之经历突然增大的过程。对比 $\lambda_{SCR}=12.4$ 时未伴随发生换相失败、差流

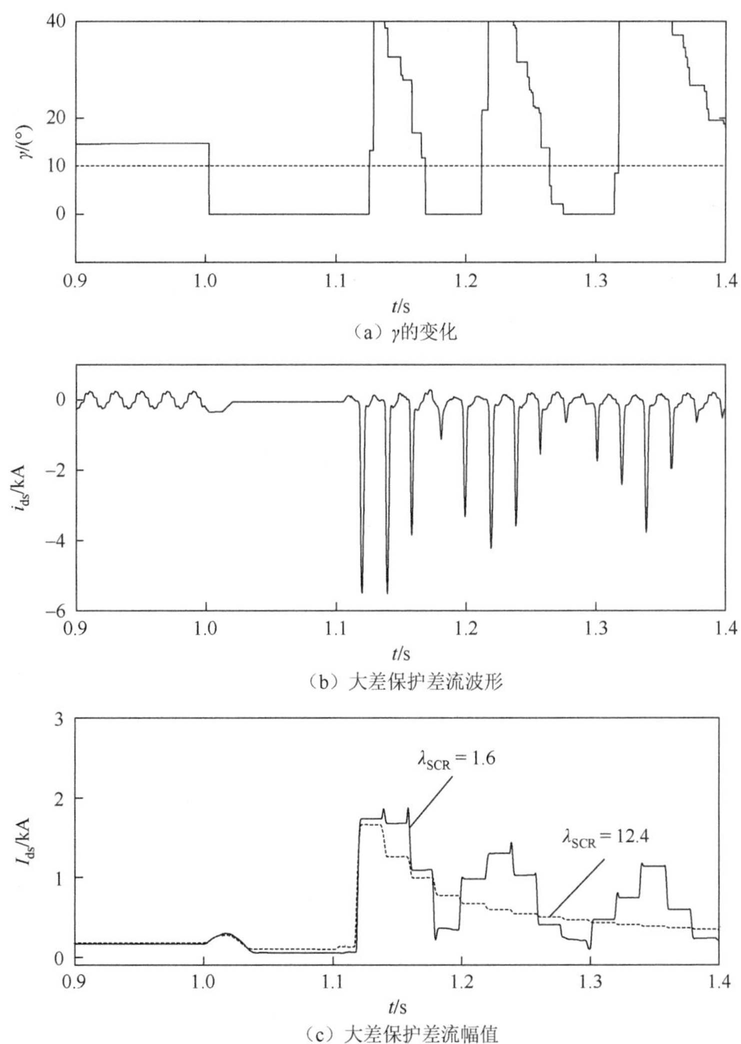

（a）γ的变化

（b）大差保护差流波形

（c）大差保护差流幅值

图 6.17 当 $\lambda_{SCR}=1.6$ 时交流系统三相短路故障恢复期间熄弧角和大差保护差流波形及幅值

幅值逐渐衰减的情况，如图 6.17（c）中虚线所示，对于故障程度相当的工况，涌流衰减至同样的低幅值，受到换相失败影响时所需时间将更长。

6.2.2 换相失败对换流变差动保护动作性能的影响

通过上述分析可知，在外部交流系统故障恢复期间会产生恢复性涌流，且常伴随着换相失败的发生。而换相失败对恢复性涌流具有助增作用，在增大涌流幅值的同时使其衰减至低值的时间延长。通过换流变差动保护差流波形分析可以发现，其仍保持涌流特征，二次谐波含量较高，差动保护将被二次谐波制动判据闭锁。但若在恢复性涌流伴随换相失败的情况下再次发生区内故障，换流变差动保护的灵敏性将受到影响。下面对恢复性涌流伴随换相失败工况下，换流变分别发生区内、区外故障时差动保护的动作性能进行分析。

当换流变发生区外故障时，正常情况下差动保护所用差流幅值接近于 0，保护不会动作；当区外故障发生于恢复性涌流伴随换相失败的工况时，差流幅值虽然较大，但因差流主要呈现涌流特征，在二次谐波制动判据的作用下，差动保护将会被可靠闭锁，此时保护动作性能基本不受影响。

当换流变发生区内故障时，差流呈现高幅值的故障电流特征，差动保护快速动作。但若其发生于恢复性涌流伴随换相失败期间，换流变差动保护的差流为故障电流与前面所述助增后涌流的叠加，当涌流幅值与故障差流幅值相当时，差流中二次谐波含量上升，影响二次谐波制动判据的判别，从而降低换流变差动保护应对区内故障时的灵敏性。因此，需重点讨论在恢复性涌流伴随换相失败期间，换流变发生区内故障时差动保护的动作特性。

算例 6.1 当 $\lambda_{SCR} = 2.5$ 时，逆变侧交流系统在 $t = 1$ s 时刻发生三相短路故障，0.1 s 后故障被切除，并伴随换相失败的发生；在 $t = 1.11$ s 时刻 Y/△换流变 Y 侧出口发生 A 相接地故障。

本算例中换流变 A 相小差保护和大差保护差流波形，以及差流幅值分别如图 6.18 和图 6.19 所示。图中：i_{dyy} 和 i_{dyd} 分别为 Y/Y 换流变和 Y/△换流变小差保护差流；i_{ds} 为该组换流变大差保护差流；I_{dyy} 和 I_{dyd} 分别为 i_{dyy} 和 i_{dyd} 的幅值；I_{ds} 为 i_{ds} 的幅值；下面算例同。

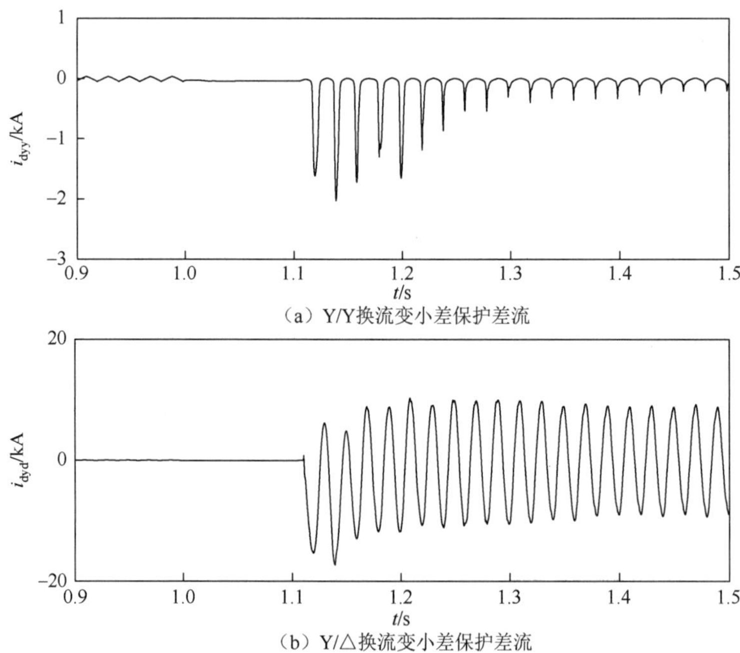

（a）Y/Y换流变小差保护差流

（b）Y/△换流变小差保护差流

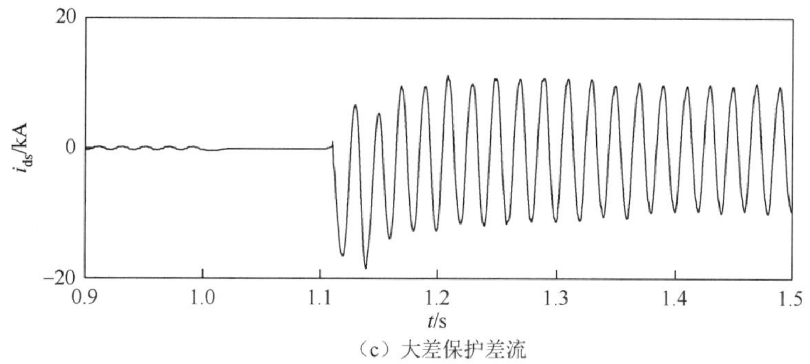

（c）大差保护差流

图 6.18　小差保护和大差保护差流波形（算例 6.1）

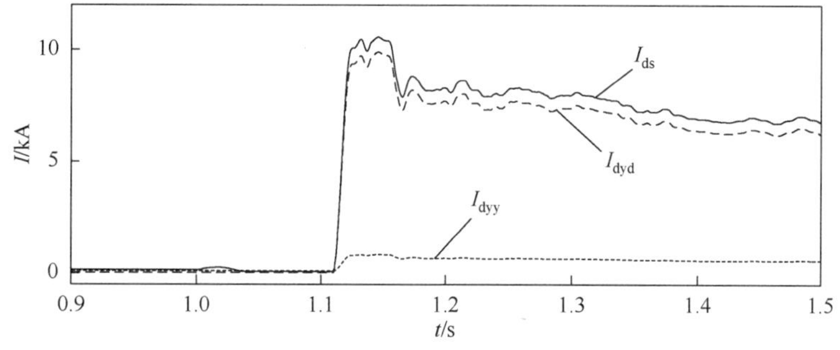

图 6.19　小差保护和大差保护差流幅值（算例 6.1）

可以看到，对于 Y/Y 换流变小差保护而言，此故障为区外故障，其差流主要是外部故障切除后的恢复性涌流，波形呈现较典型涌流特征。而对于 Y/△换流变小差保护以及该组换流变大差保护而言，该故障为被保护区的区内故障，相应地，两个差动保护的差流幅值较高。进一步分析三个差流的二次谐波占基波幅值的百分比，如图 6.20 所示。Y/Y 换流变差流主要呈现涌流特征，二次谐波含量稳定地高于通常所设置的 15%的门槛值；而 Y/△换流变小差保护和该组换流变大差保护差流波形主要呈现故障电流特征。因此，二次谐波含量均快速低于 15%的门槛值，Y/△换流变小差保护和该组换流变大差保护均会快速正确动作。

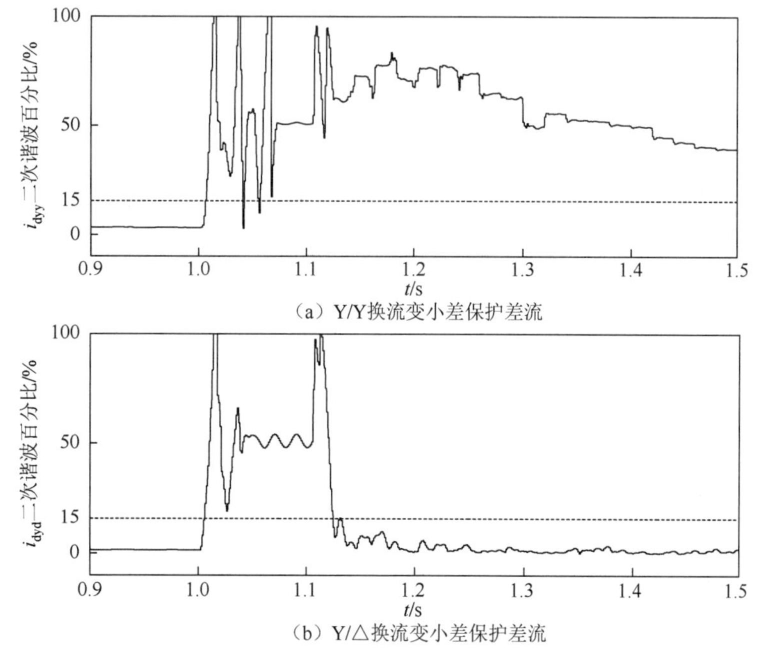

（a）Y/Y换流变小差保护差流

（b）Y/△换流变小差保护差流

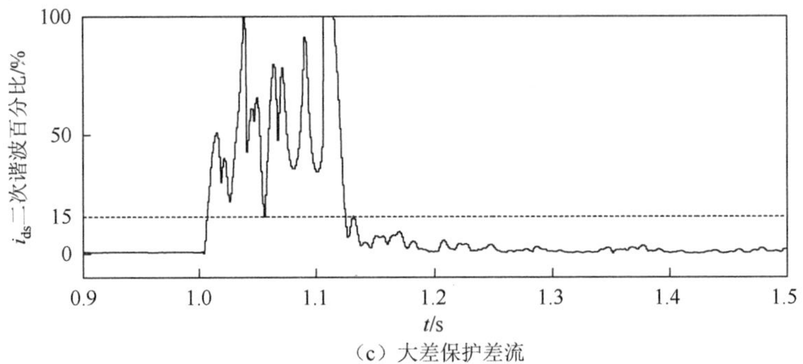

（c）大差保护差流

图 6.20 小差保护和大差保护差流二次谐波占基波百分比（算例 6.1）

算例 6.2 当 $\lambda_{SCR}=2.5$ 时，逆变侧交流系统在 $t=1$ s 时刻发生三相短路故障，0.1 s 后故障被切除，并伴随换相失败的发生；在 $t=1.11$ s 时刻 Y/△换流变 Y 侧出口发生 A 相经高阻接地故障，过渡电阻为 200 Ω。

本算例换流变 A 相小差保护和大差保护差流波形、差流幅值以及二次谐波占基波幅值百分比分别如图 6.21～图 6.23 所示。

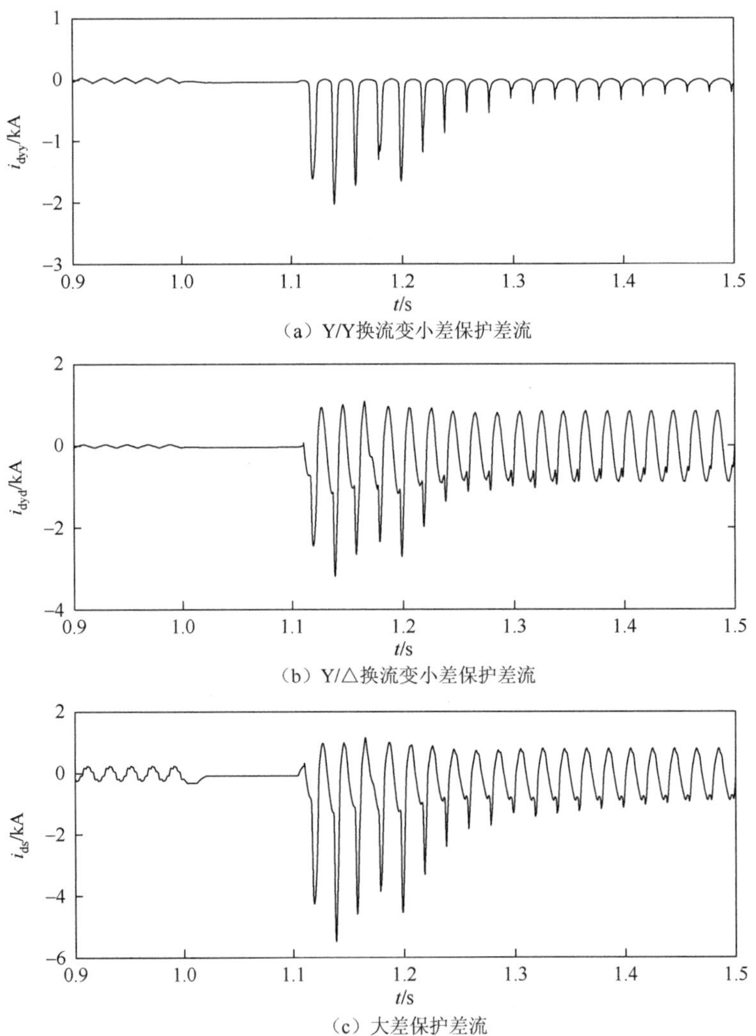

（c）大差保护差流

图 6.21 小差保护和大差保护差流波形（算例 6.2）

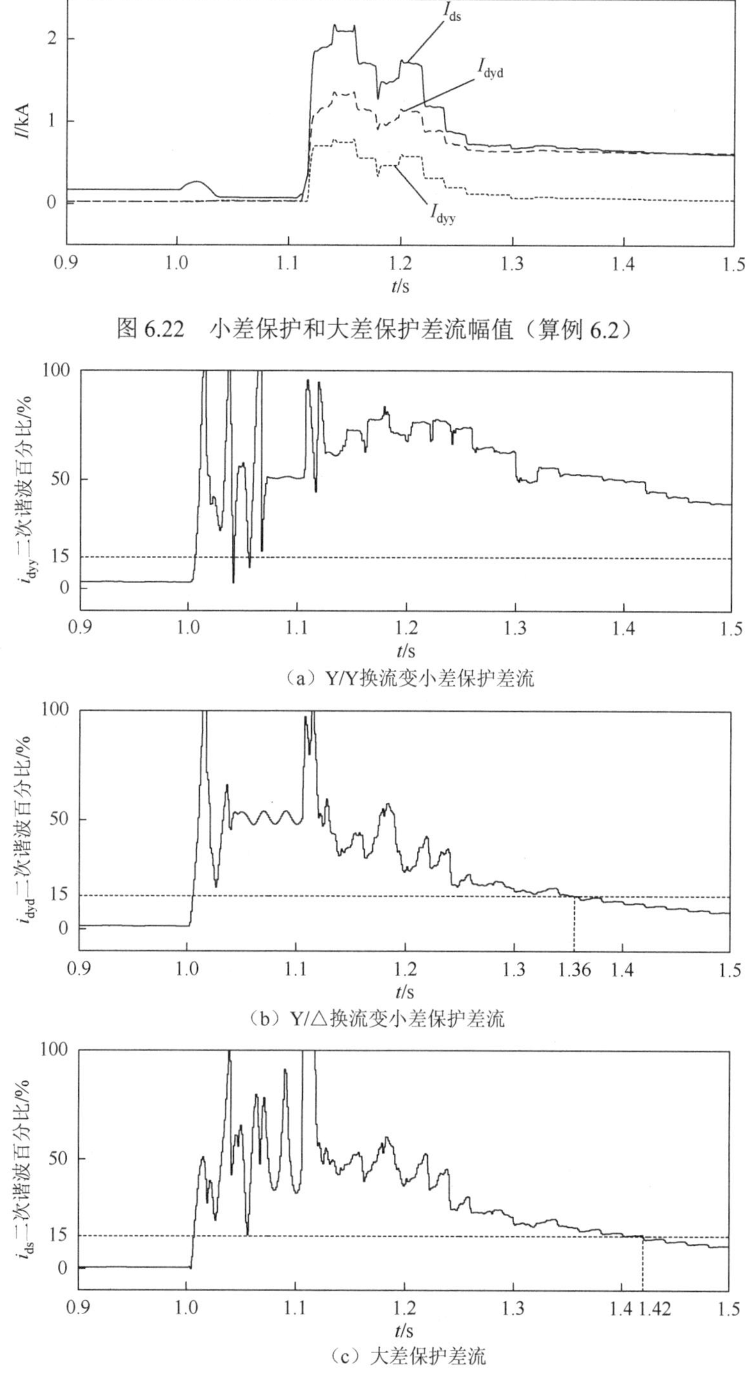

图 6.22　小差保护和大差保护差流幅值（算例 6.2）

（a）Y/Y换流变小差保护差流

（b）Y/△换流变小差保护差流

（c）大差保护差流

图 6.23　小差保护和大差保护差流二次谐波占基波百分比（算例 6.2）

可以看到，整个工况对于 Y/Y 换流变而言均为区外故障，其差流仍然主要是交流系统故障切除后的恢复性涌流，二次谐波含量稳定高于 15%的制动门槛，小差保护被可靠闭锁；而对于 Y/△换流变而言，其 Y 侧出口发生 A 相经高阻接地故障时，差流为其自身故障电流与交流系统故障切除后的恢复性涌流的叠加，该涌流受换相失败的助增影响幅值增大，与故障电流幅值相当，且涌流衰减延长，最终使得差流中二次谐波含量较高且持续时间较长，小差保护被闭锁至 1.36 s 二次谐波含量才低于 15%，导致小差保护延迟故障发生约 12.5 周波才动作；大差保护动作行为与 Y/△换流变小差保护类似，二次谐波含量在 1.42 s 前一直高于制动门槛，导致大差保护延迟故障发生约 15.5 周波才动作。

算例 6.3 本算例用于在相同的故障工况下，对比分析 $\lambda_{SCR}=2.5$ 与 $\lambda_{SCR}=12.4$ 时，Y/△换流变小差保护差流及二次谐波含量。故障工况为：逆变侧交流系统在 $t=1$ s 时发生三相短路故障，0.1 s 后故障被切除，在 $t=1.11$ s 时刻 Y/△换流变 Y 侧出口发生 A 相经 100 Ω 过渡电阻接地故障，分析结果如图 6.24 所示。

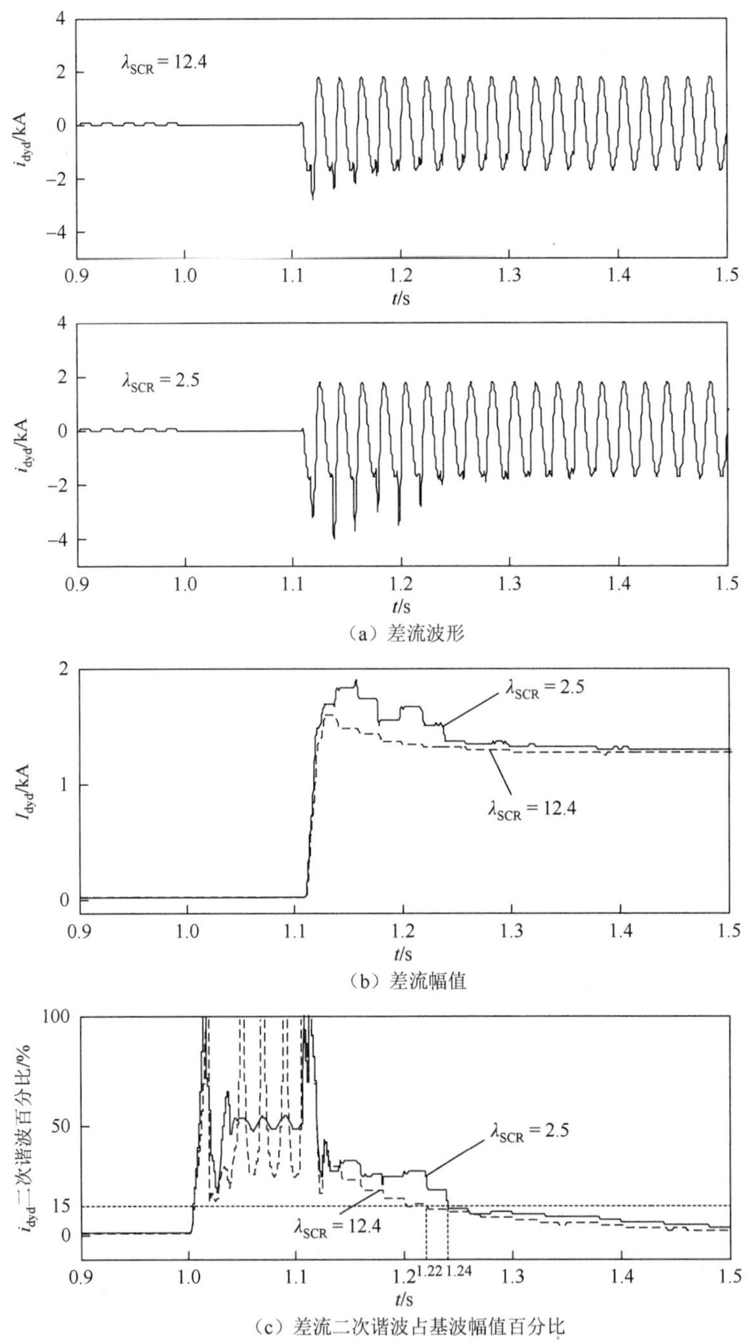

（a）差流波形

（b）差流幅值

（c）差流二次谐波占基波幅值百分比

图 6.24 差流波形、幅值及二次谐波含量（算例 6.3）

对比两种 λ_{SCR} 值下的差流波形、幅值及二次谐波占基波幅值的百分比可以发现，在恢复性涌流期间若再发生换流变区内高阻接地故障，无论外部故障恢复前期是否发生换相失败，故障电流均与涌流幅值相当，差流中二次谐波含量较高，保护暂时会被闭锁。若在恢复性涌流期间未发生换相失败，涌流幅值会持续衰减，差流二次谐波含量在故障后 110 ms 时降低至 15%以下，如图 6.24（b）和（c）中虚线所示（对应于 $\lambda_{SCR}=12.4$ 的情况）；若在恢复性涌流期间伴随换相失败的发生，则涌流在换相失败的助增作用下，其幅值会有不降反升的过程，延缓了涌流衰减速度。因此，较之未发生换相失败时的情况，故障后差流幅值有所回升，二次谐波占基波幅值百分比降低至 15%的门槛值以下需要更长时间，如图 6.24（b）和（c）中实线所示（对应于 $\lambda_{SCR}=2.5$ 的情况）。可以看到，二次谐波百分比在故障发生后 130 ms 才降低至 15%以下，导致此时保护动作比未发生换相失败时还将延迟 1 周波左右。

分别对 $\lambda_{SCR}=2.5$ 和 $\lambda_{SCR}=12.4$ 的情况下，逆变侧交流系统在 $t=1$ s 时刻发生三相短路故障，0.1 s 后故障被切除，Y/△换流变 Y 侧出口在 $t=1.11$ s 时刻发生经不同过渡电阻单相接地故障时，换流变小差保护与大差保护的动作情况进行分析，其结果列于表 6.2。

表 6.2 不同接地电阻故障下采用二次谐波制动判据的保护动作情况

接地电阻/Ω	$\lambda_{SCR}=2.5$			$\lambda_{SCR}=12.4$		
	Y/Y 小差保护动作时间/s	Y/△小差保护动作时间/s	大差保护动作时间/s	Y/Y 小差保护动作时间/s	Y/△小差保护动作时间/s	大差保护动作时间/s
0	—	0.015	0.015	—	0.021	0.021
10	—	0.023	0.023	—	0.012	0.020
50	—	0.023	0.069	—	0.020	0.057
100	—	0.131	0.163	—	0.110	0.142
150	—	0.243	0.243	—	0.241	0.240
200	—	0.350	0.372	—	0.347	0.371

通过算例 6.3 及表 6.2 可知，当换流变区外发生故障时，二次谐波判据能有效闭锁差动保护。当换流变发生区内故障时，若故障程度较严重，差流幅值较大，差流波形主要呈现故障电流特征，保护能正确快速动作；但若故障程度较轻，二次谐波制动判据会误制动换流变小差保护与大差保护，造成保护动作延时。而换相失败的发生，对恢复性涌流具有助增作用，使得保护延时动作风险进一步增大。

6.2.3 换流变差动保护延时动作解决方案

根据前面的分析，在外部交流系统故障被切除的恢复性涌流期间，涌流应逐渐衰减，但若在此过程中伴随发生换相失败，其助增作用会导致涌流幅值存在不降反增的阶段，延缓涌流衰减速度。此时换流变差动保护范围内再次发生较轻微故障时，二次谐波制动判据误闭锁保护引起保护延迟动作的风险将增加。

从差流波形特征分析发现，换流变在恢复性涌流伴随换相失败期间发生轻微区内故障时，1 周波差流波形中的 1/2 周波会受到涌流特征的影响；另外 1/2 周仍主要呈现故障差流特征，可考虑从波形识别的角度来提取不受涌流特征影响的 1/2 周故障差流特征。为此，可利用波形相似度的方法对该工况进行识别。在前面的章节中曾介绍过的豪斯多夫距离算法、DTW 距离算法和互近似熵算法，都是性能较好的时间序列相似性度量算法，可以用来对本小节所述工况进行识别。本小节将采用另一种算法构造换流变差动保护的判据，即离散弗雷歇（Fréchet）距离算法。

弗雷歇距离是一种基于空间目标整体形状特征以及曲线中各点的位置和时间顺序的距离度量函数，具有良好的抗数据丢失能力，目前已在电力系统负荷预测、汽车电池状态诊断、变压器差动保护等方面得到了一定的应用[16-18]。利用标准正弦波与归一化处理后差流序列之间的离散弗雷歇距离来判别本小节所述换流变差动保护存在延迟动作的情况。

1. 离散弗雷歇距离原理

弗雷歇距离算法起源于狗绳问题。如图 6.25 所示，假定有一人通过狗绳牵着一狗，人、狗分别从曲线 A、B 的起点出发，向终点走去，人、狗均可自由改变速度，但不允许回头，则能通过这两条曲线的最短狗绳长度即为弗雷歇距离。

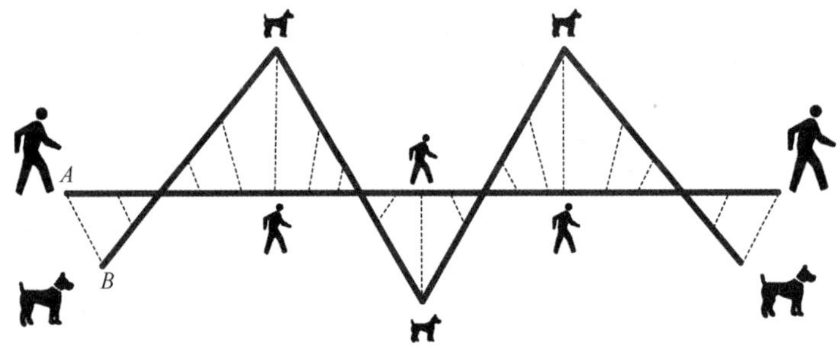

图 6.25 连续弗雷歇距离图形

假设人的轨迹 A 长度为 m，狗的轨迹 B 长度为 n。分别用两连续递增函数 $\alpha(t)$和 $\beta(t)$表示人与狗在 t 时刻走过的轨迹长度。为方便讨论，m、n 和 t 都限制在[0, 1]范围内，则有 $\alpha(0)=\beta(0)=0$，$\alpha(1)=\beta(1)=1$。通过人和狗的两条轨迹确定 $A(\alpha(t))$和 $B(\beta(t))$，求取不同时刻 $A(\alpha(t))$与 $B(\beta(t))$间的距离，其最大值即为可通过的绳长。但是，人和狗的速度可以改变，这使得 $\alpha(t)$和 $\beta(t)$会发生改变，从而会产生不同的可通过绳长。这些可通过的绳长中最短的绳长即为连续弗雷歇距离，其数学表达式为

$$\delta_{\mathrm{F}}(A,B)=\inf_{\alpha,\beta}\max_{t\in[0,1]} d(A(\alpha(t)),B(\beta(t))) \tag{6.8}$$

式中：d 为两点间的欧几里得距离；inf 为集合的下确界。

然而，实际研究中很难计算得到两条曲线的连续弗雷歇距离；此外，人们常用离散的曲线来近似表示一条给定的连续曲线。因此，通过对连续弗雷歇距离的研究，Eiter 等[19]又提出了离散弗雷歇距离的定义。

对于两离散曲线 $A=\{a_1,a_2,\cdots,a_i,\cdots,a_m\}$，$B=\{b_1,b_2,\cdots,b_j,\cdots,b_n\}$，分别计算两曲线上各点间的欧几里得距离并形成 $m\times n$ 阶距离矩阵，记为 D，即

$$\boldsymbol{D}=\begin{bmatrix} d_{11} & d_{12} & \cdots & d_{1n} \\ d_{21} & d_{22} & \cdots & d_{2n} \\ \vdots & \vdots & & \vdots \\ d_{m1} & d_{m2} & \cdots & d_{mn} \end{bmatrix} \tag{6.9}$$

假设从 d_{11} 出发到达 d_{mn} 的路径有 c 条，路径的集合记为 $W=\{w_1,w_2,\cdots,w_k,\cdots,w_c\}$。以其中一条路径 w_k 为例，该路径下覆盖的距离值个数记为 s，其集合记为 L_k，即 $L_k=\{l_{k1},l_{k2},\cdots,l_{kx},\cdots,l_{ks}\}$，针对每条路径，其中每个元素应满足以下条件。

（1）$l_{k1}=d_{11}$，$l_{ks}=d_{mn}$；

（2）若 $l_{k(x-1)}=d_{ij}$，则 $l_{kx}=\begin{cases} d_{i(j+1)} \\ d_{(i+1)j} \\ d_{(i+1)(j+1)} \end{cases} \quad (x=1,2,\cdots,s)$。

即路径必须从 d_{11} 出发到达 d_{mn}，且只能朝着 D 矩阵的右方、下方或右下方前进。

首先计算每条路径所覆盖的距离值中的最大值，则路径集合 W 中 c 条路径对应 c 个最大值，它们中的最小值即为两离散曲线 A 与 B 之间的离散弗雷歇距离，表达式为

$$F(A,B)=\min_{w_k\in W}\max_{l_{kx}\in L_k}(l_{kx}) \quad (x=1,2,\cdots,s;k=1,2,\cdots,c) \tag{6.10}$$

以图 6.26（a）所示平面上的两离散曲线 P 和 Q 为例，对离散弗雷歇距离的计算步骤进行说明。根据图中所示 P 和 Q 中各点的坐标，可以计算各点之间欧几里得距离并得到距离矩阵 $\boldsymbol{D}$ 为

$$\boldsymbol{D}=\begin{bmatrix} 0.5 & 1 & 2.236 \\ 1.803 & 1 & 2.236 \\ 2 & 1.118 & 0.5 \end{bmatrix}$$

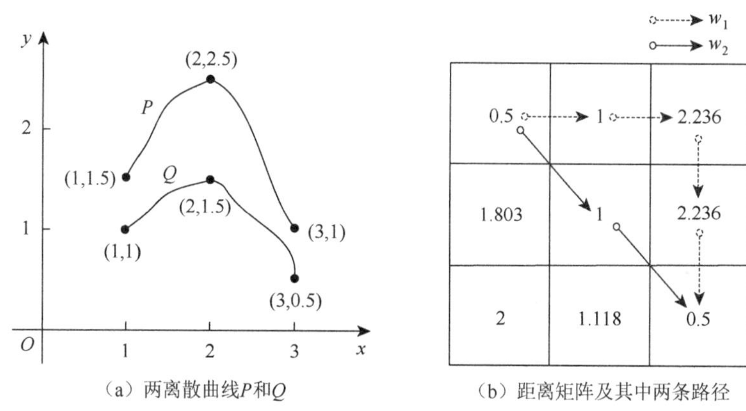

（a）两离散曲线P和Q　　（b）距离矩阵及其中两条路径

图 6.26　两离散曲线离散弗雷歇距离计算

从 d_{11} 到 d_{33} 的各路径中，满足上述条件（1）和条件（2）的路径共有 13 条，记为 $W=\{w_1, w_2,\cdots,w_{13}\}$，图 6.26（b）标示出了其中两条路径 w_1 和 w_2，其覆盖的距离值集合分别为 $L_1=\{0.5, 1, 2.236, 2.236, 0.5\}$ 和 $L_2=\{0.5, 1, 0.5\}$，则两条路径所覆盖的距离值中的最大值分别为 2.236 和 1。类似地，13 条满足条件的路径所覆盖的最大距离值分别为 2.236、1、2.236、1.118、1、2.236、1.118、2.236、1.803、2.236、1.803、1.803 和 1.803，再根据式（6.10），取其中最小值即可得 $F(P, Q)=1$。

图 6.27 所示为在不同数量采样点的情况下离散弗雷歇距离计算示意图。可以看到，两曲线间的连续弗雷歇距离应为 a_2 与 O 之间的欧几里得距离。对于采样点较少的情况，如图 6.27（a）所示，此时得到的离散弗雷歇距离值为 a_2 与 b_2 之间的欧几里得距离；而当采样点相对较多时，如图 6.27（b）所示，其离散弗雷歇距离变为 a_2 与 b 之间的欧几里得距离，显然更接近于 a_2 与 O 之间的欧几里得距离。随着采样点的增多，离散弗雷歇距离将逐渐接近于连续弗雷歇距离。因此，当采样点足够多时，离散弗雷歇距离无限接近于连续弗雷歇距离。

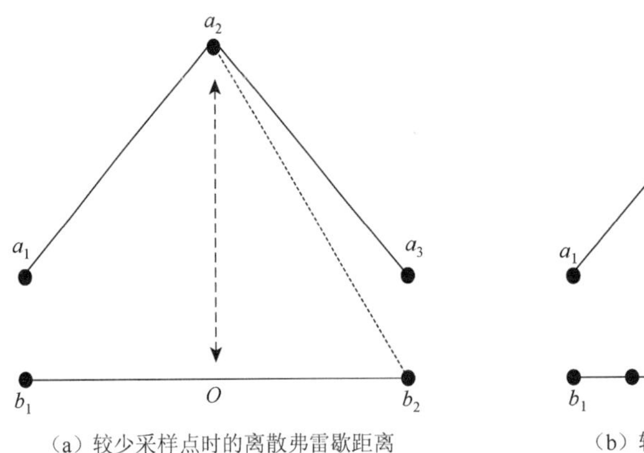

（a）较少采样点时的离散弗雷歇距离

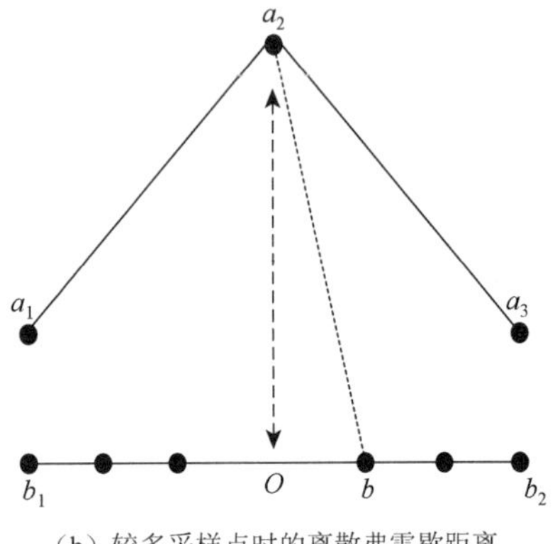

（b）较多采样点时的离散弗雷歇距离

图 6.27 不同采样点数的离散弗雷歇距离

另外，离散弗雷歇距离算法并不严格要求两条曲线的采样点数目相同。从这个意义上说，当采样率足够时，某些采样点的损失对离散弗雷歇距离的计算和相似度识别影响不大。目前，现场采用的微机保护，采样率较高，离散弗雷歇距离算法均能适用。当然，采样频率越高，在确定的数据窗内采样点数越多，离散弗雷歇距离将越接近于连续弗雷歇距离，即算法结果越精确。

2. 基于离散弗雷歇距离的保护判据

离散弗雷歇距离算法利用离散的特征点进行相似度识别，而差流信号序列即为二维平面中的离散点集，通过构造与其匹配的对应正弦波序列即可完成波形相似度的识别。在计算离散弗雷歇距离值之前需对差流序列进行归一化处理，并形成相对应的正弦波序列。差流序列归一化处理与标准正弦波的同步生成，可采用 2.4.3 小节介绍的方法和步骤，此处不赘述。

为使计算用数据窗内仅包含故障 1/2 周波，从而减少换相失败对涌流产生的干扰，数据窗选取 1/4 周波进行计算。即当差流越限时，以 1/4 周波的数据窗对差流序列进行采集，并归一化至[−1, 1]的幅值范围，同步生成相同采样率的标准正弦波序列，进而计算两个序列的离散弗雷歇距离值，记为 DF。DF 值应保持在区间[0, 1]上。理论上，故障差流应保持正弦波特征，归一化后与标准正弦波应完全重合，此时 DF 值为 0；但由于进行保护整定时不利于可靠系数的乘除，考虑先求其补集进行可靠系数乘除后，再求取补集作为动作门槛值。其计算式为

$$DF_{\text{set}} = 1 - K_{\text{rel}} \times (1 - DF_{\text{theory}}) \tag{6.11}$$

式中：若 DF_{theory} 取理想故障工况值，K_{rel} 取 0.8，则 $DF_{\text{set}} = 0.2$。

另外，需要指出的是，对于差流未越限的情况，保护不会启动，此时赋其 DF 值为 1。

此外，由图 6.27 可知，离散弗雷歇距离在采样值足够表达波形整体特征时，DF 值接近于连续弗雷歇距离值，因此其受采样频率的影响不大。例如，1.2 kHz 的采样率与 4 kHz 的采样率仅仅是特征点的个数存在差异，但 DF 值均接近于两者间的连续弗雷歇距离值，差异较小。另外，离散弗雷歇距离计算过程中不要求特征值一一对应，因此部分采样点损失对 DF 计算值的影响也较小，可利用此特点在进行计算之前去除异常数据点以增加算法抗干扰性。

综上所述，该保护判据实现的主要步骤为：在差流幅值越限时启动，首先通过 1/4 同波数据窗提取差流序列，并去除异常数据点，然后进行归一化处理，并同步生成相同采样频率的标

准正弦波序列，进而计算两者间 DF 值，与 DF_{set} 进行比较。若满足 $DF<DF_{set}$，则开放保护，使其动作；否则，持续闭锁保护。

在计算时间方面，离散弗雷歇距离算法仅需进行简单的加减、平方和及大小比较等运算。以 4 kHz 的采样率、一个数据窗包含 20 个采样点为例，完成一次数据窗内 DF 值计算仅需执行 8 000 次左右的基本运算，对于目前主流的微机保护而言，所耗时间甚至不足 1 ms，不会对保护判据判别造成额外的延时。

3. 判据的仿真验证

针对算例 6.1 所分析的 $\lambda_{SCR}=2.5$ 时交流系统故障切除恢复性涌流伴随换相失败期间 Y/△换流变 Y 侧出口发生 A 相接地故障的情况进行验证。根据换流变 A 相小差保护差流和大差保护差流，利用所提算法求出的 DF 值序列，如图 6.28 所示。

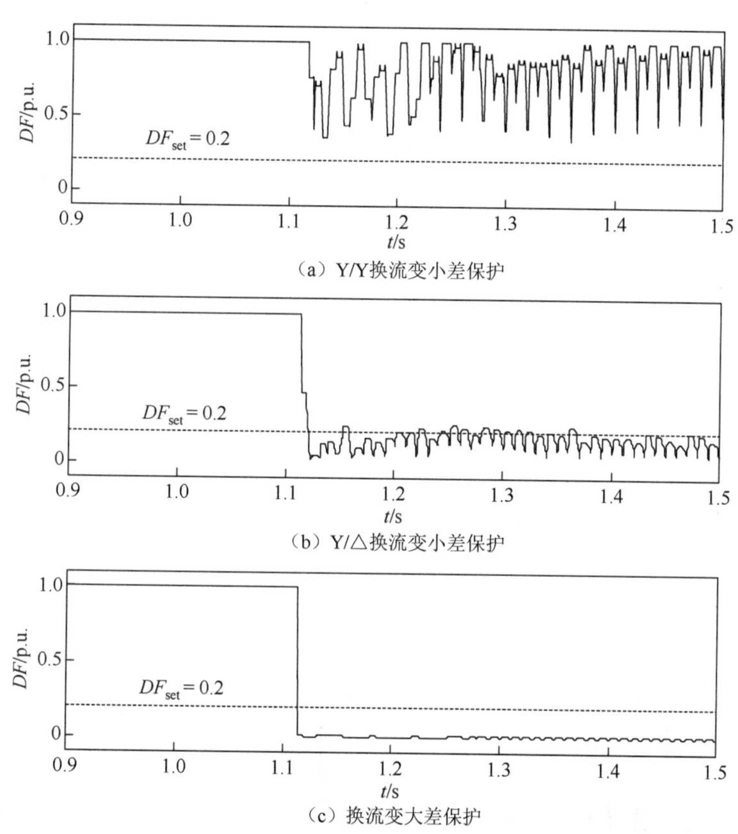

（a）Y/Y换流变小差保护

（b）Y/△换流变小差保护

（c）换流变大差保护

图 6.28　DF 值计算结果（算例 6.1）

结合图 6.18 与图 6.28 可以发现：该故障对于 Y/Y 换流变而言为区外故障，差流主要是由交流侧故障切除引起的恢复性涌流，波形呈现涌流特征，与正弦波特征相差较大，使得 DF 值能稳定地高于 0.2 的门槛值，此时 Y/Y 换流变的小差保护被可靠闭锁，不会发生误动；对于 Y/△换流变小差保护以及该组换流变的大差保护而言，该故障为区内故障，此时差流波形主要呈现正弦波特征，DF 值分别在故障后 10 ms 和 5 ms 低于 0.2 的门槛值，均能在 1/2 周波内开放两个保护，使其快速动作。针对这类算例，基于离散弗雷歇距离的判据和二次谐波制动判据都能做出快速和正确的判别。

针对算例 6.2 所分析的 $\lambda_{SCR} = 2.5$ 时交流系统故障切除恢复性涌流伴随换相失败期间 Y/△换流变 Y 侧出口发生 A 相经高阻接地故障的情况进行验证，其结果如图 6.29 所示。

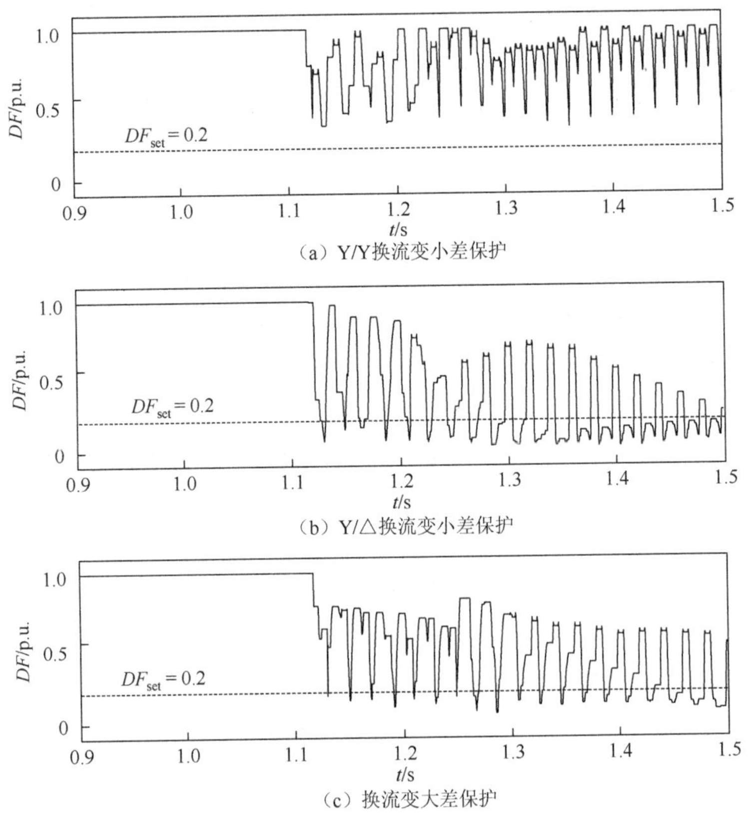

（a）Y/Y换流变小差保护

（b）Y/△换流变小差保护

（c）换流变大差保护

图 6.29 *DF* 值计算结果（算例 6.2）

可以看到：该故障对于 Y/Y 换流变而言为区外故障，*DF* 值始终稳定地高于 0.2 的门槛值，Y/Y 换流变小差保护被可靠闭锁；Y/△换流变小差保护以及该组换流变的大差保护而言，该故障为区内故障，根据前面的分析，此时差流波形受到换相失败助增后的涌流影响较大，若采用二次谐波制动判据，Y/△换流变小差保护和大差保护分别在故障后约 12.5 周波和 15.5 周波才动作。由图 6.29 所示 *DF* 值计算结果可以看到，Y/△换流变小差保护差流和该组换流变的大差保护差流的 *DF* 值分别在故障后 18 ms 和 19 ms 低于 0.2 的门槛值，因此，均能在故障后 1 周波内开放保护，使其正确动作。

对于算例 6.3 中，$\lambda_{SCR} = 2.5$ 和 $\lambda_{SCR} = 12.4$ 时逆变侧交流系统三相短路故障被切除后发生 Y/△换流变 Y 侧出口 A 相经 100 Ω 过渡电阻接地故障的情况，利用所提算法求出的 DF 值序列图 6.30 所示。

结合图 6.24 与图 6.30 可以看出，在交流系统故障切除后的恢复期间无论是否伴随换相失败发生，在此期间发生区内高阻故障时，差流波形均 1/2 波同时包含涌流特征和故障电流正弦波特征，而另外 1/2 波基本仅包含故障电流正弦波特征，因此虽然二次谐波制动判据会使得保护延时动作（包括换相失败导致涌流幅值回升延长衰减时间造成的额外延时），但由于有 1/2 波波形满足正弦波特征，经离散弗雷歇距离计算出的 *DF* 值较低，能在故障差流的正弦波特性主导的 1/2 波低于门槛值。如图 6.30 所示，*DF* 值分别在故障后 17 ms 和 18 ms 低于 DF_{set}，此时，保护均能在 1 周波内动作。

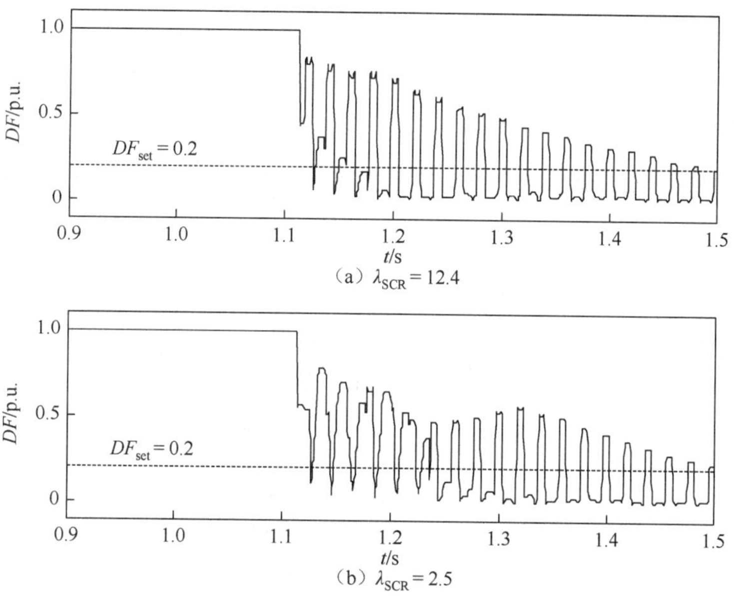

（a）$\lambda_{SCR}=12.4$

（b）$\lambda_{SCR}=2.5$

图 6.30　*DF* 值计算结果（算例 6.3）

在其他过渡电阻值情况下，采用离散弗雷歇距离算法对 $\lambda_{SCR}=2.5$ 和 $\lambda_{SCR}=12.4$ 时换流变小差保护及该组大差保护差流进行 *DF* 值计算和判据判别，动作情况如表 6.3 所示。

表 6.3　不同接地电阻故障下采用离散弗雷歇距离判据的保护动作情况

接地电阻/Ω	$\lambda_{SCR}=2.5$			$\lambda_{SCR}=12.4$		
	Y/Y 小差保护动作时间/s	Y/△小差保护动作时间/s	大差保护动作时间/s	Y/Y 小差保护动作时间/s	Y/△小差保护动作时间/s	大差保护动作时间/s
0	—	0.010	0.005	—	0.005	0.008
10	—	0.011	0.008	—	0.012	0.005
50	—	0.010	0.010	—	0.010	0.011
100	—	0.017	0.017	—	0.015	0.015
150	—	0.016	0.018	—	0.017	0.016
200	—	0.015	0.017	—	0.016	0.015

对比表 6.2 所列采用二次谐波制动判据保护动作情况可以看到：在恢复性涌流伴随换相失败期间，换流变差动保护区外发生故障时，二次谐波制动判据与基于离散弗雷歇距离的判据均能可靠闭锁保护；对于换流变又发生区内故障的工况，故障程度较严重时，故障差流幅值较大，两者均能快速正确判别开放保护；但当故障程度较轻时，二次谐波制动判据将导致换流变小差保护和大差保护动作延迟，尤其是伴随换相失败的发生，动作延迟加剧；而基于离散弗雷歇距离的判据在上述故障工况下，均能在 1 周波内识别故障使保护快速动作。

6.3　后续换相失败引发换流变零序差动保护误动分析及对策

零序差动保护具有保护整定值小、灵敏度高的特点，作为换流变的主保护之一，其动作可靠性关乎整个直流输电系统的安全稳定运行，在涌流等非故障工况下，应能可靠不动作。但是，在某些场景下，直流系统单极-大地运行工况时出现的后续换相失败可能导致直流接地极产生交变入地电流，并经地网耦合侵入换流变的中性线；另外，地磁风暴引起的地磁感应电流也有可能在中性线接地的换流变绕组中产生直流电流，其大小可达 100 A 以上[20-22]。两类电流的交互影响可能在换流变零序差动保护中引入虚假差流，导致保护误动。

6.3.1 后续换相失败引发换流变零序差动保护误动分析

6.1 节中曾提到，在 HVDC 系统中，后续换相失败的发生受交流系统短路比 λ_{SCR} 大小（系统强度）、故障严重程度、系统谐波等多种因素的影响。在交流系统受到干扰导致等效阻抗增大，进而使系统强度减弱时，故障切除恢复期间将极易发生后续换相失败；此外，系统还极易受到直流偏磁、励磁涌流等谐波的干扰，导致后续换相失败的发生。

1. 后续换相失败电流对换流变中性线电流的影响

直流输电系统在实际运行中，运行方式多变。在系统采用单极大地运行方式时，直流接地极入地电流较大，因此，需要考虑该运行方式下入地电流的形成及其对换流变中性线入侵电流的影响。

根据 6.1.2 小节的分析，对于 CIGRE_HVDC 标准直流输电系统模型，当 $\lambda_{SCR}=1.7$ 时，逆变侧交流母线在 $t=2$ s 时刻发生单相接地故障，0.05 s 后故障被切除，恢复性涌流期间系统会发生无法恢复的后续换相失败。该工况下系统直流电流，即直流接地极入地电流（i_g，采用标幺值表示）的变化情况如图 6.31 所示。

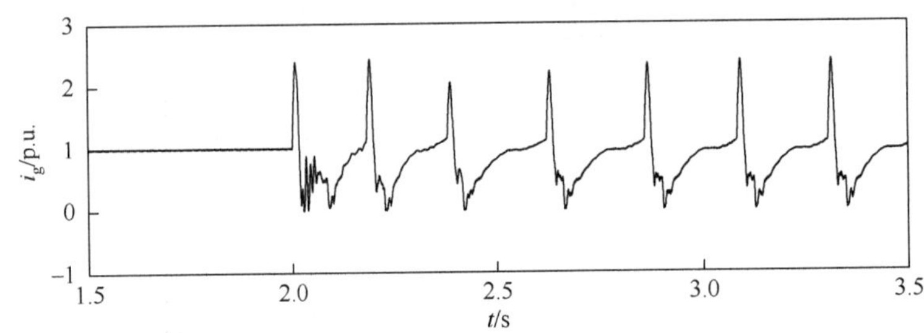

图 6.31 连续换相失败时接地极入地电流

可以看到，在系统发生后续换相失败时，直流接地极入地电流会经历迅速上升又下降进而缓慢上升至正常值的阵发性波动过程，且两次波动的时间间隔约为 0.22 s，较工频周期（0.02 s）大很多。

在单极-大地运行方式下，正常运行时的直流接地极的入地电流为直流，此时经地网入侵至换流变中性线的电流也为直流，流经中性线 CT 时不会被其传变，对零序差动保护产生的影响甚微。而当直流输电系统单极-大地运行方式下发生后续换相失败时，经直流接地极入地的电流将会发生波动，并具有一定的周期性，此时经地网入侵换流变中性线的电流也会随之发生周期性波动，使得该电流能经由中性线 CT 传变。此外，由于该周期性波动并非工频正弦周期波动，中性线 CT 在对该电流进行传变的过程中可能传变特性劣化，产生测量误差，进而对零序差动保护动作性能带来不利影响。

随着未来交直流混联电网建设的进一步推进，直流换流站的分布逐渐密集，一方面换流变会受到周边多个直流接地极入地电流的影响，另一方面直流接地极和换流变中性线接地极相对较近，使得换流变中性线入侵电流相对较大，更易对灵敏性高的零序差动保护产生影响。

宜昌电网属于直流落点密集区域，本小节借助所建立的宜昌电网周边主变与葛洲坝、宜都接地极的耦合系统进行分析[23]，其地理接线图如图 6.32 所示。

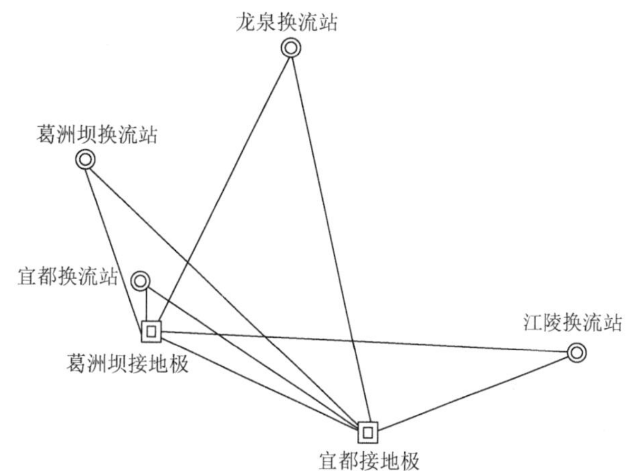

图 6.32　直流接地极和换流站地理接线图

葛上直流双极正常运行时的输电功率为 1 200 MW，直流电流为 1 200 A；宜华直流双极正常运行时的输电功率为 3 000 MW，直流电流为 3 000 A。以交流侧故障切除后直流系统发生连续换相失败且无法恢复的工况为例，对宜都换流站换流变中性线入侵电流进行分析。前面提到过，后续换相失败受多重因素的影响，本小节对较极端工况下（$\lambda_{SCR}=1.76$）所发生的后续换相失败工况进行仿真分析。虽然目前实际运行中，华东电网 λ_{SCR} 不会小于 1.76，但随着未来交直流工程的进一步投运以及多馈入系统的影响，电网运行环境复杂程度加深，后续换相失败发生的风险也将随之增大。

设置葛上直流以 + 1 200 A 单极−大地运行，宜华直流以 + 3 000 A 单极−大地运行，葛上直流逆变侧 $\lambda_{SCR}=1.76$，在 $t=1$ s 时刻该侧交流母线发生单相接地故障，0.01 s 后故障被切除。此时，葛洲坝接地极入地电流波形如图 6.33 所示。可以看到，该工况下葛上直流发生了后续换相失败。当其与宜华直流接地极入地电流共同作用时，宜都换流站中性线入侵电流 i_n 如图 6.34 所示。

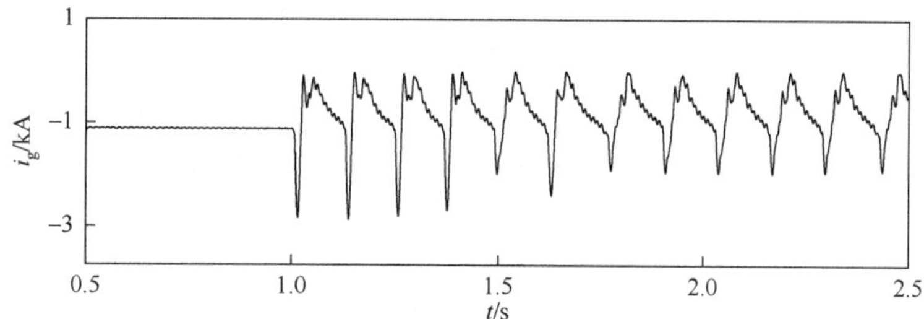

图 6.33　直流接地极入地电流

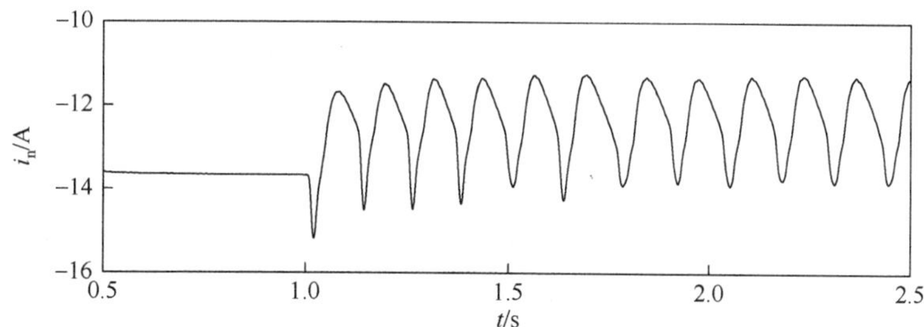

图 6.34　宜都换流站中性线入侵电流

根据图 6.34，宜都换流站内换流变中性线入侵电流在换相失败前达到了−13.6 A 左右，在发生后续换相失败后，其电流在−13 A 上下按一定周期波动，周期约为 0.14 s。

在该电流入侵换流变中性线时，换流变中性线零序电流经中性线 CT 传变前与经中性线 CT 传变后电流波形（折算到 CT 一次侧）如图 6.35 所示。图中：实线为 CT 传变前的中性线零序电流；虚线为经 CT 传变后的中性线零序电流（下同）。

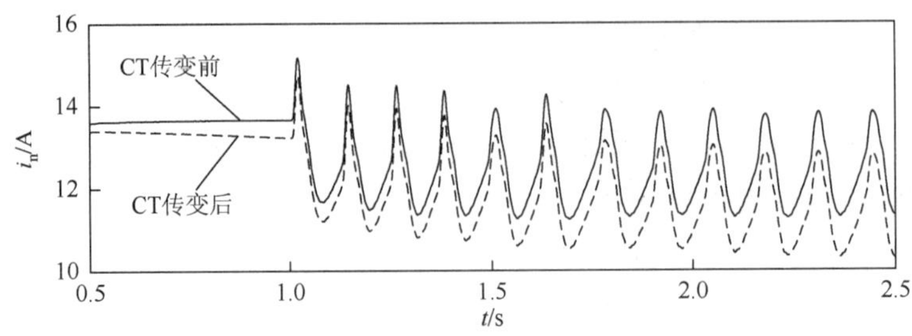

图 6.35 CT 传变前后中性线零序电流

可以看到，在后续换相失败造成的低频交变电流入侵换流变中性线时，中性线 CT 发生了偏置型饱和，导致中性线 CT 在传变零序电流的过程中存在传变误差。此时，由于入侵电流较小，中性线 CT 传变误差造成的虚假差流还不足以使换流变零序差动保护误动。但若该交变电流与一长时间存在的大直流共同作用，中性线 CT 的传变误差将进一步增大，即零序差流也将随之增大，当其满足零序差动保护判据动作条件时，换流变零序差动保护将会发生误动。

2. 后续换相失败电流与大直流共同作用对换流变中性线 CT 传变特性的影响

根据前面的分析，在直流落点密集区域，当两个直流系统单极-大地运行时，直流接地极入地电流会经地网向周围换流变中性线入侵，而在发生后续换相失败期间，入侵的电流将发生与交变电流类似的周期性波动，只是其周期较之工频周期（0.02 s）长很多，属于低频交变电流。

尽管图 6.35 中入侵电流较小，中性线 CT 传变误差也较小，并不能使换流变零序差动保护误动，但这里仅考虑了两个直流接地极的影响，在未来直流输电系统规模进一步扩大的趋势下，该电流会有所增加；另外，GIC 也有可能在中性点接地的换流变绕组中产生直流电流，其大小可达 100 A 以上，更有文献指出，烟墩变电站曾在入地电流的影响下测得中性点直流电流最大达到 126.1 A[24]。在两者共同作用下，换流变中性线 CT 的传变误差将会更大。

根据 3.4.1 小节对特殊工况下换流变中性线 CT 饱和机理的分析，可推导出后续换相失败电流与大直流共同作用下换流变中性线 CT 磁通饱和特性表达式为

$$\phi_r + \frac{R_2}{N_2 K}\left(I_{DC}\lambda + \int_0^{\lambda} i_{cf}\,\mathrm{d}t\right) = \phi_s \tag{6.12}$$

式中：ϕ_r 为 CT 铁芯剩磁；R_2 为 CT 二次侧负载（以纯电阻表示，包括 CT 的二次漏阻）；K 为 CT 的额定变比，$K = N_2/N_1$（N_1 和 N_2 分别为 CT 一次侧和二次侧绕组匝数）；I_{DC} 为换流变中性线上的直流偏磁电流；i_{cf} 为后续换相失败期间经地网入侵换流变中性线的低频交变电流；λ 为起始饱和时间；ϕ_s 为 CT 铁芯磁通饱和值。

可以看出，中性线 CT 的饱和与其剩磁、直流偏磁电流及入侵的低频交变电流大小有关。入侵换流变中性线的直流偏磁电流越大，中性线 CT 会越快进入饱和状态，影响其正确传变，从而造成保护测量误差。

换流变零序差动保护利用网侧三相 CT 电流合成的自产零序电流与中性线 CT 测得的零序电流之间的差动电流进行比较和判别。中性线 CT 精度高，量程窄，常工作于工频状态，当 GIC 与后续换相失败入地的低频交变电流经地网耦合流入中性线，共同作用于中性线 CT 时，中性线 CT 的传变性能将容易受到影响；对于网侧三相 CT，其正常传变的是幅值较大的负荷

电流，中性线入侵的小幅值交变电流经换流变三相分担后，对三相 CT 一次电流的频率和幅值影响很小，网侧三相 CT 应能正确传变。在这种情况下，自产零序电流与中性线零序电流间可能出现虚假差流，使得零序差动保护存在误动风险。

图 6.36 为宜都换流站内换流变在大直流与后续换相失败电流共同入侵时，中性线零序电流 i_n 经 CT 传变前与经 CT 传变后的电流波形（折算到 CT 一次侧）。中性线 CT 的铁芯磁感应强度变化如图 6.37 所示。

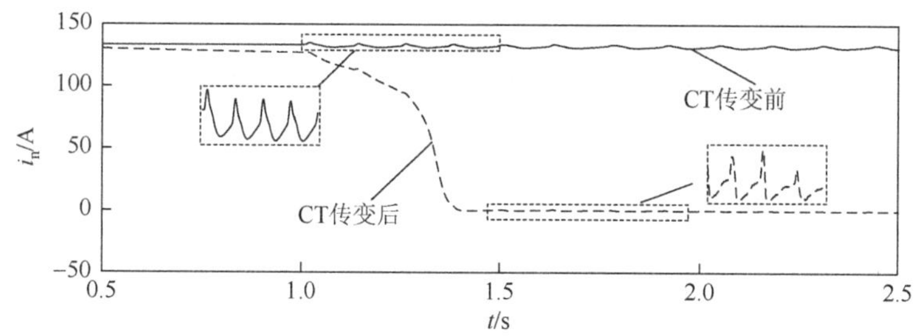

图 6.36　大直流伴随连续换相失败时中性线 CT 传变前后中性线零序电流

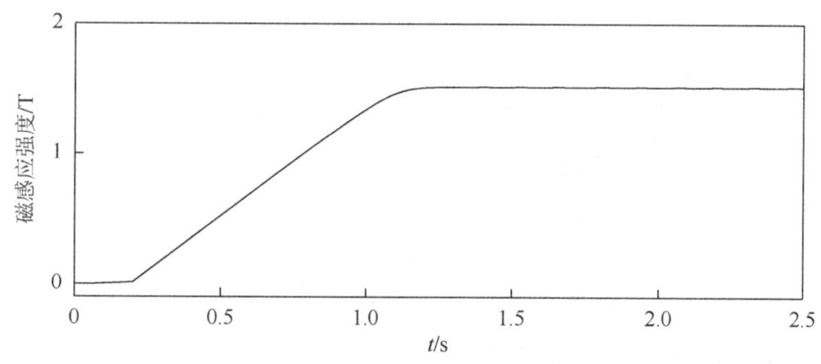

图 6.37　中性线 CT 铁芯磁感应强度

在直流电流长期存在的情况下，发生换相失败之前，换流变中性线上的电流为直流，虽然此时中性线 CT 不传变直流，但在该直流电流的长时间影响下中性线 CT 磁通会逐渐累积。在发生后续换相失败后，换流变中性线电流中将存在低频交变电流，此时中性线 CT 会对电流进行传变。由于受到磁通累积以及该低频交变电流的非典型特征的影响，中性线 CT 将发生偏置型饱和，造成较大传变误差，从而极可能引发换流变零序差动保护误动。

6.3.2　换流变零序差动保护误动行为的仿真验证

本小节将对换流变零序差动保护误动行为进行分析，零序差动保护判据采用 1.1.3 小节介绍的零序差动保护动作方程之二，即式（1.2）。其中，制动系数 K_0 取 0.8。保护启动电流根据式（1.6）及各参数计算得 $I_{op.0} = 0.091I_N$。制动电流起始值 $I_{res.0}$ 取 $0.8I_N$。宜都换流站换流变额定容量为 892.5 MVA，交流侧额定电压为 500 kV，计算可得 $I_{op.0} = 93.73$ A，$I_{res.0} = 824.5$ A。

算例 6.4　葛上直流以 + 1 200 A 单极–大地运行，宜华直流以 + 3 000 A 单极–大地运行。葛上直流逆变侧 $\lambda_{SCR} = 1.76$，在 $t = 1$ s 时刻该侧交流母线发生单相接地故障，0.01 s 后故障被切除。以–120 A 直流源模拟大直流入侵电流，在其与后续换相失败入侵电流共同作用时，换流变自产零序电流与中性线零序电流之间的零序差动电流 i_d 如图 6.38 所示。换流变零序差动保护动作量 I_{op} 和制动量 $I_{op.0} + K_0(I_{res} - I_{res.0})$的幅值变化如图 6.39 所示。

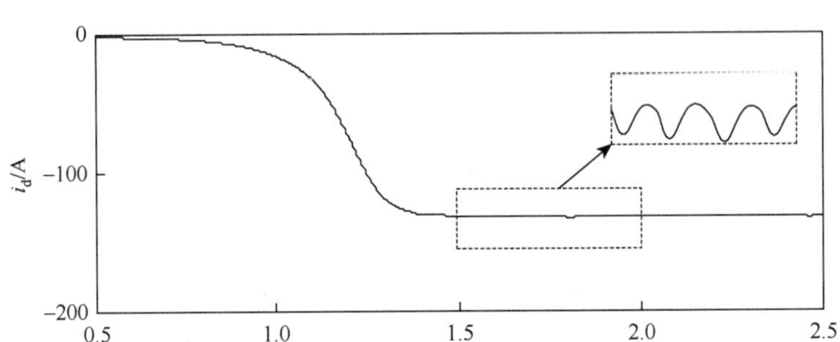

图 6.38　换流变零序差动保护零序差动电流（算例 6.4）

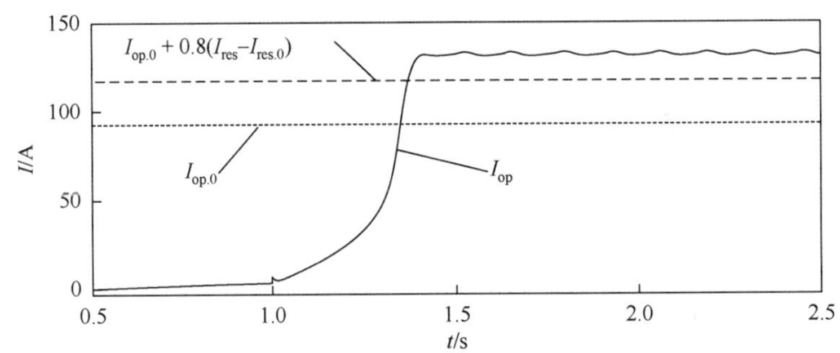

图 6.39　零序差动保护动作量和制动量幅值（算例 6.4）

一般而言，HVDC 系统在发生后续换相失败后往往采取直流闭锁的措施对其进行控制，但至少在发生 3 次后续换相失败后才会对直流进行闭锁。由图 6.39 可以看到：零序差动保护判据动作量在 $t=1.352$ s 左右（大约 3 次换相失败）已大于保护启动值；而在保护启动后 $t=1.385$ s 左右时，保护动作量幅值超过制动量幅值，动作判据式（1.2）全部满足，此时零序差动保护在非换流变故障情况下将发生误动。

6.3.3　基于频带幅值比的换流变零序差动保护防误动策略

1. ZOOM-FFT 原理

经前面分析可知，对于此类由于后续换相失败电流与大直流共同作用导致的换流变零序差动保护可能发生误动的情况：在中性线电流入侵时，无论是零序电流还是零序差动电流，均保持低频特征；而对于内部故障情况，故障电流理论上保持工频正弦波特征。图 6.40 所示为换流变在 $t=1$ s 时刻发生区内单相经高阻接地故障时自产零序电流和零序差动电流的波形。

在发生故障时，无论是零序电流还是零序差动电流，其波形基本都为以工频周期变化的正弦波；而由图 6.36 所示的中性线零序电流可知，后续换相失败电流与大直流共同入侵换流变中性线的电流频率较低，变化周期较长，且含较多直流分量，换流变零序差动电流也具备相似特征。因此，考虑以区内故障和上述存在误动风险工况下的零序差动电流幅频特性差异作为判断依据。

对于时频信号的转换，最常用的方法是快速离散傅里叶变换（fast discrete Fourier transform，FDFT）。对于一个采样频率为 F_s，信号频率为 F，采样点数为 N 的信号，在经过 FFT 计算之后会生成一个包含 N 个点的复数向量，而其中的每一个点均与一个频率点相对应。其中，第 n 个点对应的频率为 $F_n=(n-1)\times F_s/N$，则相邻两点对应的频率间隔为$\Delta F=F_s/N$。又采样频率即为 1 s 内采样点的个数，因此，频率间隔与采样时间成反比。

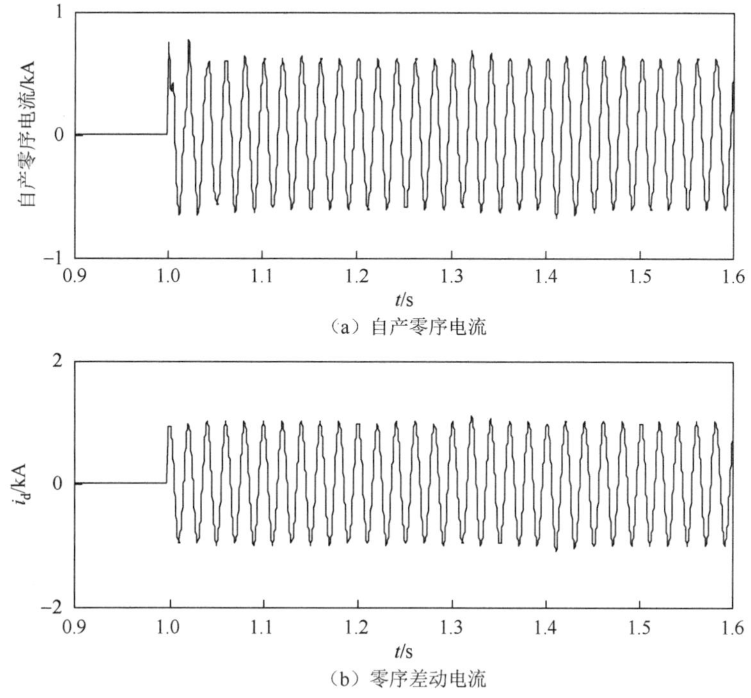

图 6.40　换流变内部故障时电流波形

在电力系统中，常以工频周期作为采样时间进行各类计算，但在进行 FFT 时，频率间隔为 50 Hz，因此无法对工频以下频率的幅频特性进行分析。而在本章所述工况下，波形周期性变化的频率较之工频低，因此需要提高频率分辨率。理想情况下，采样间隔不变，加宽数据窗长度，增加采样点数，即增加采样时长，便可提高频率分辨率，但在保护的应用中需要在较短时间内完成，故考虑对频率进行细分。

细化的快速傅里叶变换（zoom fast Fourier transform，ZOOM-FFT），也称为选带快速傅里叶变换，其不需要提高原换流变保护的采用频率，是以牺牲频率的范围来达到对信号的频率进行局部细化放大的目的，进而使感兴趣的频带获得较高的频率分辨率。其中，在实现 FFT 细化时，常使用频移法，其原理框图如图 6.41 所示，F_k 为所需要细化的频带的中心频率，F_s 为采样频率。具体步骤描述如下。

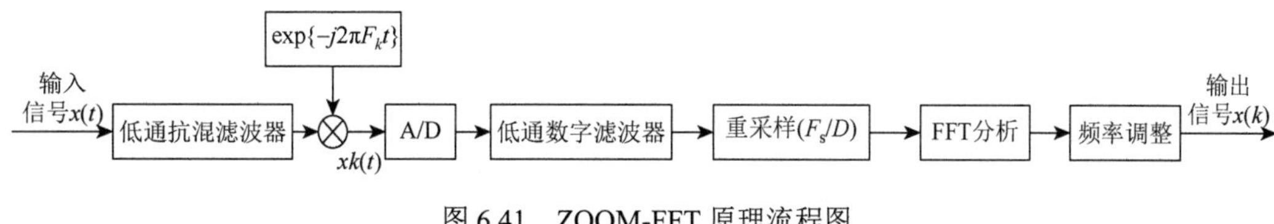

图 6.41　ZOOM-FFT 原理流程图

（1）遵循采样定理的原则，为防止采样信号的频率混淆，首先通过模拟低通抗混滤波器滤波或设定足够高的采样频率 F_s，然后需要采集足够长度的信号数据，数据的长度为细化倍数 D 与 FFT 长度 N 的乘积，即为 $D\cdot N$。

（2）将采样信号进行频移（复调制），即乘单位旋转因子 $\exp\{-j2\pi F_k t\}$，即可将频率原点由 0 处移到所需要细化的频率 F_k 处，频率分量 F_k 停留在频率为 0 的位置上，形成了一个以 F_k 为频率零点的新的信号 $xk(t)$。

（3）用低通数字滤波器对频移后的数据进行滤波，去除信号所需要细化频带外的频率成分，以防止频率混叠。

（4）对滤波后的数据进行重采样，重采样的采样频率为 F_s/D，也就是每隔细化倍数 $D-1$ 个点取一个数据。

（5）经过频移后的数据变为复数，对重采样后的数据进行复 FFT 计算。

（6）对 FFT 计算结果重新排序。对于重采样所得的是一个复值序列，在进行 FFT 计算时，全部数据都是有用的信息，因此，需将负半轴的频率成分移到正半轴。

图 6.42 给出了放大倍数为 5 倍时，幅值为 1 p.u.、周期为 0.02 s 的标准正弦波与前面所述导致换流变零序差动保护误动情况下的零序差动电流，在随机一工频周期细化前后的幅频曲线。可以看到，在对 FFT 进行细化前后，幅频曲线趋势大致相同，细化后曲线更为平滑，即频率更为细化。

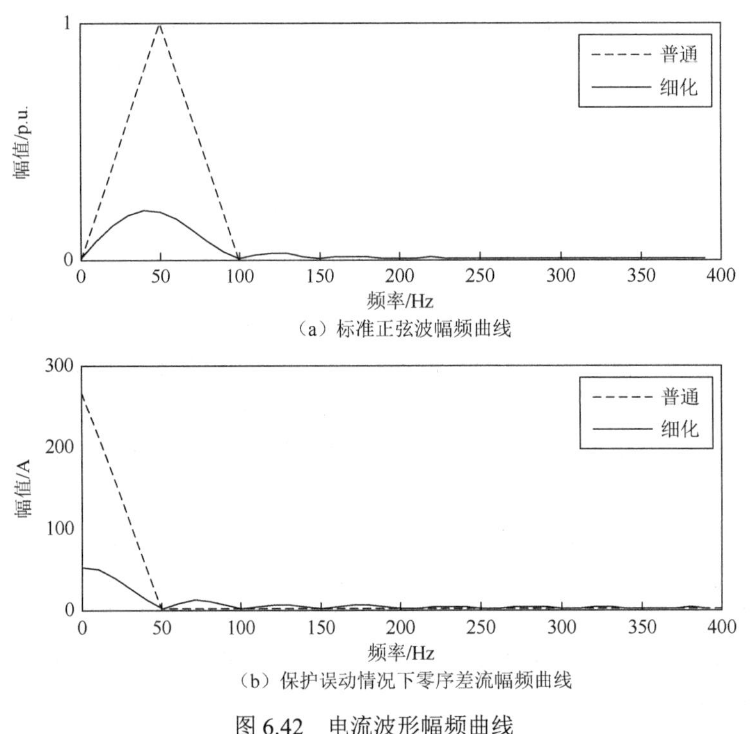

（a）标准正弦波幅频曲线

（b）保护误动情况下零序差流幅频曲线

图 6.42 电流波形幅频曲线

2. 基于频带幅值比的防误动闭锁判据

比较图 6.42（a）与（b）可知，对于标准正弦波而言，幅频曲线在 50 Hz 时幅值较高，在低于 50 Hz 时较低；而在本章所分析的引起零序差动保护误动的工况下，零序差动电流的幅频曲线在 50 Hz 以下的低频分量中保持较高幅值，在 50 Hz 左右幅值较低。因此，考虑利用零序差动电流中低频分量幅值与工频分量幅值的比值来区分区内故障与本章所述存在误动风险的工况。为保证保护的可靠性，选取两个频带幅值的比值来作为是否闭锁保护的依据，构成判据如下：

$$r=\frac{|i_{FL}|}{|i_{FB}|}>r_{set} \tag{6.13}$$

式中：$|i_{FL}|$ 和 $|i_{FB}|$ 分别为中心频率为 f_L 和 f_B 频带的电流量幅值；r_{set} 为比值的整定值。

考虑到 f_L 和 f_B 频带的区分度，分别选取 $f_L = 10$ Hz，$f_B = 50$ Hz，频带宽度为 10 Hz 进行计算。

为更精确地进行计算，将细化的放大倍数设为 50 倍，对于标准正弦波而言，其 r 值为 0.445 7，向上取 0.5 作为判据整定基准值。再考虑一定的裕度，则 $r_{set} = 0.5\times K_{rel}$。$K_{rel}$ 一般取 1.15～1.3，这里取 $K_{rel} = 1.2$，则 $r_{set} = 0.6$。

综上所述，该闭锁判据实现的主要步骤为：零序差动保护动作条件满足后启动，利用 ZOOM-FFT 对 1 周波零序差动电流波形的幅频特征按 50 倍放大进行细分，并分别提取中心频率为 10 Hz 和 50 Hz 的频带幅值，进而根据其比值 r 大小进行故障识别。若 $r > r_{set}$ 满足，则闭锁保护；反之，则开放保护使其动作。

3. 判据的仿真验证

对 6.3.2 小节中由交流系统故障引发后续换相失败导致零序差动保护误动的进行验证。算例 6.4 中零序差动电流的 r 值变化情况如图 6.43 所示。

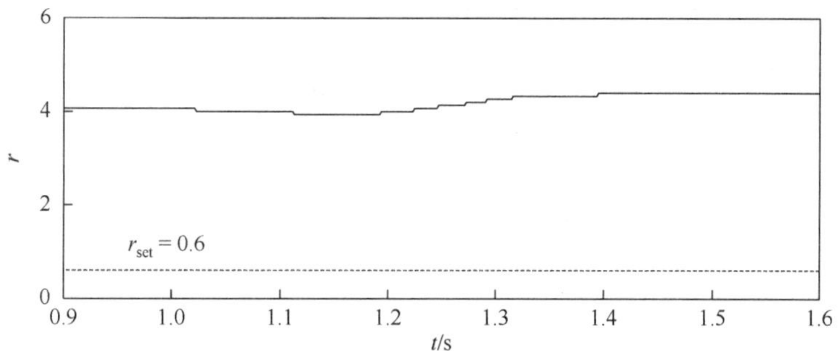

图 6.43　交流系统故障引发连续换相失败导致零序差动保护误动工况下换流变零序差动电流的 r 值序列（算例 6.4）

算例 6.5　葛上直流以 + 1 200 A 单极-大地运行，宜华直流以 + 3 000 A 单极-大地运行。在 $t = 1$ s 时刻葛上直流逆变侧一站用变压器空载投入，宜都换流变中性线经−120 A 直流电流入侵，此时葛洲坝接地极入地电流 i_g、连续换相失败电流经地网耦合入侵宜都换流变中性线电流 i_n、零序差动电流 i_d，以及 r 值变化如图 6.44 所示。

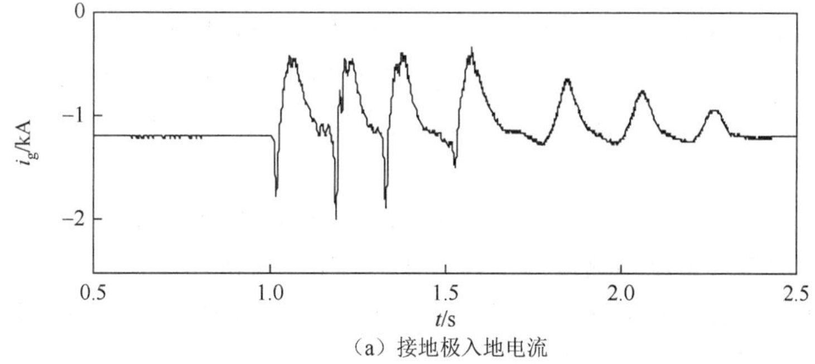

（a）接地极入地电流

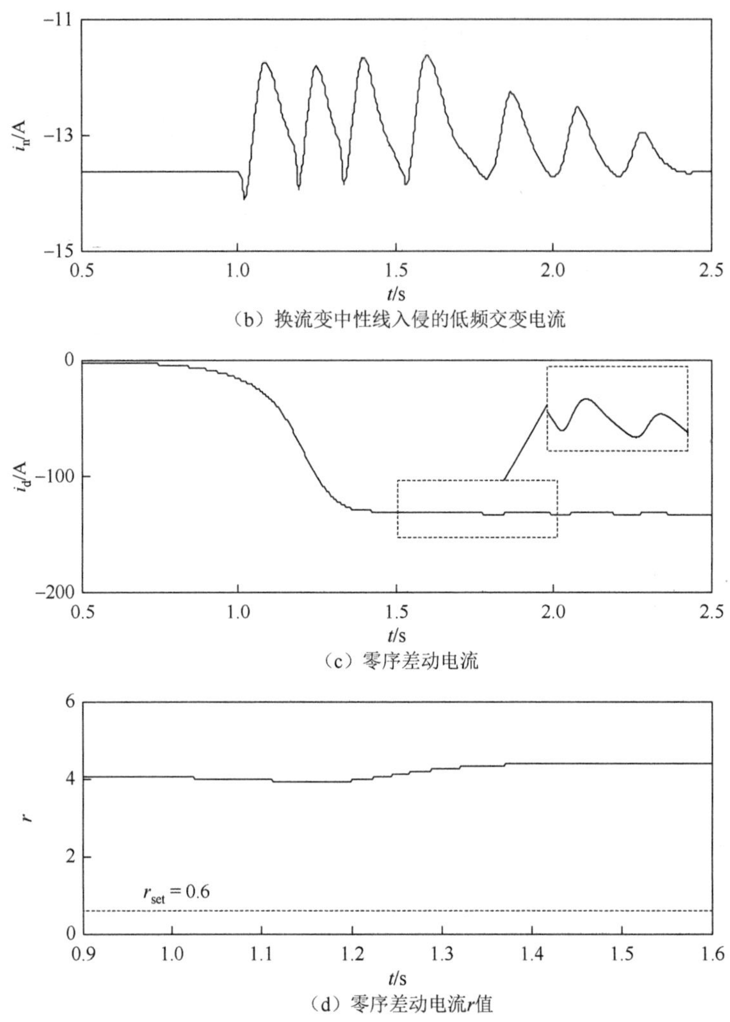

（b）换流变中性线入侵的低频交变电流

（c）零序差动电流

（d）零序差动电流r值

图 6.44 站用变空投引发后续换相失败导致零序差动保护误动工况下换流变零序差动电流及 r 值序列（算例 6.5）

结合图 6.38、图 6.43 和图 6.44 可以看到：当直流系统以单极-大地运行方式运行时，若发生后续换相失败（无论是交流系统故障引起还是站用变空投励磁涌流引起），产生的阵发性波动的直流入地电流经地网耦合与大直流共同入侵换流变中性线会导致中性线 CT 传变出现误差；但由于零序差动电流中含有较多的直流分量与低频分量，使得零序差动电流在 10 Hz 频带的幅值较高，而 50 Hz 频带幅值较低，r 值较大，远高于 0.6 的判据门槛值，零序差动保护能被可靠闭锁。

算例 6.6 宜都换流站 Y/Y 换流变一次侧出口在 $t = 1$ s 时刻发生区内 A 相接地故障，接地电阻为 500 Ω，此时零序差动电流波形及其 r 值变化如图 6.45 所示。

算例 6.7 宜都换流站 Y/Y 换流变在 $t = 1$ s 时刻，A 相 10%匝间短路接地故障，此时零序差动电流波形及其 r 值变化如图 6.46 所示。

算例 6.8 宜都换流站 Y/Y 换流变在 $t = 1$ s 时刻 A 相绕组 20%处发生接地故障，零序差动电流波形及其 r 值序列如图 6.47 所示。

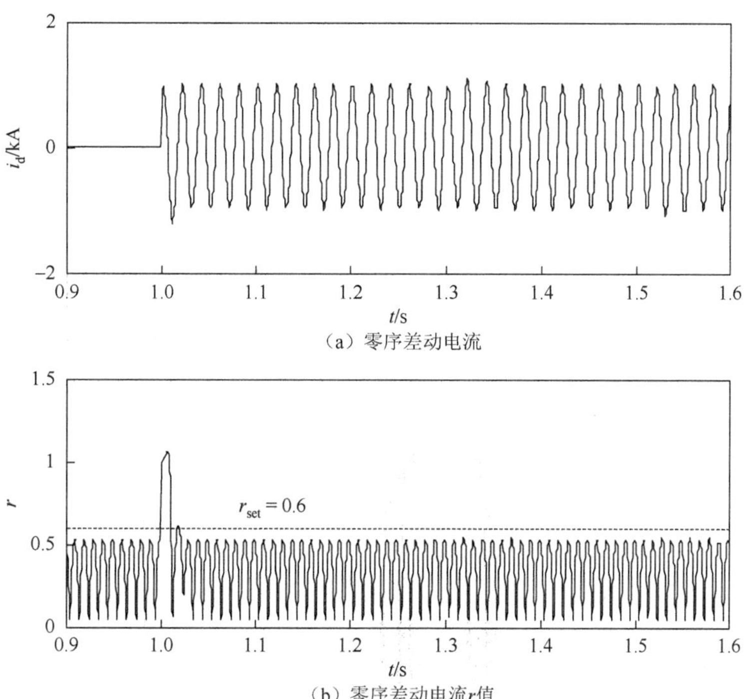

图 6.45 单相接地故障时换流变零序差动电流及 r 值序列（算例 6.6）

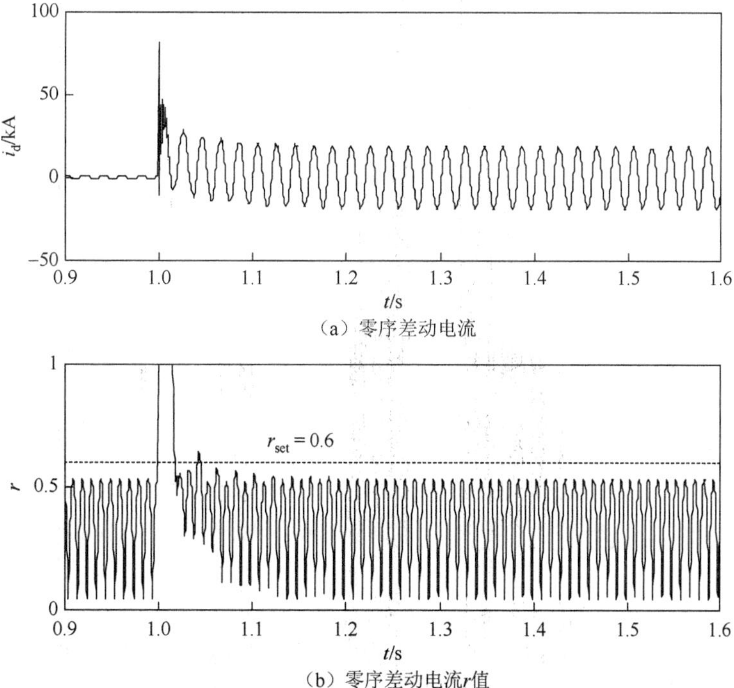

图 6.46 10%匝间短路接地故障时换流变零序差动电流及 r 值序列（算例 6.7）

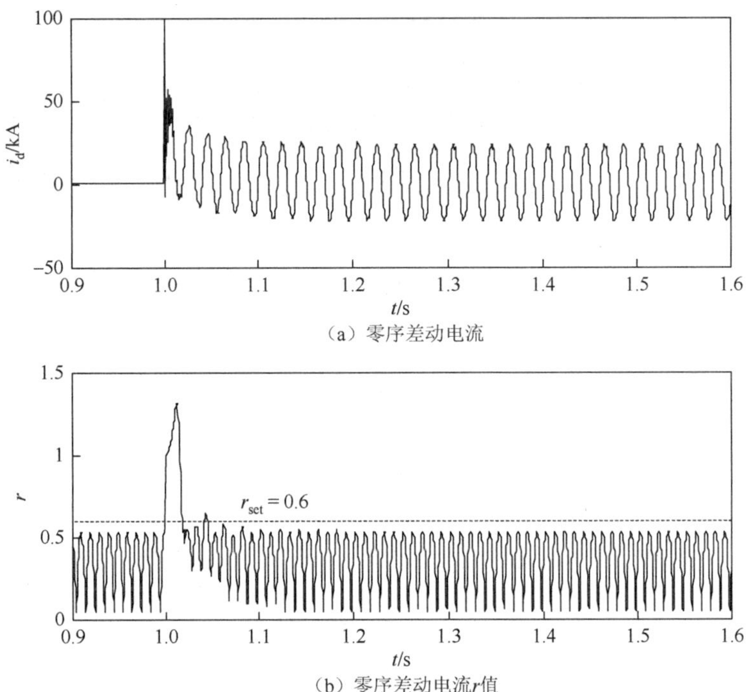

（a）零序差动电流

（b）零序差动电流r值

图 6.47 绕组 20%处匝地故障时换流变零序差动电流及 r 值序列（算例 6.8）

综合算例 6.6、算例 6.7 和算例 6.8 可知，对于区内故障而言，无论是换流变出口故障还是换流变内部绕组发生接地故障，由于零序差动电流基本仍保持正弦波特征，在 50 Hz 频带的幅值较高，而在 10 Hz 频带幅值较低，使得 r 值能在故障发生后 1 周波内稳定低于 0.6 的闭锁门槛值，开放保护，使其正确动作。

6.4 本章小结

直流输电工程换相失败可能引发换流变差动类保护异常动作风险。本章分析了各种造成换相失败发生的原因以及交流系统强度、故障严重程度、系统谐波等多种因素对后续换相失败的影响；研究了换流变小差保护和大差保护在恢复性涌流伴随换相失败场景下的动作性能。结果表明，换相失败对交流系统故障切除后的恢复性涌流有助增作用，会加剧换流变发生区内较轻微故障时二次谐波制动判据误闭锁保护所导致的保护动作延迟。本章基于波形相似度识别原理，提出了一种基于离散弗雷歇距离的差动保护判据，保证了换流变差动保护的可靠性和速动性。

本章结合后续换相失败的产生场景，利用直流密集区域地网耦合系统，仿真分析了直流接地极在后续换相失败期间的入地电流及入侵换流变中性线的电流特征。研究表明，在直流密集区域，多回直流单极大地运行时，若发生后续换相失败，入侵换流变中性线的低频交变电流与其他较大直流入侵电流共同作用时，易造成中性线 CT 偏置饱和并产生传变误差，使得零序差动保护存在误动风险。本章通过 ZOOM-FFT 对零序差动电流的幅频特征进行了细分，采用电流低频与工频频带幅值的比值作为辅助判据，可有效防止该类工况可能引发的换流变零序差动保护的误动。

本章参考文献

[1] 袁阳，卫志农，雷霄，等. 直流输电系统换相失败研究综述[J]. 电力自动化设备，2013，33（11）：140-147.

[2] 张玉红，姜懿郎，秦晓辉，等. 改善直流因持续换相失败导致闭锁的功率指令速降措施研究[J]. 电网技术，2019，43（10）：3569-3577.

[3] 赵畹君，谢国恩，曾南超. 高压直流输电工程技术[M]. 北京：中国电力出版社，2011.

[4] 刘磊，林圣，刘健，等. 控制器交互不当引发后续换相失败的机理分析[J]. 电网技术，2019，43（10）：3562-3568.

[5] 汤奕，郑晨一. 高压直流输电系统换相失败影响因素研究综述[J]. 中国电机工程学报，2019，39（2）：499-513，647.

[6] 贾祺，严干贵，李泳霖，等. 多光伏发电单元并联接入弱交流系统的稳定性分析[J]. 电力系统自动化，2018，42（3）：14-20.

[7] SZECHTMAN M. First benchmark model for HVDC control studies[J]. Electra，1991，135（4）：54-73.

[8] 李越. 高压直流输电系统的仿真与交流侧故障时的换相失败特性研究[D]. 北京：华北电力大学，2017.

[9] 杨灿. 哈郑特高压直流换相失败对风电影响的仿真研究[D]. 北京：华北电力大学，2015.

[10] 吴萍，林伟芳，孙华东，等. 多馈入直流输电系统换相失败机制及特性[J]. 电网技术，2012，36（5）：269-274.

[11] 杨秀，陈鸿煜. 高压直流输电系统换相失败的仿真研究[J]. 高电压技术，2008，34（2）：247-250，270.

[12] 申洪明，宋璇坤，韩柳. 直流换相失败对换流变零序电流保护的影响分析[J]. 变压器，2018，55（2）：43-46.

[13] 黄少锋，申洪明，刘玮，等. 交直流互联系统对换流变压器差动保护的影响分析及对策[J]. 电力系统自动化，2015，39（23）：158-164.

[14] HU L，YACAMINI R. Harmonic transfer through converters and HVDC links[J]. IEEE Transactions on Power Electronics，1992，7（3）：514-525.

[15] 王铁柱，万磊，张彦涛，等. 交流侧单相短路时直流系统提供短路电流的特性分析[J]. 电网技术，2016，40（7）：1970-1977.

[16] 陈超，黄国勇，范玉刚，等. 基于离散 Fréchet 距离和 LS-SVM 的短期负荷预测[J]. 电力系统保护与控制，2014，(5)：142-147.

[17] 焦东升，王海云，朱洁，等. 基于离散 Fréchet 距离的电动汽车电池健康状态诊断方法[J]. 电力系统保护与控制，2016，44（12）：68-74.

[18] WENG H L，WANG S，WAN Y，et al. Discrete Fréchet distance algorithm based criterion of transformer differential protection with the immunity to saturation of current transformer[J]. International Journal of Electrical Power and Energy Systems，February，2020，115（4）：105449.1-105449.9.

[19] EITER T，MANNILA H. Computing discrete Fréchet distance Tech Report：CD-TR 94/64[R]. Information Systems Department，Technical University of Vienna，1994.

[20] 刘青松，伍衡，彭光强，等. 南方电网所辖换流变压器直流偏磁数据分析[J]. 高压电器，2017，53（8）：153-158.

[21] 张东，陶凤源，董新胜，等. 哈密地区变压器直流偏磁仿真分析及抑制措施研究[J]. 电瓷避雷器，2015，(1)：87-92.

[22] CONTRIBUTING MEMBERS OF THE WORKING GROUP. Geomagnetic disturbance effects on power systems[J]. IEEE Transactions on Power Delivery，1993，8（3）：1206-1216.

[23] 相艳会. 高压直流输电系统不平衡运行时直流电流分布规律及直流偏磁现象分析[D]. 宜昌：三峡大学，2014.

[24] 王建，马勤勇，常喜强. ±800 kV 天—中直流对哈密电网变压器直流偏磁影响的仿真和实测研究[J]. 高压电器，2015，51（11）：168-175.